# 滑坡灾害监测预测方法及应用

## Methods and Applications of Landslide Hazards Monitoring and Prediction

武雪玲　张凯翔　赵凌冉　牛瑞卿　著

测绘出版社
·北京·

©武雪玲 2023

所有权利(含信息网络传播权)保留,未经许可,不得以任何方式使用。

## 内容简介

滑坡灾害定量预测评价以滑坡发育、演化和发生的理论为出发点,是滑坡监测、预警和评估的关键。本书从国际滑坡研究进展、滑坡信息遥感解译、滑坡易发性评价、滑坡变形判据挖掘和滑坡变形位移预测五个方面介绍了滑坡灾害监测预测方法及应用的最新研究成果。同时,本书以库岸滑坡、地震滑坡作为研究对象,优化了多源遥感数据和时间序列变形监测数据支持下的滑坡灾害监测预测多模型融合方法。

本书所论述的研究方法具有较强的学术前沿性,所涉及的内容可作为地理信息科学、遥感科学与技术、地质工程、测绘工程、防灾减灾工程、环境工程等相关专业的高年级本科生及研究生的教材或参考书,也可供从事滑坡灾害监测预测相关研究的科研人员参考。

**图书在版编目(CIP)数据**

滑坡灾害监测预测方法及应用 / 武雪玲等著. -- 北京 : 测绘出版社,2023.3
ISBN 978-7-5030-4414-4

Ⅰ. ①滑… Ⅱ. ①武… Ⅲ. ①滑坡-地质灾害-监测预报-研究 Ⅳ. ①P642.22

中国版本图书馆 CIP 数据核字(2022)第 218646 号

**滑坡灾害监测预测方法及应用**
Huapo Zaihai Jiance Yuce Fangfa ji Yingyong

| 责任编辑 | 贾晓林 | 执行编辑 | 焦孟梅 | 封面设计 | 李 伟 | 责任印制 | 陈姝颖 |
|---|---|---|---|---|---|---|---|

| | | | | | |
|---|---|---|---|---|---|
| 出版发行 | 测绘出版社 | | 电 话 | 010—68580735(发行部) |
| 地 址 | 北京市西城区三里河路 50 号 | | | 010—68531363(编辑部) |
| 邮政编码 | 100045 | | 网 址 | www.chinasmp.com |
| 电子信箱 | smp@sinomaps.com | | 经 销 | 新华书店 |
| 成品规格 | 169mm×239mm | | 印 刷 | 北京建筑工业印刷厂 |
| 印 张 | 12.625 | | 字 数 | 247 千字 |
| 版 次 | 2023 年 3 月第 1 版 | | 印 次 | 2023 年 3 月第 1 次印刷 |
| 印 数 | 001—600 | | 定 价 | 68.00 元 |

| | |
|---|---|
| 书 号 | ISBN 978-7-5030-4414-4 |

本书如有印装质量问题,请与我社发行部联系调换。

# 前　言

　　滑坡是一种发生频繁且破坏力巨大的典型地质灾害,往往具有数量多、分布广、机理复杂、危害大、防治难等特点。随着社会经济的高速发展和人类活动空间范围的逐渐拓展,滑坡发生的频率和强度都在不断上升,造成的生命、经济、环境和文化损失不断加大。中国位于亚洲大陆的东缘,地质构造运动活跃,地质环境复杂,气候类型从寒温带跨到热带,人口稠密,人类工程活动频繁,一直饱受滑坡的威胁。

　　自 20 世纪 90 年代以来,以"3S"(RS、GIS、GNSS)为代表的测绘新技术得到了快速发展与广泛应用。伴随着北斗系列导航卫星的商用化、国家高分系列卫星的陆续投入使用、"互联网＋"模式的广泛普及和以机器学习、大数据技术为代表的智能技术高速发展,"3S"技术在资源和地质勘探、生态环境监测、事故搜救、交通航线测算标定、海洋水文研究、地球科学基础研究以及军事等诸多领域都得到了实践和应用。这些新技术、新方法和新设备为滑坡灾害监测预测方法的深入研究提供了更加广阔的空间和背景,同时也带来了新的机遇和挑战。

　　当前,滑坡灾害监测预测方法研究及应用的主要方向已延伸到地理信息科学、遥感科学与技术、地质工程、测绘工程、防灾减灾工程、环境工程、机器学习、图像识别等多个专业。不同专业有各自的优势,通过将不同的专业技术要点合理组合应用,可以为滑坡灾害监测预测提供更多的新理论与新方法。希望本书的出版有助于具有不同学科背景和经验的人们交流关于滑坡灾害监测预测方法及应用的见解,从而深入挖掘出更多的有效结论,为滑坡灾害防治防护工作提供有力支持。

　　全书共分为五章:第 1 章主要介绍滑坡灾害监测预测方法及应用研究的意义,以及国内外相关研究进展,讨论主要的滑坡灾害监测预测方案;第 2 章主要介绍滑坡信息的遥感解译方法,基于传统滑坡遥感信息提取的研究成果,结合图像识别和人工智能等方法,探索遥感新技术在滑坡信息提取中的应用;第 3 章以案例的形式,介绍六种主流的滑坡易发性评价方法,涉及统计分析、机器学习、深度学习等研究热点,同时讨论了影响滑坡区域易发性的各类影响因子,可为区域性滑坡的概率分布研究提供参考;第 4、5 章着重分析研究滑坡变形的时空演化规律和变形位移预测,这两章通过数据挖掘,归纳总结影响滑坡变形的各种因素,并基于影响因子集开展变形位移预测研究,为滑坡灾害防治防护提供有力支持。

　　本书是笔者及其课题组研究人员过去十多年来关于滑坡灾害监测预测方法及应用的研究成果,相关研究得到了国家自然科学基金项目(41871355;42071429)

的支持。

本书由武雪玲、张凯翔负责确定编写思路和基本框架,各章编写人员如下:第 1 章,武雪玲、张凯翔;第 2 章,张凯翔、武雪玲;第 3 章,武雪玲、张凯翔、牛瑞卿;第 4 章,赵凌冉、武雪玲、牛瑞卿;第 5 章,张凯翔、武雪玲、赵凌冉。全书由武雪玲统稿。

尽管我们字斟句酌,数易其稿,但由于水平有限,书中难免存在错误和不足之处,敬请各位专家、学者及广大读者批评指正。

# 目　录

# Contents

# 第1章 绪 论

## 1.1 研究意义

滑坡是指斜坡上岩土体在重力作用下,沿着一定软弱面整体或局部保持结构完整向下滑移的过程和现象及其形成的地貌形态(Nemčok et al.,1972;晏同珍等,2000)。滑坡是地貌形态自然演化的一种形式(Alcántara-Ayala,2002;Glade et al.,2005),往往具有数量多、分布广、机理复杂、危害大、防治难等特点。滑坡作用的结果可能造成人员伤亡、经济损失、环境破坏,带来严重的社会影响(Guzzetti et al.,1999)。滑坡已逐渐成为世界上最受关注的自然灾害灾种之一。

随着社会经济的高速发展和人类活动空间范围的逐渐拓展,滑坡发生的频率和强度呈逐年增长趋势,造成的生命、经济、环境和文化等损失不断加大。紧急灾难数据库❶(Emergency Events Database,EM-DAT)统计的 2018 年全球发生的 13 起滑坡灾害共造成 282 人死亡,仅次于地震(5 264 人)、洪水(2 879 人)、风暴(1 734 人)、火山活动(878 人)以及极端温度(536 人)造成的人员死亡。中国是世界上最早有滑坡记录的国家,滑坡造成"移山湮谷""地移村掩"的危害早在《汉书》中就有记载。公元前 186 年,武都道由于地震造成今陕西宁强汉王山一带山体发生巨大滑坡,山体滑坡阻断古汉水,并在古汉水上游形成规模极为巨大的堰塞湖(周宏伟,2010)。我国是一个多山的国家,地质条件复杂,构造活动频繁,滑坡等灾害隐患多、分布广、防范难度大。

自然资源部地质灾害技术指导中心发布的《全国地质灾害通报》数据显示,2014—2018 年,滑坡平均每年发生超过 5 660 起,数量上约占地质灾害总量的72%,平均每年造成人员伤亡失踪 478 人以及 32.26 亿元的直接经济损失(表 1.1,图 1.1)。其中,2018 年全国共发生地质灾害 2 966 起,其中滑坡灾害 1 631 起,约占地质灾害总数的 55%,共造成 105 人死亡、7 人失踪、73 人受伤,直接经济损失 14.7 亿元。《国家中长期科学和技术发展规划纲要(2006—2020 年)》将重大自然灾害监测与防御列为公共安全重点领域优先主题之一。在已有地质调查和专业监测的基础上,融合多源遥感数据,应用地理信息系统(geographic

---

❶ 录入数据库的条件是至少满足以下标准中的一个:有 10 人或 10 人以上死亡,100 人或更多人报告受影响,宣布紧急状态或呼吁国际援助。

information system，GIS）和全球导航卫星系统（global navigation satellite system，GNSS)等空间信息技术，开展滑坡灾害预测预报研究，可以为国土资源合理利用与可持续发展提供科学依据。

表 1.1　2014—2018 年滑坡造成人员伤亡失踪情况　　　　单位：人

| 损失分类 | 2014 年 | 2015 年 | 2016 年 | 2017 年 | 2018 年 |
|---|---|---|---|---|---|
| 死亡 | 349 | 229 | 370 | 329 | 105 |
| 失踪 | 51 | 58 | 35 | 25 | 7 |
| 受伤 | 218 | 138 | 209 | 194 | 73 |

图 1.1　2014—2018 年地质灾害情况

大规模的人类工程活动和重大自然灾害诱发和加剧了滑坡灾害的致灾情况，一些国家重大工程相继在地质条件复杂、地质灾害多发的地区规划、建设，如三峡工程、南水北调西线工程、青藏铁路、中缅管道和西电东送工程等。这些重大工程的施工和运行，会加剧或引发新的滑坡灾害，导致其发生的频率和强度逐年增加，严重威胁工程安全和环境安全。因此，在重大工程规划、建设和运行过程中，开展重大工程灾变滑坡监测预测方法及应用研究，科学有效地避免和减轻灾变滑坡的危害，保障重大工程、人民生命财产安全与社会稳定，是一项刻不容缓的课题。

三峡库区地质条件复杂，且处于暴雨频繁的亚热带季风气候区，受新构造运动的影响，山原期夷平面快速抬升，河流强烈下切，形成高陡岸坡，卸荷效应显著，河谷两岸分布的堆积层滑坡广泛发育且频繁发生，是我国重大地质灾害防治工作的典型示范区。三峡库区灾变滑坡造成的损失和影响已引起社会的广泛关注和国家的高度重视(Zheng,2016)。尤其自 2008 年 10 月首次 172.8 m 试验性高水位运行以来，每年 6 月至 9 月汛期长江上游来沙量最大之前，水库将水位降至 145 m，汛期过后再将水位升至 175 m，拦蓄清水并尽可能发挥水库效益。受库水位周期性高达 30 m 消落的影响，加之在排水期和洪水期水位骤降，河流水动力条件变化较大,库岸岩土体斜坡条件受到影响,三峡库区进入一个库岸再造、斜坡失稳等地质灾害相对多发的不稳定时期,诱发老滑坡的复活和产生新的崩滑体(陈德基 等,2011)。三峡库区滑坡分布广、规模大、破坏性强且受库水位波动影响大,不仅威胁着三峡大坝的安全,更是影响库区移民工程安全的重要问题。三峡水库已经在高水位蓄水后运行十余年,在此期间,库岸滑坡的时空演化特征是什么?变形规律及趋势如何?开展高水位蓄水后库岸滑坡发育机制及变形预测研究已经成为三峡库区地质灾害防治中亟待解决的问题。

此外,地震是滑坡灾害的主要诱发因素,地震滑坡灾害往往造成巨大的人员伤亡与财产损失。地震震级大于 4.0 且小于 9.2 时便会极大触发滑坡灾害(Keefer,1984)。一次大型地震可以诱发数万处滑坡,分布范围可达 50 万 $km^2$。地震滑坡造成的生命财产损失可以占到整个地震造成损失的 50% 及以上(Keefer,2000;Keefer et al.,2007)。2008 年,汶川地震触发的滑坡、崩塌、碎屑流等总数达 3 万～5 万处,造成的人员死亡人数约占地震总死亡人数的三分之一(黄润秋,2009)。遥感、地理信息技术的快速发展使得大范围高精度的地震滑坡调查编录成为可能,开展地震滑坡易发性区划研究可科学划分出滑坡易发区,为地震灾区滑坡防灾减灾、基础设施重建等提供参考(李为乐 等,2011;许冲 等,2012a,2012b)。除此之外,降雨也是诱发滑坡灾害的一个十分重要的因素。据统计,90% 以上的滑坡变形失稳与降雨有着直接或间接的关系,尤其分布最为广泛的浅层滑坡,堆积物特定的物质组成、厚度及地貌形态决定了浅层滑坡对降雨的特殊敏感性(李媛 等,2004;许建聪 等,2005;罗渝 等,2014)。然而,降雨是一个十分复杂的因素,降雨对滑坡的一个直接影响是地下水位及孔隙水压力的变化(Chang et al.,2009)。因此,降雨和库水位联合作用下的滑坡变形判据挖掘及位移预测是一项十分重要的工作。

为此,本书以库岸滑坡、地震滑坡作为研究对象,优化多源遥感数据融合和时间序列变形监测数据支持下的滑坡时空灾变定量分析方法。滑坡演化过程受多源内外动力因素的控制和影响,因此,首先需要研究滑坡灾变机理及其在时空维度的演进方式,即空间发育机制和时间演化过程特性;在此基础上,研究降雨和库水位联合作用下滑坡渐进破坏规律及变形预测方法。滑坡致灾机理复杂,而数据挖掘领域的智能模型繁多,各个模型的适用条件各不相同。如何集成滑坡灾害孕灾环境、致灾因子和承灾体监测数据,选择与时空分析尺度和粒度相适应的属性特征,进行多模型融合和优化以提高分析模型的正确率和泛化能力,就显得十分重要了。本书研究成果期望可为滑坡灾害监测预警提供重要参考,并为后续滑坡灾害风险评估奠定基础。

## 1.2　研究现状和研究目标

### 1.2.1　研究现状

　　监测预测是滑坡灾害研究的关键问题。国内外学者在滑坡专业监测和定量预测方面开展了一系列研究工作,包括从小比例尺的区域滑坡空间预测研究到大比例尺的单体或单类滑坡变形预测研究,其研究焦点集中在以下三个方面。

#### 1.2.1.1　滑坡环境信息提取

　　滑坡灾害受时空多源要素控制和影响,其发育往往是复杂孕灾环境和多方诱发因素共同作用的结果。开展滑坡灾害发育规律及变形分析的前提是对两方面信息的科学提取及属性约简。传统滑坡灾害监测手段数据源有限、数据获取耗费大、数据更新周期长,缺乏挖掘滑坡灾害时空分布特征及诱发因素的有效方法,不能满足区域范围内滑坡灾害的动态监测需求。GIS因其强大的时空数据管理和分析功能,已成为滑坡预测评价的支撑技术之一,同时遥感手段因其数据源时-空-谱分辨率不断提高,且具有大区域范围、周期性重复观测能力而在滑坡灾害监测预警研究中被广泛关注(Opiso et al.,2016)。当前,海量多时相遥感监测数据与非遥感数据的融合为滑坡环境信息提取提供了有效的数据支撑(Chae et al.,2017)。在已有地质调查、群众监测和专业监测的基础上,主要利用高分辨率卫星影像、航空影像等识别滑坡灾害体,辅以中低分辨率卫星影像提供滑坡灾害发育的地表覆被和基础地质环境信息(Fiorucci et al.,2018;Lee et al.,2018),开展与滑坡灾害研究相关的工程测量与航空摄影测量工作,获取滑坡易发区高精度地形地貌信息(Wiegand et al.,2013),并利用多时相高分辨卫星影像变化监测研究人类工程活动对滑坡灾害的影响(Formetta et al.,2016)。此外,在发展多源数据融合支持下滑坡发育影响因子提取技术的同时,通过显著性分析、主成分分析、粗糙集和粒子集群优化算法等筛选影响滑坡空间发育的核心因子也是研究热点之一(武雪玲 等,2016;Chen et al.,2017a)。

#### 1.2.1.2　滑坡变形规律挖掘

　　滑坡变形过程是一个受岩土体条件、降雨、库水位、人类工程活动等多种因素影响而发展演化的非线性耗散动力系统(Guo et al.,2014;Huang et al.,2014;Wu et al.,2016)。从滑坡形成的内在因素角度分析,滑坡体的岩土结构存在多样性和复杂性,衡量岩土体的特征参数通常采用定性和半定量的方法,给滑坡的定量化准确建模带来很大的困难(张江伟 等,2015;黄润秋 等,2016;刘广宁 等,2017)。影响滑坡变形的外界环境因素(如地震、降雨、库水位、地下水位、人类工程活动等)存在很大的动态性、复杂性、随机性,诱发因素的动态变化对滑坡位移的变化趋势起着决定性作用,滑坡累积位移曲线表现为单调递增非线性的时间序列变化,滑坡位移量的突变往往是由诱发因素的陡然变化而直接导致的(Xia et al.,2013;罗渝等,2014;王鲁男 等,2016;邵崇建 等,2017)。滑坡位移时间序列预测方法研究主要经历了现象与经验预测、位移与时间统计分析预测、综合预测及预报判据研究模型三个阶段。随着滑坡多源监测信息获取手段的不断改进和完善,滑坡灾害数据库中的数据急剧增加,涵盖内容更加丰富,根据滑坡变形的时空演化特征,综合考虑各种诱发因素,通过多学科交叉的手段实现多模型融合,挖掘滑坡变形预报判据,利用时间序列方法预测滑坡体未来的空间变形位移发展,是当下滑坡位移预测研究的趋势(Miao et al.,2014;卢应发 等,2016;吕心静 等,2017)。预测模型主要包括突变理论、混沌理论、协同学、非线性动力学、神经网络理论、关联规则、小波分析、经验模态分解、决策树和支持向量机等(Li et al.,2014;Wang et al.,2014;Wu et al.,2014a, 2014b;Ren et al.,2015;邓冬梅 等,2017;Zhou et al.,2017)。

### 1.2.1.3　滑坡预测模型构建

滑坡灾害的形成、演化和发生是一个复杂的多场耦合作用过程,具有非线性特征和不确定性。滑坡预测结果是进行滑坡灾害预警和评估的重要依据,预测模型的选择直接影响滑坡灾害预测的效率和结果的可靠性,因此,模型的适用性和准确性成为衡量其评价能力的重要标志。信息量模型、层次分析模型、逻辑回归等统计分析模型具有计算简单、性能稳定、分析结果易于解释等优点,被成功应用于滑坡灾害研究(Sezer et al.,2016;杨城 等,2016;牛全福 等,2017;Schlögel et al.,2018)。确定性模型基于地质工程物理参数计算滑坡稳定性系数,结果的可靠性依赖于现场监测数据的详细程度,适用于小范围区域特定滑坡灾害研究。近年来,对地观测技术的迅速发展和新一代计算智能算法的提出,为挖掘滑坡与其孕灾环境和诱发因素之间的非线性响应关系提供了新思路。神经网络通过模仿人脑功能,对输入样本进行训练、学习和再学习,得到分析结果,被广泛用于解决具有不确定性和非线性特征的滑坡灾害预测评价问题(刘卫明 等,2017;Liu et al.,2017)。支持向量机是继神经网络之后的新一代机器学习算法,它以结构风险最小原则取代传统机器学习方法中的经验风险最小化原则,具有很好的泛化能力,也已被用于滑坡灾害区划评价研究(Wu et al.,2014a;Wen et al.,2017;Zhu et al.,2018)。随机森林作为一种集成学习方法,能较好地处理大数据量多维数据集,在异常值和噪声方面具有较高的容忍度,不容易出现过拟合现象,也已被用于滑坡解译和预测(Krkač et al.,2017)。

尽管现在国内外对滑坡定量预测分析方法已有了较高研究水平和较大研究规模,但从当下的国内外相关学术文献资料分析情况看,也面临一些新的挑战:①针对滑坡成灾机制和时空演化特征,缺乏从孕灾环境和诱发因素的大量信息中快速、准确地筛选、挖掘滑坡发育规律和滑坡变形分析关键因子的智能方法,亟须发展与滑坡空间发育特征相适应的环境信息提取方法;②针对传统参数化建模空间分析方法难以从多源、海量滑坡数据中挖掘出隐藏的模式、趋势和关系等问题,亟须引入数据挖掘方法来模拟特定类型滑坡的演化及发育过程,进而对所涉及的模型参数、因子数值等进行动态调整和优化,构建具有顾及滑坡类型及时空演化特征的变形趋势挖掘模型;③滑坡变形预测多为时间与位移的单变量预测研究,存在重视数学模型和算法的优化而忽略了滑坡地质模型研究的情况,亟须按照各诱发因素不同的作用形式和时间序列分析方法分解滑坡位移,在多源、海量时序监测数据及其宏观变形迹象信息的支持下,引入机器学习领域的多模型融合方法,顾及滑坡发育的控制条件,建立滑坡变形发展的响应机制。

## 1.2.2 研究目标

　　滑坡灾害监测预测研究的发展呈现多学科相互融合、相互渗透、相互影响的趋势,其中一个突出的表现就是源自不同学科理论的模型融合和方法交叉,相互借鉴,协同创新。本书采用多种研究方法开展滑坡灾害监测预测研究,主要围绕以下研究目标:①在滑坡环境信息提取与定量分析方面,采用文献研究法、案例研究法、交叉研究法和系统科学法等,从对已有相同类型滑坡空间预测因子和滑坡位移预测因子的理解进行推广和扩大,寻求更广泛的理论支撑;②在滑坡空间预测评价模型构建方面,针对滑坡类型和时空分布特征,采用模型研究法、定量研究法和系统工程方法,实现多计算智能模型耦合,优化模型参数,扩展模型性能,为区域滑坡预测评价寻求具有空间适用性更先进的算法支持;③在滑坡变形预测模型构建方面,针对滑坡变形的时空演化特性,采用定性分析法、对比分析法、适宜性分析法等,通过对已有滑坡位移预测方法的理解进行分析和深化,融合多种优化的时间序列数据分析模型方法,为滑坡位移预测寻求更适合的方法支持;④整体研究过程中,采用分析比较法和移植借鉴法对选择的国内外滑坡定量预测案例进行方法层面的比较和分析,重点在于对新模型与传统模型、区域和单体的方法进行比较等。同时,科学应用计算机学科和信息科学的相关理论和方法,如数据分析、计算智能、深度学习和模型耦合等。

## 1.3 国际滑坡研究进展文献计量分析

　　国内外对滑坡的研究主要集中在如下几个方面:滑坡类型和动力学、滑坡成因、降雨与滑坡活动、地下水与滑坡、参数和特征、风险评估、监测、分析、治理、滑坡与人类活动及生态工程等。文献计量学是借助文献的各种特征的数量,采用数学与统计学方法来描述评价和预测科学技术的现状与发展趋势的图书情报学分支(庞景安,2002)。通过对滑坡相关文献的计量分析,能够掌握滑坡的国际研究态势,把握其发展状况。为了掌握滑坡研究领域的科学研究发展动态,采用文献计量学方法对 Web of Science 数据库中科学引文索引扩展(Science Citation Index Expanded,SCIE)收录的 1991—2019 年(数据更新时间截至 2019 年 7 月 23 日)的滑坡研究论文进行统计分析,挖掘滑坡灾害研究的热点、关键问题及解决方法(Sassa et al.,2015)。此次检索共得到滑坡相关学术论文有效记录 25 097 篇,论文数量及被引频次年度变化均呈稳步快速增长趋势,论文数量从一年 6 篇上升为近 2000 篇,被引频次从年均 39 次上升为 1 万次左右,滑坡研究主要基于地理学和工程地质学领域,研究方法主要包括野外调查、监测、地理信息系统、遥感和建模分析等。武雪玲等 2015 年曾发表《Global research trends in landslides during 1991—1994:a bibliometric analysis》对 1991—2014 年国际滑坡研究论文进行了文献计量分析(Wu et al.,2015),以下对 2015—2019 年国际滑坡研究论文进行文献计量分析。

## 1.3.1　文献总体情况

### 1.3.1.1　文献类型和语言种类

对检索到的 9 630 篇文献进行分类(表 1.2)。以下分析都基于其中的 9 211 篇论文。这些论文总计由 11 种语言撰写。其中,英语论文占据绝对地位,共计有 9 119 篇,占比超过 99%;其次是西班牙语论文(25 篇)、汉语论文(24 篇)以及法语论文(15 篇);其他各种语言论文数量均不超过 10 篇,依次为葡萄牙语(7 篇)、德语(6 篇)、马来语(5 篇)、波兰语(4 篇)、土耳其语(3 篇)、克罗地亚语(2 篇)、捷克语(1 篇)。

表 1.2　文献分类

| 文献类型 | 数量/篇 | 占比/% |
| --- | --- | --- |
| 论文 | 9 211 | 95.65 |
| 综述 | 180 | 1.87 |
| 社论材料 | 142 | 1.47 |
| 修订 | 53 | 0.55 |
| 新闻 | 19 | 0.20 |
| 书信 | 13 | 0.13 |
| 会议摘要 | 6 | 0.06 |
| 书评 | 3 | 0.03 |
| 再版 | 2 | 0.02 |
| 撤稿 | 1 | 0.01 |

### 1.3.1.2　发展趋势

同一篇论文的合著作者最多的有 37 人,单人发表论文总计约占 5%,也就是说合著比例达到了 95%,最普遍情况是 3～5 人合著一篇论文(表 1.3)。由表 1.4 可知近年来滑坡论文数量增长稳定(2019 年数据尚不完整,仅供参考),从 2014 年的 1 284 篇至 2018 年的 1 959 篇,年平均增长率约为 11%。从 1991 年的 6 篇到

2018 年的 1 959 篇,论文数量的快速增长标志着全球滑坡相关研究的蓬勃发展;
9 211 篇论文的篇均作者人数为 4.4 人,最新的 2019 年则达到了 4.7 人,大大高
于 1991 年的 2.5 人,这表明现阶段滑坡研究人员的合作程度明显强于以前;随
着研究论文的丰富,篇均参考文献数超过了 50 篇;论文的平均页数则比较稳定;
论文总被引次数和篇均被引次数逐年下降,这是因为较早的文章本身具有较高
的引用次数,并且较新的文章没有被频繁引用。

**表 1.3　论文的作者发文量**

| 作者人数/人 | 2014 年 数量/篇 | 2014 年 占比/% | 2015 年 数量/篇 | 2015 年 占比/% | 2016 年 数量/篇 | 2016 年 占比/% | 2017 年 数量/篇 | 2017 年 占比/% | 2018 年 数量/篇 | 2018 年 占比/% | 2019 年 数量/篇 | 2019 年 占比/% | 总计 数量/篇 | 总计 占比/% |
|---|---|---|---|---|---|---|---|---|---|---|---|---|---|---|
| 3 | 286 | 22.3 | 320 | 22.3 | 314 | 19.3 | 359 | 20.2 | 394 | 20.1 | 199 | 17.7 | 1 872 | 20.3 |
| 4 | 261 | 20.3 | 284 | 19.8 | 351 | 21.6 | 348 | 19.6 | 393 | 20.1 | 230 | 20.4 | 1 867 | 20.3 |
| 5 | 214 | 16.7 | 231 | 16.1 | 249 | 15.3 | 300 | 16.9 | 313 | 16.0 | 175 | 15.6 | 1 482 | 16.1 |
| 2 | 203 | 15.8 | 209 | 14.5 | 244 | 15.0 | 250 | 14.0 | 251 | 12.8 | 147 | 13.1 | 1 304 | 14.2 |
| 6 | 98 | 7.6 | 116 | 8.1 | 161 | 9.9 | 179 | 10.1 | 232 | 11.8 | 142 | 12.6 | 928 | 10.1 |
| 7 | 73 | 5.7 | 78 | 5.4 | 85 | 5.2 | 104 | 5.8 | 110 | 5.6 | 81 | 7.2 | 531 | 5.8 |
| 1 | 61 | 4.8 | 106 | 7.4 | 92 | 5.7 | 90 | 5.1 | 74 | 3.8 | 42 | 3.7 | 465 | 5.0 |
| 8 | 24 | 1.9 | 38 | 2.6 | 53 | 3.3 | 56 | 3.1 | 68 | 3.5 | 45 | 4.0 | 284 | 3.1 |
| 9 | 19 | 1.5 | 25 | 1.7 | 27 | 1.7 | 25 | 1.4 | 49 | 2.5 | 23 | 2.0 | 168 | 1.8 |
| >9 | 45 | 3.5 | 30 | 2.1 | 50 | 3.1 | 69 | 3.9 | 75 | 3.8 | 41 | 3.6 | 310 | 3.4 |

**表 1.4　发展趋势**

| 年份 | 论文总数/篇 | 论文作者人数[①]/人 | 篇均作者人数/人 | 参考文献数/篇 | 篇均参考文献数/篇 | 论文总被引次数/次 | 篇均被引次数/次 | 论文页数/页 | 篇均页数/页 |
|---|---|---|---|---|---|---|---|---|---|
| 2014 | 1 284 | 5 517 | 4.3 | 61 344 | 48 | 21 362 | 17 | 17 946 | 14 |
| 2015 | 1 437 | 6 025 | 4.2 | 66 742 | 46 | 15 606 | 11 | 20 284 | 14 |
| 2016 | 1 626 | 7 113 | 4.4 | 81 334 | 50 | 13 443 | 8.3 | 23 201 | 14 |
| 2017 | 1 780 | 7 983 | 4.5 | 90 177 | 51 | 9 590 | 5.4 | 25 388 | 14 |
| 2018 | 1 959 | 9 037 | 4.6 | 102 060 | 52 | 5 015 | 2.6 | 28 483 | 15 |
| 2019 | 1 125 | 5 266 | 4.7 | 60 025 | 53 | 671 | 0.6 | 16 723 | 15 |
| 平均 | 1 535.2 | 6 823.5 | 4.4 | 76 947 | 50 | 10 948 | 7.1 | 22 004.2 | 14 |
| 总计 | 9 211 | 40 941 | — | 461 682 | — | 65 687 | — | 132 025 | — |

① 论文作者人数为每篇论文作者人数的数量和。

## 1.3.2　关键词分析

除去不包含关键词的 1 329 篇论文,剩下的 7 882 篇论文包括 19 353 个不同的关
键词。其中,15 033 个关键词仅见于一篇论文,425 个关键词在至少 10 篇论文中出

现。将一些语义相近的关键词合并后频数最高的关键词如表 1.5 所示。同时根据关键词的相关性利用 Netdraw 软件对关键词的联系进行可视化处理,如图 1.2 所示。

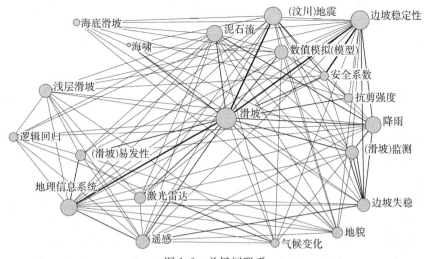

图 1.2　关键词联系

从图 1.2 可知,滑坡与地理信息系统、(汶川)地震的关联度很强。由于具有强大的信息处理和分析能力,在地质灾害研究领域,地理信息系统技术的应用已从最初的数据管理、多源数据采集、数字化输入和绘图输出,扩展到数字高程模型、数字地面模型的使用、地理信息系统结合灾害评价模型的扩展分析、地理信息系统与决策支持系统的集成、地理信息系统虚拟现实技术的应用等,并逐步发展与深入应用(朱良峰 等,2002);地震是诱发滑坡灾害的动力成因之一,据初步统计,汶川地震诱发的 1.5 万多处滑坡明显受地震断裂控制(殷跃平,2009),地震滑坡研究成为关注的热点之一。因此地理信息系统与(汶川)地震作为关键词出现的频数较高。

表 1.5　关键词及其频数

| 关键词 | 2014 年 | | 2015 年 | | 2016 年 | | 2017 年 | | 2018 年 | | 2019 年 | | 数量合计/篇 |
|---|---|---|---|---|---|---|---|---|---|---|---|---|---|
| | 数量/篇 | 排名 | 数量/篇 | 排名 | 数量/篇 | 排名 | 数量/篇 | 排名 | 数量/篇 | 排名 | 数量/篇 | 排名 | |
| 滑坡 | 282 | 1 | 285 | 1 | 311 | 1 | 320 | 1 | 315 | 1 | 167 | 1 | 1 680 |
| 边坡稳定性 | 98 | 2 | 96 | 2 | 112 | 2 | 117 | 2 | 114 | 2 | 70 | 2 | 607 |
| 地理信息系统 | 45 | 5 | 51 | 3 | 68 | 3 | 61 | 3 | 74 | 3 | 38 | 5 | 337 |
| (汶川)地震 | 79 | 3 | 44 | 4 | 44 | 5 | 56 | 4 | 59 | 4 | 22 | 8 | 304 |
| 泥石流 | 63 | 4 | 43 | 5 | 44 | 5 | 50 | 6 | 55 | 5 | 43 | 3 | 298 |
| (滑坡)易发性 | 33 | 6 | 41 | 6 | 53 | 4 | 47 | 7 | 47 | 7 | 43 | 3 | 264 |
| 数值模拟(模型) | 31 | 7 | 34 | 7 | 43 | 7 | 55 | 5 | 55 | 5 | 27 | 6 | 245 |
| (滑坡)监测 | 22 | 10 | 30 | 9 | 32 | 8 | 26 | 12 | 40 | 8 | 17 | 10 | 167 |

续表

| 关键词 | 2014 年 | | 2015 年 | | 2016 年 | | 2017 年 | | 2018 年 | | 2019 年 | | 数量合计/篇 |
| --- | --- | --- | --- | --- | --- | --- | --- | --- | --- | --- | --- | --- | --- |
| | 数量/篇 | 排名 | 数量/篇 | 排名 | 数量/篇 | 排名 | 数量/篇 | 排名 | 数量/篇 | 排名 | 数量/篇 | 排名 | |
| 降雨 | 15 | 12 | 33 | 8 | 28 | 10 | 36 | 8 | 30 | 11 | 24 | 7 | 166 |
| 遥感 | 26 | 9 | 29 | 10 | 24 | 12 | 35 | 9 | 32 | 10 | 14 | 12 | 160 |
| 安全系数 | 28 | 8 | 21 | 12 | 28 | 10 | 28 | 10 | 33 | 9 | 21 | 9 | 159 |
| 浅层滑坡 | 14 | 13 | 17 | 15 | 30 | 9 | 28 | 10 | 23 | 14 | 11 | 18 | 123 |
| 海底滑坡 | 9 | 28 | 29 | 10 | 18 | 16 | 14 | 21 | 30 | 11 | | | 111 |
| 抗剪强度 | 16 | 11 | 21 | 12 | 17 | 17 | 20 | 13 | 17 | 18 | 6 | 47 | 97 |
| 逻辑回归 | 13 | 16 | 20 | 14 | 19 | 15 | 17 | 15 | 14 | 24 | 12 | 16 | 95 |
| 激光雷达 | 13 | 16 | 10 | 27 | 14 | 20 | 15 | 18 | 21 | 15 | 11 | 18 | 84 |
| 海啸 | 9 | 28 | 17 | 15 | 21 | 14 | 9 | 43 | 12 | 37 | 9 | 24 | 77 |
| 边坡失稳 | 14 | 13 | 14 | 14 | 8 | 45 | 18 | 14 | 15 | 21 | 7 | 34 | 76 |
| 地貌 | 6 | 57 | 9 | 30 | 24 | 12 | 17 | 15 | 10 | 49 | 8 | 29 | 74 |
| 气候变化 | 10 | 25 | 14 | 17 | 14 | 20 | 14 | 21 | 15 | 21 | 7 | 34 | 74 |

同时滑坡与边坡稳定性的关联也很强。边坡稳定性是指边坡岩土体在一定坡高和坡角条件下的稳定程度。研究边坡稳定性的目的在于预测边坡失稳的破坏时间、规模及危害程度,并事先采取防治措施,以减轻地质灾害,使人工边坡的设计安全、经济(陈国庆 等,2014)。边坡稳定性的排名从 2014 年起保持第二名,这表明其是当下滑坡研究的重点。与其相对的则是边坡失稳,可能是研究人员在表达中更倾向于使用边坡稳定性,因此边坡失稳的频数和其他关键词的相关性均不高。所有的边坡失稳均涉及边坡岩土体在剪切应力作用下的破坏。凡是影响剪切应力和岩土体抗剪强度的因素,均影响边坡的稳定性。因此,滑坡与(汶川)地震、降雨、抗剪强度,安全系数与边坡稳定性的连线表明它们是滑坡研究的一个方向。数值模拟(模型)与边坡稳定性的较高相关性表明前者是研究边坡稳定性的重要方法。

地理信息系统与滑坡易发性具有很强的关联,其贯穿于滑坡易发性研究的各个环节,包括数据获取、计算和结果的表达。同时地理信息系统与遥感、激光雷达(light detection and ranging,LiDAR)、逻辑回归保持着较强的相关性,它们与滑坡的关联线构成了滑坡研究的另一个方向。滑坡调查可以通过对遥感数据的解译识别实现,滑坡监测可以对比多时相遥感数据来实现。激光雷达技术可以提供高精度三维地貌信息,其在去除地表植被方面也有很好的效果,同样也可利用多时相数据获取滑坡体(刘圣伟 等,2012)。滑坡易发性是研究区发生滑坡的概率,是危险性和风险评价研究的基础。逻辑回归是近年来地理信息系统在滑坡易发性评价中主要采用的基础模型之一。

另外,滑坡与气候变化、海底滑坡等也有一定的相关性。在全球变暖的大背景下,全球洪水、干旱、高温、台风、雨雪冰冻等极端天气或气候事件加剧。极端天气和全球气候变化是大型滑坡发生的主要触发和诱发因素(黄润秋,2007)。海底滑坡由于其与陆地滑坡的差异,以及形成环境等一系列原因,导致相关科研进展缓慢,近年来海底滑坡的排名有一定的波动。

### 1.3.3　科学文献检索分类与期刊分布

2014—2019 年滑坡论文的科学文献检索数据库类型分别为 91、110、94、102、97 和 92 类,基本趋于稳定。论文的分类如表 1.6 所示,其中多学科地球科学类涵盖的论文数量最多。

表 1.6　滑坡论文分类

| 所属学科 | 论文数量/篇 | | | | | | 合计 | |
|---|---|---|---|---|---|---|---|---|
| | 2014 年 | 2015 年 | 2016 年 | 2017 年 | 2018 年 | 2019 年 | 数量/篇 | 占比/% |
| 多学科地球科学 | 759 | 857 | 896 | 973 | 1 011 | 571 | 5 067 | 37.0 |
| 地质工程 | 311 | 330 | 384 | 462 | 519 | 326 | 2 332 | 17.1 |
| 水资源 | 219 | 280 | 308 | 270 | 298 | 144 | 1 519 | 11.1 |
| 环境科学 | 135 | 157 | 236 | 231 | 249 | 147 | 1 155 | 8.4 |
| 地球物理 | 164 | 148 | 155 | 228 | 167 | 92 | 954 | 7.0 |
| 气象与大气科学 | 136 | 175 | 171 | 146 | 168 | 85 | 881 | 6.4 |
| 土木工程 | 58 | 60 | 86 | 99 | 122 | 61 | 486 | 3.6 |
| 地球化学与地球物理学 | 74 | 71 | 86 | 79 | 115 | 52 | 477 | 3.5 |
| 遥感 | 66 | 57 | 74 | 97 | 95 | 60 | 449 | 3.3 |
| 环境工程 | 40 | 39 | 66 | 70 | 51 | 91 | 357 | 2.6 |

2014—2019 年涵盖滑坡方面论文的期刊有 1 127 种。出版滑坡相关文献最多的 10 种期刊如表 1.7 所示,发表在这 10 种期刊上的滑坡相关论文约占总数的 34%,在 *LANDSLIDES* 上发表的论文数量高居榜首,同时其影响因子也是 10 种期刊中最高的,高引用论文数量也最多。

表 1.7　主要期刊

| 期刊名称 | 论文数量/篇 | 占比/% | 总被引次数/次 | 篇均被引次数/次 | 影响因子 | 高引用论文数量/篇 |
|---|---|---|---|---|---|---|
| *LANDSLIDES* | 639 | 6.9 | 5 484 | 8.6 | 4.252 | 10 |
| *ENGINEERING GEOLOGY* | 456 | 5.0 | 4 352 | 9.5 | 3.909 | 7 |
| *GEOMORPHOLOGY* | 400 | 4.3 | 4 404 | 11 | 3.681 | 7 |
| *ENVIRONMENTAL EARTH SCIENCES* | 339 | 3.7 | 2 116 | 6.2 | 1.871 | 0 |

续表

| 期刊名称 | 论文数量/篇 | 占比/% | 总被引次数/次 | 篇均被引次数/次 | 影响因子 | 高引用论文数量/篇 |
|---|---|---|---|---|---|---|
| *NATURAL HAZARDS* | 316 | 3.4 | 2 520 | 8 | 2.319 | 1 |
| *BULLETIN OF ENGINEERING GEOLOGY AND THE ENVIRONMENT* | 235 | 2.6 | 1 333 | 5.7 | 2.138 | 7 |
| *NATURAL HAZARDS AND EARTH SYSTEM SCIENCES* | 227 | 2.5 | 1 815 | 8 | 2.883 | 2 |
| *JOURNAL OF MOUNTAIN SCIENCE* | 196 | 2.1 | 663 | 3.4 | 1.423 | 0 |
| *REMOTE SENSING* | 156 | 1.7 | 1 229 | 7.9 | 4.118 | 2 |
| *ARABIAN JOURNAL OF GEOSCIENCES* | 140 | 1.5 | 1 041 | 7.4 | 1.141 | 1 |

## 1.3.4　作者分析

统计以第一作者身份、通信作者身份,以及以作者身份参与发表论文的数量,如表1.8至表1.10所示。表1.9中同一作者以不同机构署名发表的论文被分开统计,例如 Pradhan。西安科技大学的陈伟(22篇)是以第一作者发表论文数量最多的,其次是尼日利亚大学的 Igwe(17篇)、中国地震局的许冲(14篇)、中南大学的邓东平(13篇)、香港科技大学的 Ng(12篇)。其中,陈伟、许冲、武汉大学的李典庆,以及苏哈贾大学的 Youssef 等论文篇均被引次数较高。就通信作者身份而言,香港科技大学的张利民和马来西亚博特拉大学的 Pradhan 论文数量较多,分别以通信作者身份发表论文43篇和41篇,成都理工大学的许强和四川大学的周家文各发表论文29篇。Pradhan、Pourghasemi 和陈伟的论文篇均被引次数较高。Pradhan和许强在2014—2019年分别参与发表了99篇和96篇论文,其中 Pradhan 论文的篇均被引次数为31.0。结合个人以第一作者身份、通信作者身份以及参与发表论文的数量和被引次数,陈伟、许冲、张利民、Pradhan、许强等排在前列。

表 1.8　第一作者

| 第一作者 | 机构 | 论文总数/篇 | 论文总被引次数/次 | 篇均被引次数/次 |
|---|---|---|---|---|
| Chen W | 西安科技大学 | 22 | 727 | 33 |
| Igwe O | 尼日利亚大学 | 17 | 95 | 5.6 |
| Xu C | 中国地震局 | 14 | 376 | 27 |
| Deng D P | 中南大学 | 13 | 46 | 3.5 |
| Ng C W W | 香港科技大学 | 12 | 125 | 10 |
| Zhao L H | 中南大学 | 12 | 61 | 5.1 |
| Fan X M | 成都理工大学 | 11 | 104 | 9.5 |

续表

| 第一作者 | 机构 | 论文总数/篇 | 论文总被引次数/次 | 篇均被引次数/次 |
|---|---|---|---|---|
| Silhan K | 奥斯特拉瓦大学 | 10 | 84 | 8.4 |
| Hu W | 成都理工大学 | 10 | 48 | 4.8 |
| Li D Q | 武汉大学 | 10 | 325 | 33 |
| Johari A | 设拉子大学 | 10 | 43 | 4.3 |
| Zhuang J Q | 长安大学 | 10 | 100 | 10 |
| Youssef A M | 苏哈贾大学 | 9 | 308 | 34 |
| Wu L Z | 成都理工大学 | 9 | 72 | 8.0 |
| Tang H M | 中国地质大学 | 9 | 109 | 12 |
| Crosta G B | 米兰比可卡大学 | 9 | 101 | 11 |
| Yang X L | 中南大学 | 9 | 95 | 11 |
| Gao W | 河海大学 | 9 | 34 | 3.8 |
| Hong H Y | 南京师范大学 | 9 | 131 | 15 |
| Zhou J W | 四川大学 | 9 | 77 | 8.6 |

表 1.9 通信作者

| 通信作者 | 机构 | 论文总数/篇 | 论文总被引次数/次 | 篇均被引次数/次 |
|---|---|---|---|---|
| Zhang L M | 香港科技大学 | 43 | 456 | 11 |
| Pradhan B | 马来西亚博特拉大学 | 41 | 1 547 | 38 |
| Xu Q | 成都理工大学 | 29 | 192 | 6.6 |
| Zhou J W | 四川大学 | 29 | 113 | 3.9 |
| Pourghasemi H R | 设拉子大学 | 26 | 809 | 31 |
| Tang H M | 中国地质大学 | 24 | 137 | 5.7 |
| He S M | 中国科学院 | 24 | 46 | 1.9 |
| Xu C | 中国地震局 | 22 | 373 | 17 |
| Peng J B | 长安大学 | 22 | 180 | 8.2 |
| Cui P | 中国科学院 | 21 | 168 | 8.0 |
| Qiu H J | 西北大学 | 20 | 30 | 1.5 |
| Huang Y | 同济大学 | 19 | 127 | 6.7 |
| Pradhan B | 悉尼科技大学 | 18 | 96 | 5.3 |
| Chen W | 西安科技大学 | 17 | 409 | 24 |
| Igwe O | 尼日利亚大学 | 16 | 95 | 5.9 |
| Lee S | 韩国地质矿产研究所 | 16 | 90 | 5.6 |
| Zhou X P | 重庆大学 | 16 | 56 | 3.5 |
| Lee S | 韩国科技大学 | 15 | 119 | 7.9 |
| Deng D P | 中南大学 | 14 | 33 | 2.4 |
| Yin K L | 中国地质大学 | 14 | 85 | 6.1 |

表 1.10　参与发表论文数量

| 作者 | 论文总数/篇 | 论文总被引次数/次 | 篇均被引次数/次 |
|---|---|---|---|
| Pradhan B | 99 | 3 059 | 31.0 |
| Xu Q | 96 | 701 | 7.3 |
| Casagli N | 74 | 1 114 | 15.0 |
| Zhang L M | 62 | 897 | 14.0 |
| Tang H M | 61 | 480 | 7.9 |
| Chen W | 59 | 1 212 | 21.0 |
| Bui D T | 58 | 1 709 | 29.0 |
| Pourghasemi H R | 57 | 1 841 | 32.0 |
| Wang Y | 54 | 493 | 9.1 |
| Huang R Q | 53 | 291 | 5.5 |
| Guzzetti F | 52 | 909 | 17.0 |
| Li L | 52 | 269 | 5.2 |
| Xu C | 50 | 791 | 16.0 |
| Zhang Y | 45 | 155 | 3.4 |
| Zhang L | 42 | 282 | 6.7 |
| Cui P | 41 | 283 | 6.9 |
| Ng C W W | 38 | 375 | 10.0 |
| Lee S | 38 | 361 | 10.0 |
| Zhang F | 37 | 289 | 7.8 |
| Hong H Y | 36 | 919 | 26.0 |

## 1.3.5　论文产出地分析

全球共有 139 个国家发表了滑坡相关论文,产出前 18 的国家发表的论文数量占比超过了 80%。这 18 个国家中,9 个来自欧洲,6 个来自亚洲,2 个来自北美洲,1 个来自大洋洲。论文发表数量,包括单独及合作发表量最高的都是中国,2014—2019 年超过 20% 的论文都有中国的研究人员参与,其次是美国与意大利,分别参与了 1 380 篇和 1 176 篇论文的发表。各国单独或合作发表的比例也不尽相同,印度、土耳其单独发表论文比例均接近 70%,而英国、法国、德国、瑞士、澳大利亚、挪威、奥地利合作发表论文比例超过 70%。其中,中国的总被引次数位居第一。

通过对国家之间的合作进行可视化分析,发现中国和美国是全球滑坡科研合作的领导者。首先,中美双方互为主要合作方,英国(126 篇)、日本(134 篇)、澳大利亚(113 篇)、挪威(25 篇)主要合作方是中国;意大利(99 篇)、法国(78 篇)、德国(79 篇)、印度(29 篇)主要合作方是美国,加拿大同时是中国和美国的主要合作者。此外,意大利是瑞士和西班牙的主要合作方,马来西亚是伊朗和韩国的主要合作方。

## 1.3.6 机构分析

全球 5 700 多个研究滑坡的机构中,发表论文数量排名前 20 的机构如表 1.11 所示,其中 15 个来自中国,2 个来自意大利,1 个来自美国,1 个来自日本,1 个来自瑞士。6 582 篇论文是机构间合作完成的,研究人员间的合作程度高于机构间的合作程度,后者高于国家或地区间的合作程度。中国科学院参与发表的论文数量最多(524 篇),其次是中国地质大学(270 篇)和成都理工大学(226 篇)。合作发表的论文平均每篇被引次数,佛罗伦萨大学(21.0)位于第一,其次是武汉大学(13.0)、美国地质调查局(12.0)、同济大学和中国地震局(11.0)。中国科学院是大多数上榜的中国机构的主要合作方(表 1.12)。中国科学院和中国科学院大学的合作程度最深。总体上来说合作方仍然以本土机构为主。

表 1.11　论文发表主要机构

| 机构 | 论文总数/篇 | 论文总被引次数/次 | 篇均被引次数/次 | 机构单独发表的论文数量/篇 | 单独发表论文的总被引次数/次 | 平均每篇单独发表论文被引次数/次 | 机构合作发表的论文数量/篇 | 合作发表论文的总被引次数/次 | 平均每篇合作发表论文被引次数/次 |
|---|---|---|---|---|---|---|---|---|---|
| 中国科学院 | 524 | 2 944 | 5.6 | 30 | 121 | 4.0 | 494 | 2 823 | 5.7 |
| 中国地质大学 | 270 | 1 861 | 6.9 | 39 | 182 | 4.7 | 231 | 1 679 | 7.3 |
| 成都理工大学 | 226 | 1 399 | 6.2 | 43 | 247 | 5.7 | 183 | 1 152 | 6.3 |
| 意大利国家研究委员会 | 188 | 1 790 | 9.5 | 29 | 254 | 8.8 | 159 | 1 536 | 9.7 |
| 中国科学院大学 | 164 | 606 | 3.7 | 1 | 3 | 3.0 | 163 | 603 | 3.7 |
| 美国地质调查局 | 145 | 1 741 | 12.0 | 34 | 393 | 12.0 | 111 | 1 348 | 12.0 |
| 香港科技大学 | 138 | 1 436 | 10.0 | 25 | 291 | 12.0 | 113 | 1 145 | 10.0 |
| 武汉大学 | 137 | 1 617 | 12.0 | 13 | 45 | 3.5 | 124 | 1 572 | 13.0 |
| 同济大学 | 120 | 1 187 | 9.9 | 15 | 56 | 3.7 | 105 | 1 131 | 11.0 |
| 中南大学 | 120 | 748 | 6.2 | 46 | 249 | 5.4 | 74 | 499 | 6.7 |
| 河海大学 | 116 | 547 | 4.7 | 26 | 75 | 2.9 | 90 | 472 | 5.2 |
| 东京大学 | 114 | 648 | 5.7 | 11 | 49 | 4.5 | 103 | 599 | 5.8 |
| 四川大学 | 110 | 644 | 5.9 | 25 | 84 | 3.4 | 85 | 560 | 6.6 |
| 瑞士联邦理工学院 | 104 | 658 | 6.3 | 12 | 28 | 2.3 | 92 | 630 | 6.8 |
| 中国地震局 | 98 | 1 059 | 11.0 | 16 | 125 | 7.8 | 82 | 934 | 11.0 |
| 台湾大学 | 97 | 709 | 7.3 | 4 | 32 | 8.0 | 93 | 677 | 7.3 |
| 佛罗伦萨大学 | 96 | 1 766 | 18.0 | 40 | 591 | 15.0 | 56 | 1 175 | 21.0 |
| 西南交通大学 | 92 | 409 | 4.4 | 6 | 25 | 4.2 | 86 | 384 | 4.5 |
| 长安大学 | 88 | 557 | 6.3 | 12 | 51 | 4.3 | 76 | 506 | 6.7 |
| 清华大学 | 85 | 455 | 5.4 | 20 | 53 | 2.7 | 65 | 402 | 6.2 |

表 1.12　主要合作方

| 机构 | 主要合作机构 | 合作论文数量/篇 | 占比/% |
|---|---|---|---|
| 中国科学院 | 中国科学院大学 | 157 | 32.0 |
| 中国地质大学 | 中国科学院 | 28 | 12.0 |
| 成都理工大学 | 中国科学院 | 25 | 14.0 |
| 意大利国家研究委员会 | 佩鲁贾大学 | 17 | 11.0 |
| 中国科学院大学 | 中国科学院 | 157 | 96.0 |
| 美国地质调查局 | 科罗拉多矿业大学 | 14 | 13.0 |
| 香港科技大学 | 中国科学院 | 17 | 15.0 |
| 武汉大学 | 中国地质大学、南昌大学 | 18 | 15.0 |
| 同济大学 | 香港科技大学 | 13 | 12.0 |
| 中南大学 | 九州大学 | 16 | 22.0 |
| 河海大学 | 水利部 | 6 | 6.7 |
| 东京大学 | 成都理工大学 | 9 | 8.7 |
| 四川大学 | 中国科学院 | 23 | 27.0 |
| 瑞士联邦理工学院 | 苏黎世大学 | 9 | 9.8 |
| 中国地震局 | 中国科学院 | 11 | 13.0 |
| 台湾大学 | 台湾研究院 | 16 | 17.0 |
| 佛罗伦萨大学 | 巴勒莫大学 | 6 | 11.0 |
| 西南交通大学 | 四川大学、中南大学 | 10 | 12.0 |
| 长安大学 | 中国科学院 | 13 | 17.0 |
| 清华大学 | 中国科学院 | 16 | 25.0 |

# 第2章 滑坡信息遥感解译

遥感影像客观、真实、全面地记录了地面物体的各种属性,它是地表景观的缩影,是地层、岩石、构造、地貌、植被、土壤、水文地质、工程地质和水文活动等现象的综合信息库。遥感影像现势性和连续性好,提供了地表各种地物信息,具有较高的可利用价值。通过对遥感影像的色彩和形状等信息进行分析,获得滑坡体的各项特征指标信息,是使用遥感技术解决滑坡灾害监测等技术难点的基础;通过滑坡信息遥感解译,可以发现一些地面地质调查所不易或不能发现的信息异常、空间关系或成因联系,从而为滑坡监测等研究提供支撑。

## 2.1 遥感数据的选取与精度控制

### 2.1.1 遥感数据的选取

遥感系统指遥感平台和遥感传感器的组合,每种遥感平台都具有各自的运行轨道特征,不同的遥感传感器存在结构差异,导致成像波段、成像方式等不尽相同。遥感数据指利用安装在遥感平台上的各种电子或光学遥感传感器在不与地物直接接触的情况下,接收地表或地下一定深度地物反射或辐射电磁波信息的数字表现形式。

#### 2.1.1.1 遥感平台类型

遥感平台是装载遥感传感器的运载工具,按高度可分为航天遥感平台、航空遥感平台和地面遥感平台,如表 2.1 所示。

表 2.1 遥感平台类型

| 类型 | 航天遥感 | 航空遥感 | 地面遥感 |
|---|---|---|---|
| 高度 | 位于大气层外的卫星、宇宙飞船等,高度大于80 km | 大气层内飞行的各类飞机、飞艇、气球等,高度小于 20 km | 三脚架、遥感塔、遥感车(船)、建筑物的顶部,高度小于 500 m |
| 成像特点 | 比例尺最小,覆盖率最大,概括性强,具有宏观的特性;多为多波段成像 | 比例尺中等,画面清晰,分辨率高,可以对垂直点地物清晰成像;多为单一波段成像 | 比例尺最大,覆盖率最小,画面最清晰;多为单一波段成像 |
| 应用特点 | 动态性好,适合对某地区连续观测,周期性好 | 动态性差,适合进行长周期(几个月及更长)观测 | 灵活机动,费用较低,适合小范围探测 |

### 2.1.1.2　传感器类型

遥感传感器是远距离感测地物环境辐射或反射电磁波的仪器,如照相机、雷达、扫描仪等,表2.2(高山,2016)中介绍的是适合地质领域的常用遥感传感器。根据影像获取方式,遥感传感器可分为主动式和被动式;主动式遥感传感器主要使用激光和微波作为辐射源,代表性遥感传感器有激光雷达、合成孔径雷达(synthetic aperture radar,SAR);被动式遥感传感器工作波段多在可见光到红外波段,可分为摄影式、扫描式和推扫式。

**表2.2　常用遥感传感器**

| 遥感技术方法 | 传感器特点 | 特点 | | | | 主要用途 |
|---|---|---|---|---|---|---|
| | | 工作波段 | 工作方式 | 工作时间 | 穿透能力 | |
| 可见光-近红外遥感 | 光学相机(框幅、全景、多波段)光机扫描仪、CCD(面阵、线阵) | 0.38~1.3 μm | 被动 | 白天 | 蓝、绿光透水性较好,其他波段弱 | 地貌分类,地质构造、岩性及不良地质解译 |
| 激光雷达 | 激光点云 | 0.38~1.1 μm | 主动 | 全天时 | 蓝、绿光透水性较好,其他波段弱 | 微地貌、不良地质解译 |
| 热红外遥感 | 单波段、多波段 | 8~14 μm | 被动 | 全天时 | 无 | 隐伏断层、地下水解译 |
| 多波段遥感 | 多波段扫描仪、成像光谱仪 | 0.38~14 μm | 被动 | 白天 | 蓝、绿光透水性较好,其他波段弱 | 地貌分类,地质构造、岩性及不良地质解译 |
| 微波遥感 | X、C、S、L波段 | 2.4~30 cm | 主动 | 全天时 | 可穿透云雨、冰雪、植被、干沙 | 地面沉降监测,微地貌、地质构造解译 |

### 2.1.1.3　常用遥感数据类型

每种遥感传感器都具有不同的影像空间、时间、光谱分辨率,例如,影像空间分辨率序列有30 m、5 m、2.5 m、1 m、0.5 m等,时间分辨率序列有26 d、16 d、3.5 d、1 d等,光谱分辨率序列则有单波段、多波段、高光谱等。其中,高分辨率电荷耦合器件(charge coupled device,CCD)相机、多波段扫描仪、激光雷达、合成孔径雷达是当今技术发展最迅速、应用前景最广阔、应用效果最好的几种遥感传感器。遥感地质调查需要多级遥感平台的组合应用、协同运行,才能适应不同调查目标及不同地貌地质类型条件下的调查任务。

### 2.1.1.4　遥感数据基本特征

遥感传感器类型不同，所获得的遥感数据特征也不相同，每种遥感系统具有不同的成像性能，即不同的空间分辨率、光谱分辨率、辐射分辨率、时间分辨率。

（1）空间分辨率。空间分辨率（spatial resolution）又称地面分辨率。空间分辨率主要是针对遥感传感器或影像而言的，指影像上能够详细区分的最小单元的大小或尺寸，或指遥感传感器区分两个目标的线性距离或最小角度的度量。地面分辨率是针对地面而言，指可以识别的最小目标物的大小或最小地面距离。它们均反映对两个非常靠近的目标物的识别、区分能力，有时也称分辨力或解像力。

（2）光谱分辨率。光谱分辨率（spectral resolution）指遥感传感器接收目标辐射时能分辨的最小波长间隔。间隔越小，分辨率越高。所选用的波段数量多少、各波段波长位置及波长间隔大小这三个因素共同决定光谱分辨率的高低。光谱分辨率越高，专题研究的针对性越强，对物体的识别精度越高，遥感应用分析的效果也就越好。但是，面对大量多波段信息及其所提供的微小的差异，直接将它们与地物特征联系起来，综合解译是比较准的，而多波段的数据分析，可以改善识别和提取信息特征的概率和精度。

（3）辐射分辨率。辐射分辨率（radiant resolution）指传感器的灵敏度，即遥感传感器感测元件在接收光谱信号时能分辨的最小辐射度差，或指对两个不同辐射源的辐射量的分辨能力。一般用灰度的分级数来表示，即最暗-最亮灰度值（亮度值）间分级的数目-量化级数。它是一个对于目标识别很有意义的元素。

（4）时间分辨率。时间分辨率（temporal resolution）是关于遥感影像采集时间间隔的一项性能指标。遥感探测器按一定的时间周期重复采集数据，这种重复周期又称回归周期。

## 2.1.2　遥感数据的精度控制

遥感数据的一般选择原则为影像反差大、影像清晰；在选择影像时，会同时考虑地质体和地质现象的空间特性、时间特性和光谱特性。最佳影像至少具有两个方面的定义：①使地质体或地质现象能被监测和识别，即要求遥感影像波段信息足够丰富，同时包含能反映地理现象呈节律性变化中具有本质特性的信息；②被探测的地质体或地质现象与背景环境信息差异较大。

不同的地表空间分布与地理、地质活动在不同尺度上表现出明显的特征差异。作为描述地表特征的遥感影像同样在不同的分辨率条件下，拥有不同的尺度特征，具体表现为同一种地物要素的空间分布与活动会随遥感影像的覆盖范围和观测尺度的变化而变化。遥感影像信息所反映的地学环境的综合性和复杂性，决定了遥感地质信息具有不确定性和多解性。研究遥感影像空间分辨率与合理成图比例尺、解译精度的数学关系，为最优尺度遥感影像的选择提供依据，避免数据不足或冗余,能够提高遥感解译的质量和效率。

#### 2.1.2.1　遥感影像分析中尺度问题

空间意义上的遥感尺度有两个含义:影像数据的空间分辨率与遥感研究的地表空间范围。不同应用目标的专题信息需要在相应尺度遥感数据中提取,尺度即影像数据的空间分辨率。由于数据量与存储能力的关系,一般情况下,大尺度的特征研究通常使用低分辨率遥感影像数据,而高分辨率影像数据则多用于小尺度的特征研究,如区域地质构造分析采用分辨率为 30 m 的 Landsat 卫星的专题制图仪(Thematic Mapper,TM)影像数据,而不良地质体调查则采用 0.5 m 分辨率的WorldView 卫星影像或更高分辨率的数字航摄影像。

随着传感器技术的发展,数据空间分辨率不断提高,从 TM 数据的 30 m 到激光雷达数据的分米级,遥感影像已经成为不同尺度遥感地质图的重要数据源。遥感影像信息是对依赖于观测尺度的地表空间格局与过程的特征反映,遥感影像的分辨率越低,观测的地理尺度就越大,格局与过程的细节看起来就越模糊。在大尺度上的噪声成分在小尺度下表现为结构成分,单个地物单元在小尺度上观察是异质的,而在大尺度上则可能变成均质的,因此在单一尺度上的观测结果只能反映该观测尺度上的格局与过程,当同时描述或解释几个尺度的地物现象时,单一尺度的数据就不能解决问题了。

遥感影像分析中尺度问题主要体现为以下三个方面:①对于特定的应用,如何选取最优尺度的遥感数据;②如何实现遥感信息在不同尺度间的转换;③从遥感中获取的地表特性如何随遥感尺度的变化而改变,即尺度效应问题。遥感影像空间分辨率越高,可以制作的成图比例尺越大。由于通过遥感影像空间分辨率可以直接计算对应的成图比例尺,同时得到进行遥感影像纠正的参考地形图的比例尺,选用适宜的空间分辨率的遥感影像是十分重要的。合适的空间尺度是决定成图比例尺和地物信息丰富度的关键。

#### 2.1.2.2　遥感影像的最优尺度选择依据

在遥感地质调查中,由于不同的调查尺度下,不同的地质体或地质现象的宏观特征、细部构造等多种地质参数均不同,需根据调查尺度的差异选用合适分辨率的遥感数据(组合)。不合适的遥感数据分辨率会造成遥感地质调查工作的资源浪费,降低调查精度和解译效率。因此,实际遥感地质调查工作中,通常会结合不同的调查目标、不同的地质类型,从普适性、特殊性、经济性等角度,以波段(组合)和时间参数为依据,选择合适的遥感数据源。

1. 从时间方面选择数据源的最佳成像时期

遥感影像是对瞬间地面实景的记录,而地质现象是不均匀变化和发展的(特别是地质灾害最为突出),在一系列按时间序列成像的多时相遥感影像中,最能揭示地质现象本质的影像被称为“最佳时相”数据源。由于遥感地质调查对象的空间尺度和时间尺度不同,"最佳时相"的选择标准并不统一。基本选择原则包括:①地质体和地质现象的光谱特性;②太阳高度角,高度角变化会导致地质体反射亮度的改变,产生干扰阴影信息,如断层解译所需遥感影像的"最佳时相"为上午;③气象条件,如北方地区冬季影像应考虑降雪覆盖影响,南方地区应尽量选择秋冬季来减少植被遮挡影响。

2. 从波段方面选择数据源的最佳波段组合

波段选择考虑三个方面的因素:波段或波段组合信息含量、各波段间相关性和目标识别地质体的光谱响应特征。通常最佳波段组合的特点包括:信息含量多、相关性小、地物光谱差异大、可分性好。而对于融合遥感影像的效果评价,应综合考虑空间细节信息的增强或光谱信息的保持,用三类统计参数来进行分析与评价:亮度信息,如均值;空间细节信息,如信息熵、联合熵;光谱信息,如相关系数。

### 2.1.2.3 遥感地质解译中最优尺度的选择及评价方法

人的视觉分辨率是指人眼明视距离(25 cm)能分辨的空间两点之间的最短距离,通常限差定位 0.2 mm 是专题制图的适宜像元空间分辨率。制图比例尺决定了空间分辨率的选择。为了保持地表细节的清晰度,制图比例尺越大,要求影像的空间分辨率也就越高。对于单个固定空间分辨率的遥感影像来说,空间分辨率过高会导致信息和数据的冗余,解译工作量增加;空间分辨率过低,则不能满足调查精度。

除此之外,空间分辨率和比例尺的选择也要考虑影像所包含的地物内容和纹理特征。遥感影像空间分辨率、成图比例尺、工程地质解译要素的对应关系如表 2.3 所示。

表 2.3　空间分辨率与成图比例尺、工程地质解译要素的对应关系

| 遥感影像来源 | 空间分辨率/m | 成图比例尺 | 工程地质解译要素 |
|---|---|---|---|
| Landsat TM/ETM | 15、30 | 1:20 万～1:10 万 | 大地构造、地震烈度区划、区域断裂、地貌分区、岩性分类、一二级水系 |
| SPOT5 | 2.5 | 1:5 万～1:2.5 万 | 区域构造、工程地质分区、二级以下水系、工程地质岩组、中大型不良地质体 |
| IKONOS | 1 | 1:1 万～1:5 000 | 工程地质岩组、次级断层、中小型滑坡、岩溶、崩坍、堆积体、塌陷、地裂缝 |
| QuickBird/ WorldView | 0.61、0.5 | 1:5 000～1:2 000 | 工程地质岩组、小型滑坡、坍塌、岩层产状、节理密集带、暗河、坑口 |
| SWDC 航空数码相机、Riegl 三维激光扫描仪 | 0.2、0.05 | 1:2 000～1:500 | 工程地质岩组、小型不良地质体、泉眼、岩层产状、岩层出露厚度、断层破碎带规模 |

受遥感影像中普遍存在的尺度效应的影响,对于每个遥感地质调查目标,总希望通过"合适"的空间分辨率的遥感信息来反映对应尺度上研究目标的空间分布结构特征。这个"合适"的空间分辨率便被称为最优空间分辨率,它是所研究地理实

体的尺度或集聚水平特征的空间采样单元。

　　遥感影像最优尺度有两种含义:一是提取面积最小地物的最低空间分辨率,二是不同地物提取的最优分割尺度。前者指在保证反映地物类别空间结构特征情况下识别最小地物类别的最低空间分辨率,是包含所需信息而且数据量最小的分辨率。后者是针对一种地物类别而言的,影像对象多边形既不能太破碎,也不能是导致边界模糊的分割尺度,该尺度下影像对象大小与特定的地物目标大小接近,且类别内部对象的光谱差异较小。当测区内地物类别空间结构特征一定时,地物提取的精度取决于影像对象大小与地物类别大小之间的关系。

　　最优尺度是相对的,某一变量的最优尺度对于另一个变量可能不是最优的。只有当影像数据满足一种特定的应用目标时才存在最优尺度,离开具体目标的应用,就不存在最优尺度。由于数据的尺度属性不可能从数值上连续变化,且在实践中也没有这种需要,最优本身并没有严格的标准,因此最优尺度只能是一个数值范围。

　　地理实体的格局与过程普遍存在尺度依赖性。对于特定的地学目标,选择一个最优尺度的遥感信息进行分析研究才能正确地反映其空间分布结构特性。在保证反映原影像空间结构信息情况下最大可能的空间分辨率,是包含所需要信息而且数据量最小的空间尺度(空间分辨率),但并不是信息提取时获得最高精度的空间分辨率。遥感影像中最小地物是地图呈现的地物的最小极限值,对卫星数据的空间分辨率的要求起决定作用。对于遥感地质解译要选用最佳空间分辨率的遥感影像,需要考虑以下三点。

　　(1)遥感影像的空间分辨率。遥感影像的空间分辨率应小于最小地物的大小,影像信息才能全部被识别。空间分辨率越高,地物的细节将表现得越明显。遥感解译所选用的遥感影像空间分辨率 $R$ 的取值范围为

$$\frac{L \times M}{2} \sim R_{min} \tag{2.1}$$

式中,$L$ 为人的视觉分辨率(默认值为 0.2 mm);$M$ 为成图比例尺的分母;$R_{min}$ 为最小地物尺寸。即要求 $R \leqslant R_{min}$。

　　(2)结合工作任务的比例尺要求,可适当放宽对遥感影像空间分辨率的要求。一是考虑可判读的最小地物尺寸,二是对地物的识别可以从研究对象的地学特性、生态特性及综合特性分析。地物的空间信息和属性信息在不同尺度上的特点和需求是不同的。

　　(3)解译尺度评价。长期以来,我国在遥感影像质量评价方面存在的主要问题是重视空间分辨率、调制传递函数(modulation transfer function, MTF)及信噪比(signal-to-noise ratio, SNR)等单个物理参数的分析、评价和预估,忽视了从判读专家的角度出发,以解译度为基础的分析、评价和预估,制约了人们对影像的解译、

判读和应用。对遥感影像的质量评估指标是简单的影像传感器物理参数,当用户要求将影像质量和解译度直接相联系时,这些影像质量物理参数的不足就会显现出来。例如,应用空间分辨率这一指标来评估影像质量,其不足表现为:空间分辨率与影像解译能力非直接相关,关系不明确,不能告诉我们在影像上直接看到了什么,如不能告诉判读人员是否可以发现或识别断层、滑坡、塌陷等工程地质目标。同时,即使空间分辨率相同,传感器不同,获取影像的解译度效果也不会相同;即使同一传感器,由于成像时间或成像的几何角度不同,所获取影像的解译度效果也不相同。

　　研究证明,空间分辨率随地物对比度的变化而变化。地物对比度越大,空间分辨率就越高。在地面进行空间分辨率测量需要花费大量的人力和物力,量测结果也不具代表性。遥感应用中,空间分辨率概念模糊,它在以胶片为载体的系统中指地面分辨距离(ground resolution distance,GRD),在光电系统中指地面采样距离(ground sampling distance,GSD)。

　　主观评价是指通过人眼直接观察影像,按照预先制定的某种标准根据人的主观判断评价影像的好坏。主观评价的特点是它的判断必须由人来完成。不同解译人员的评判指标不同,在某种意义上,由解译人员给出的主观评价是最客观的评价。

　　遥感影像的主要应用是解译人员主观判读提取影像信息,其解译度是由影像目标信息的可解译程度决定的。遥感影像的地面分辨率是解译度的重要指标。遥感影像空间分辨率的大小与传感器瞬时视场与地物的相对位置有关。若地物大小和形状与单个像元相同,正好落在扫面时瞬间视场内,则在影像上能很好地解译出它的形状及辐射特性;但最小地物不一定恰好在扫描线上,可能跨两条扫描线,只有地物大于两个像元时才能从影像上正确分辨出来。假定像元宽度为 $a$,则地物宽度不小于像元宽度 $a$ 时才能被分辨出来,这时的地物宽度即为影像地面分辨率 $R_G$。

　　遥感地质影像特征表现为点、线、面三种几何图形。点包括泉眼、落水洞、坑口、矿洞等;线包括水系、阶地、冲沟、山脊、断层构造、地裂缝、地质界线、节理、褶皱等;面包括滑坡、泥石流、崩坍、堆积体、塌陷、溜坍、溶蚀洼地、采场等。要判读工程地质特征的最小目标,不但要求它具有光谱成像特征,而且要求它能构成保持其基本几何特征的影像。通常认为 3～4 个像元的成像范围就构成了几何图形的最小单元,如要识别规模为 30 m×30 m 小型滑坡,则要求影像地面分辨率为 10 m。但对于线状特征目标,判读的最小单元尺寸能够达到影像地面分辨率尺寸,则在影像上可以判读。大量遥感影像判读说明:线状地物的地面分辨率高于点状和面状目标,线状目标中,水系又高于道路等线状目标。

　　不同类型传感器获取的遥感影像,其点状特征解译度与影像地面分辨率大小相当,线状特征解译度均小于影像地面分辨率,面状目标解译度约为影像地面分辨率的 3 倍。根据以往遥感影像判读的结果分析,影像地面分辨率与影像空间分辨率在地面的覆盖宽度、地面点状地物分辨率、地面线状地物分辨率、地面面状地物

分辨率的近似关系为

$$R_{G} \approx p_{0} \approx 3p_{1} \approx \frac{1}{3}p_{2} \approx 2\sqrt{2}a \qquad (2.2)$$

式中，$R_{G}$ 为影像地面分辨率；$p_{0}$ 为地面点状地物分辨率；$p_{1}$ 为地面线状地物分辨率；$p_{2}$ 为地面面状地物分辨率；$a$ 为影像空间分辨率在地面的覆盖宽度。

因此，影像地面分辨率是评价影像可解译度的关键指标，如表 2.4 所示。根据式(2.2)确定遥感影像空间分辨率、地面分辨率、工程地质特征解译度及成图比例尺为近似倍数关系。

**表 2.4　遥感影像解译度评价指标**　　　　　　　　　单位：m

| 遥感影像来源 | 空间分辨率 $R$ | 地面分辨率 $R_G$ | 地面点状地物分辨率 $p_0$ | 地面线状地物分辨率 $p_1$ | 地面面状地物分辨率 $p_2$ |
|---|---|---|---|---|---|
| Landsat ETM | 15.00 | 42.00 | 42.00 | 14.00 | 126.00 |
| SPOT5 | 2.50 | 7.00 | 7.00 | 2.35 | 21.00 |
| IKONOS | 1.00 | 2.80 | 2.80 | 0.93 | 8.40 |
| WorldView | 0.50 | 1.40 | 1.40 | 0.47 | 4.20 |
| SWDC 航空数码相同, Riegl 三维激光扫描仪 | 0.20 | 0.56 | 0.56 | 0.19 | 1.68 |

对于不同比例尺解译图而言，影像地面分辨率是评价影像质量的重要指标，但易受到影像获取系统性能、地面目标光谱反射特性、大气条件、地理位置和影像处理方式等因素的影响。例如，边坡崩塌影像常表现为灰白色，其相对亮度高，容易识别，但构象后尺寸比实际地物大；而岩溶地区落水洞、陷穴按影像地面分辨率分析可以显示，实际显示中却常受阴影、拍摄角度等因素影响，判读困难。因此，遥感解译应在不同调查阶段采用多尺度、多时相、多平台遥感影像资料，以及参考区域地质、水文地质、地震、矿产、物探等资料，运用多源地学信息整合和空间分析方法，建立准确、稳定的解译标志，从而有效提高解译质量。

## 2.2　滑坡地质环境遥感解译标志

### 2.2.1　遥感影像对象特征

遥感影像对象特征可以分为本质特征和关系特征两类(薄树奎 等,2014)。本质特征指影像对象的物理属性，由真实地物本身固有特征及其成像状态所决定，如影像对象的光谱、形状和纹理等特征；关系特征描述尺度层间、同层对象间、类别间的拓扑和上下文语义关系，是通过分析挖掘出来的间接特征。

### 2.2.1.1　光谱特征

光谱特征用于描述影像对象的光谱信息,是由真实的地物和成像状态所决定的物理属性,与影像对象的灰度值相关,其包含的内容及数学定义如下。

(1)均值,由构成影像对象的所有像素的层值计算得到层平均值,即

$$\bar{C} = \frac{1}{n}\sum_{i=1}^{n} C_i \tag{2.3}$$

式中,$\bar{C}$ 为均值;$n$ 为像素个数;$C_i$ 为像素层值。

(2)亮度,由包含光谱信息的影像层平均值的总和除以层数得到。对影像对象来说,就是光谱均值的均值,即

$$b = \frac{1}{L}\sum_{i=1}^{L} \bar{C}_i \tag{2.4}$$

式中,$b$ 为亮度值;$L$ 为层数;$\bar{C}_i$ 为第 $i$ 层的光谱均值。

(3)最大差分,是对影像对象每个通道求像素值的最大值和最小值的差值,取所有差值结果的最大值。

(4)标准差,由构成一个影像对象所有通道的 $n$ 个像素的像素值计算得到标准差,即

$$\sigma = \sqrt{\frac{1}{n-1}\sum_{i=1}^{n}(C_i - \overline{C})} \tag{2.5}$$

式中,$\sigma$ 为标准差;$n$ 为像素总数;$C_i$ 为像素层值;$\overline{C}$ 为均值。

(5)比值,第 $i$ 层的比值是一个影像对象的第 $i$ 层的平均值除以其在所有光谱层的平均值的总和。另外,只有包含光谱信息的影像层可以通过该公式计算得到比值结果,即

$$r_i = \frac{\bar{C}_i}{\sum_{i=1}^{L} \bar{C}_i} \tag{2.6}$$

式中,$r_i$ 为比值;$\bar{C}_i$ 为第 $i$ 层的光谱均值。

(6)最小像素值,影像对象最小的像素值。

(7)最大像素值,影像对象最大的像素值。

### 2.2.1.2　形状特征

形状特征用于描述影像对象本身的形状信息,是由真实的地物所决定的空间几何属性,其包含的内容及数学定义如下。

(1)形状。获取影像对象形状信息(尤其是长度和宽度)的另一个常使用的技巧是采用外接矩形。对于每一个影像对象都可以计算这样的外接矩形,它的几何性作为此影像对象的第一条线索。外接矩形提供的主要信息是它的长度 $a$、它的宽度 $b$、它的面积 $a \times b$,以及它的填充度 $f$(影像对象的面积 $A$ 除以外接矩形的面积)。

(2)边界长度。一个影像对象的边界长度 $e$ 定义为本身的边界长度,这个影像对象可以和其他对象共享边界或者在整景影像的边缘上,没有地理参考的数据,一个像素边界的长度为1。

(3)形状指数。数学上形状指数是影像对象的边界长度除以它的面积的平方根的4倍。使用形状指数可以描述影像对象边界的光滑度。影像对象越破碎,则它的形状指数越大,即

$$S = \frac{e}{4 \times \sqrt{A}} \tag{2.7}$$

式中,$S$ 为形状指数;$e$ 为影像对象边界长度;$A$ 为影像对象面积。

(4)密度。密度可以表示为影像对象面积除以它的半径,使用密度来描述影像对象的紧致程度。在像素栅格的图形中理想的紧致形状是一个正方形。一个影像对象的形状越接近正方形,它的密度就越高,半径采用协方差来近似计算,即

$$d = \frac{\sqrt{n}}{1 + \sqrt{\mathrm{var}(x) + \mathrm{var}(y)}} \tag{2.8}$$

式中,$d$ 为密度;$n$ 为构成影像对象的像素数量;$x$ 和 $y$ 分别为影像对象的长和宽方向的像素数;var 为 $x$ 或 $y$ 方向的像素数量的方差。

(5)主方向。一个影像对象的主方向是此影像对象的空间分布的协方差矩阵两个特征值中较大的那一个相对应的特征向量的主要方向。

(6)不对称性。一个影像对象越长,它的不对称性越高。对于一个影像对象来说,可近似为一个椭圆,其不对称性可表示为椭圆的短轴 $n$ 和长轴 $m$ 的长度比值与1的差值,随着不对称性的增加而特征值增加,即

$$k = 1 - \frac{n}{m} \tag{2.9}$$

式中,$k$ 为不对称性;$n$ 为椭圆短轴长度;$m$ 为椭圆长轴长度。

(7)紧致度。影像对象的长 $m$ 乘以宽 $n$,再除以影像对象的像素个数 $a$,即

$$c = \frac{m \times n}{a} \tag{2.10}$$

式中,$c$ 为紧致度;$m$ 为影像对象长边长度;$n$ 为影像对象短边长度;$a$ 为像素个数。

(8)椭圆适合性。计算椭圆适合性的第一步是生成一个和考虑对象相同面积的椭圆,计算过程中考虑对象的长宽比。此后,计算处于椭圆外的对象面积和处于椭圆内未被对象填充的面积的比。如果值为1,意味着这个椭圆不合适;如果值为2,则说明能很好地适合对象。

(9)矩形适合性。计算矩形适合性的第一步是生成一个和考虑对象相同面积的矩形,计算过程中考虑对象的长宽比。此后,计算处于矩形外的对象面积和处于矩形内的未被对象填充面积的比。如果值为1,意味着这个矩形不合适;如果值为

0,说明能很好地适合对象。

（10）面积。对于没有地理参考的数据,单个像素的面积为 1。其结果是一个影像对象的面积就是它的像素的数量。如果影像数据还有地理参考,一个影像对象的面积就是一个像素覆盖的真实面积乘以构成这一影像对象的像素数量。

### 2.2.1.3　纹理特征

纹理在高分辨率遥感影像分类中占有较重要的位置,用于描述影像对象的光谱在空间分布上的规律,反映了地物表面的颜色、几何形状和灰度的某种变化,其中描述纹理最常用的方法是 Haralick 等(1973)提出的灰度共生矩阵(grey level concurrence matrix,GLCM)。灰度共生矩阵不能直接应用,而是在它的基础上计算各种纹理测度。Haralick 等共定义了 32 个灰度共生矩阵纹理统计量,较常用的主要有以下几类。

（1）均质性。均质性表示灰度共生矩阵中较大像素值集中于对角线的程度。如果影像局部均质,则灰度共生矩阵中对角线上的值会比较高。高值的分布按照和对角线的距离呈指数下降趋势,用来衡量局部均质性,均质性越好此值越大,即

$$H = \sum_{i=0}^{N-1} \sum_{j=0}^{L-1} \frac{P_{i,j}}{1+(i-j)^2} \qquad (2.11)$$

式中,$H$ 为灰度共生矩阵的均质性;$P_{i,j}$ 为灰度共生矩阵中的元素值,$i$ 为行数,$j$ 为列数;$N$ 为矩阵中行的元素数量;$L$ 为矩阵中列的元素数量。

（2）反差。反差衡量的是影像中局部的变化数量。当领域内最大值和最小值之间的差异增大,它也随之呈指数级增大,表示了影像视觉效果清晰与否,即

$$C = \sum_{i=0}^{N-1} \sum_{j=0}^{L-1} P_{i,j}(i-j)^2 \qquad (2.12)$$

式中,$C$ 为灰度共生矩阵的反差;$P_{i,j}$ 为灰度共生矩阵中的元素值,$i$ 为行数,$j$ 为列数;$N$ 为矩阵中行的元素数量;$L$ 为矩阵中列的元素数量。

（3）相异度。相异度与反差呈线性相关,局部反差越大,相异性越大。相异度可表示为

$$D = \sum_{i=0}^{N-1} \sum_{j=0}^{L-1} P_{i,j} |i-j| \qquad (2.13)$$

式中,$D$ 为灰度共生矩阵的相异度;$P_{i,j}$ 为灰度共生矩阵中的元素值,$i$ 为行数,$j$ 为列数;$N$ 为矩阵中行的元素数量;$L$ 为矩阵中列的元素数量。

（4）熵。熵是影像所具有的信息量的度量。一般来讲,熵值大小与影像信息量的大小成正比,熵值越大表明影像的信息量越丰富,说明融合影像的质量越好。如果灰度共生矩阵中元素值分布比较均匀,则熵值会比较高;如果元素值都比较接近于 0 或 1,则熵值会比较低。熵值可表示为

$$H_e = -\sum_{i=0}^{N-1} \sum_{j=0}^{L-1} P_{i,j} \log_2 P_{i,j} \qquad (2.14)$$

式中，$H_e$ 为灰度共生矩阵的熵值；$P_{i,j}$ 为灰度共生矩阵中的元素值，$i$ 为行数，$j$ 为列数。

（5）均值。均值是影像中各类地物的平均反射强度，是遥感影像中所有像元亮度值的平均值。像元亮度值越接近均值，则说明影像灰度分布越接近均衡。均值可表示为

$$M = \sum_{i=0}^{N-1} \sum_{j=0}^{L-1} \frac{P_{i,j}}{NL} \qquad (2.15)$$

式中，$M$ 为灰度共生矩阵的均值；$P_{i,j}$ 为灰度共生矩阵中的元素值，$i$ 为行数，$j$ 为列数；$N$ 为矩阵中行的元素数量；$L$ 为矩阵中列的元素数量。

（6）标准差。标准差处理的是特定的参考和相邻像素的组合，它和原始影像中简单的灰度级别的标准差不一样，可表示为

$$S^2 = \sum_{i=0}^{N-1} \sum_{j=0}^{L-1} (P_{i,j} - u_{i,j}) \qquad (2.16)$$

式中，$P_{i,j}$ 为灰度共生矩阵中的元素值，$i$ 为行数，$j$ 为列数；$u_{i,j}$ 为相邻像素的值。

#### 2.2.1.4　类相关特征

若对影像进行多尺度分割便会产生父对象和子对象，其类相关特征主要包括（高伟，2010）：①与邻域的关系，描述同一影像层次上的对象之间的关系；②与子对象的关系，描述进行一次分类后现有的对象分类结果与较低层次上的对象之间的关系；③与父对象的关系，描述进行一次分类后现有的对象分类结果与较高层次上的对象之间的关系；④隶属度，允许将不同类型的对象转换为同一类型，从而可以将对象的隶属度赋予不同的类型；⑤语义特征，用于描述所有与上下文语义环境相关的特征，包括各种影像对象间的关系，各种地物类别间的相互关系，如大尺度层上的影像对象与小尺度层上的影像对象间的包含关系；⑥尺度层特征，用于描述地物被观察和表示的空间大小，表示感兴趣的信息所处的逻辑层次，包括尺度层号、父子对象层数、邻子对象数等；⑦全局特征，用于描述宏观层面整幅影像整体相关的属性，包括与整幅影像相关的属性和与类相关的属性，如关于影像空间分辨率属性的特征描述、影像对象层的对象总数目属性的特征描述以及被分为某一地类的总像素数目等；⑧自定义特征，以自定义方式来描述影像对象的特征，可以是多个特征的组合，通过自定义特征可以简化特征描述，支持对专业应用领域的特殊特征的扩展。

### 2.2.2　滑坡影像特征

滑坡现象的产生是多种因素综合作用的结果，其产生机理十分复杂。地形地貌、地层岩性、地质构造是滑坡形成的三大内因。因此，遥感滑坡灾害研究主要包括：分析滑坡发育的岩性、构造、植被、水系等环境因素；确定滑坡位置、类型、边界、规模、活动方式、稳定状态，并预测其危害程度。

典型滑坡的一般解译标志主要包括平面几何形态（簸箕形）、滑坡壁、滑坡台

阶、滑坡鼓丘、封闭洼地、滑坡舌、滑坡裂缝等,滑坡区内的湿地和泉水、醉汉林及马刀树等也是良好的滑坡解译标志。滑坡在地貌上有明显特征,逆向坡呈圈椅状地形。由于地形变凹,在色调上有明显差异。滑坡在影像上呈浅色调,滑坡体为暗色调。顺向坡多形成特殊丘陵状地形,坡面向低处弧形突起。一般在滑坡体的低洼部分,植被生长茂盛。

从大范围的地貌形态进行解译,滑坡多发育于峡谷中的缓坡、分水岭地段的阴坡,以及侵蚀基准面急剧变化的主沟、支沟交会地段及其源头等处。河谷中形成的许多重力堆积缓坡地貌,往往是多期古滑坡堆积而形成的地貌。若在峰谷中见到垄丘、洼坑、阶地错断或不衔接、阶地级数的突然变化、阶地被掩埋成平缓山坡或起伏丘体、谷坡显著不对称、山坡沟谷出现流槽改道、沟谷断头、横断面显著变窄变浅、沟谷纵坡陡缓显著变化或沟底整个上升等现象,都是滑坡概率性出现的标志。

解译时除直接对滑坡体本身进行辨认外,还应对附近斜坡形态、地质、地下水露头及植被进行解译。斜坡形态解译内容包括斜坡类型、斜坡切割密度、侵蚀沟类型以及斜坡方向等,通常根据地形曲率在垂直和水平两个方向的分量变化来划分斜坡类型。根据平面曲率值的大小,可将斜坡形态划分为外向形坡、内向形坡和直平坡;而根据剖面曲率可将斜坡形态分为凸形坡、凹形坡和直斜坡。将平面曲率与剖面曲率分类类型进行空间组合,即可将斜坡形态划分为九种类型,如表 2.5 (Dikau,1988)所示。同时,斜坡切割密度指斜坡单位面积上小冲沟的条数。

表 2.5　斜坡形态分类示意

| 划分依据 | 类型 | | | 说明 |
|---|---|---|---|---|
| 平面曲率 | X<br>+ | V<br>− | GR<br>0 | X:外向形坡;V:内向形坡;GR:直平坡 |
| 剖面曲率 | X<br>− | V<br>+ | GE<br>0 | X:凸形坡;V:凹形坡;GE:直斜坡 |
| 空间组合 | X/X<br>V/X<br>GE/X | X/V<br>V/V<br>GE/V | X/GR<br>V/GR<br>GE/GR | X/X:外凸坡;X/V:内凸坡;X/GR:直凸坡;<br>V/X:外凹坡;V/V:内凹坡;V/GR:直凹坡;<br>GE/X:外直坡;GE/V:内直坡;GE/GR:直坡 |

除此之外,滑坡地质解译主要内容还包括:确定岩性属于硬质岩、软弱岩或第四系堆积物;估测基岩的破坏程度、风化程度及岩层产状。其中,断层和节理解译主要依赖于通过遥感影像统计其数目和方向;第四系堆积物应进一步区别残积物、河流冲积物、扇状洪积物和坡积物等;地下水露头则需要解译出露头点数量、出露部位及其与岩性构造的关系等。

### 2.2.3 滑坡稳定性解译

#### 2.2.3.1 古滑坡解译

经历长期变形的古滑坡,往往由于后期的剥蚀夷平和人工改造而使滑坡要素变得模糊不清。但其大致轮廓在遥感影像上仍有所反映。古滑坡的主要解译特征为:①滑坡后壁一般较高,有时生长树木;②滑坡两侧的自然沟切割很深,往往出现双沟同源现象;③滑坡体上冲沟发育,这些冲沟大多沿古滑坡的裂缝或洼地发育;④滑坡前缘斜坡较缓,长满树木,有时可见马刀树或醉汉林;⑤滑坡舌已远离河道,有些滑坡前缘的迎河部分有大孤石分布;⑥泉水在滑坡体边缘呈点状或串珠状分布,水体较清晰;⑦滑坡体外表平整,土体密实,无沉陷不均或松散坍塌现象,无明显裂隙,滑坡台阶宽大且已夷平,滑坡体上壁有耕田,甚至有居民点分布。

#### 2.2.3.2 新滑坡解译

新滑坡的解译特点是滑坡各要素在遥感影像上清晰可见。新滑坡的主要解译特征为:①滑坡体地形破碎,起伏不平,往往分布一些不均匀陷落的局部平台,平台面积不大,且多朝下倾斜,斜坡较陡且长;②有时可见滑坡裂缝,黏土或黄土滑坡的地表裂缝明显且裂口大;③滑坡体上土石松散,有小型崩塌,有新生冲沟发育;④滑坡地表有湿地或泉水发育;⑤滑坡体上无巨大直立树木。

### 2.2.4 其他解译标志

#### 2.2.4.1 滑坡类型

滑坡形成于不同的地质环境,并表现为各种不同的形式和特征。目前,滑坡的分类方案很多,各种方案所侧重的分类原则不同。有的根据滑动面与层面的关系,有的根据滑坡的动力学特征,有的根据规模、深浅,有的根据岩土类型,有的根据斜坡结构,还有的根据滑动形态或滑坡时代,等等。例如,按滑动面与层面关系可分为均质滑坡(无层滑坡)、顺层滑坡和切层滑坡;按滑坡动力学性质可分为推落式滑坡、平移式滑坡、牵引式滑坡和混合式滑坡;按斜坡岩土类型可分为黄土滑坡、黏土滑坡、堆积层滑坡、破碎岩石滑坡、岩层滑坡等。

黄土滑坡在影像上色调较淡,呈灰白至浅灰色调,滑壁一般较高且陡,呈明显圈椅状或弧状。滑坡体外形多呈剪切破碎状,滑坡体上可见黄土陷穴以及细小沟槽。滑坡往往沿黄土沟谷两侧同时产生。黏土滑坡在影像上色调偏淡,滑坡体较平缓。滑坡往往破坏了所在区域整体上的平顺圆滑感和色调均一感。黏土滑坡一般多成群出现。典型的堆积层滑坡,滑坡体前缘隆起,后部洼下。滑坡周界明显,多呈纵长形或簸箕形。在斜坡较缓时,圈椅状滑坡壁较清楚。滑坡壁上方往往可见平缓的古阶地面。主滑面为缓倾角的岩层滑坡,地貌标志较明显。除根据地貌标志进行解译外,还可根据岩层层面、片理面等出露线的局部中断证实岩层滑坡的存在。有时甚至可以看到其产状有明显的变化。

#### 2.2.4.2　滑床厚度

在影像上可根据滑坡的规模大小及地貌形态,判断滑坡体的大致厚度。一般规模较大的滑坡其厚度也大,裂缝多而乱的滑坡,多属表、浅层滑坡。深层滑坡往往规模较大,具有典型的发育完全的滑坡地貌,滑坡坡面角较缓。深层黄土滑坡具有明显的圈椅状外貌,滑坡壁高且陡,往往在滑壁下形成滑坡湖或长条状封闭洼地,滑坡表面很少见到裂缝。

#### 2.2.4.3　滑坡受力状态

一般牵引式滑坡坡面角较陡,可见到与滑坡大致平行的滑壁、裂缝或阶梯状地形。推动式滑坡坡面角较缓,滑坡体前部常出现挤压隆丘及拉张裂缝。

#### 2.2.4.4　滑坡裂缝

滑坡裂缝在滑坡性质研究中具有重要意义。当大滑坡体的中部出现压性裂缝时,说明滑床突然变缓或滑床有起伏,也可能是有滑坡体剪出或产生次生滑坡。滑坡两侧剪切裂缝向同一方向发生转折之处,多为滑坡方向改变处。大滑坡体中若局部分布有规律的裂缝,则标志着次生滑坡的存在。

### 2.2.5　滑坡解译的注意事项

滑坡解译的注意事项主要包括以下几个方面:

(1)注意区分滑坡构造与地质构造。在影像上主要从构造展布范围来区分。滑坡构造展布范围一般较小,局限在滑坡周界圈定的范围之内。

(2)当小型滑坡解译时,大比例尺遥感影像能提供更多的信息,有利于滑坡微地貌分析;而当滑坡规模较大时,则小比例尺遥感影像更有利于辨认滑坡的存在。

(3)对经过长期变形蚀变改造的古滑坡,应结合地貌、岩性、新构造运动、水文地质条件等进行综合分析研究。

(4)对具有多级阶地的河谷进行解译时,应注意区别大型古滑坡与残留古阶地或古侵蚀面。

(5)在遥感影像解译中应仔细观察滑坡表面的裂缝,并根据裂缝的位置和性质,结合其他因素判断滑坡的受力状态、滑面深浅程度和滑床情况。

(6)对遥感影像的解译成果应进行适当的野外检验。现场检验的工程地质观测点数,一般可为工程地质测绘点数的 30%～50%,现场检验的路线长度一般为工程地质测绘路线长度的40%。值得注意的是,由于视域和影像覆盖范围的限制,不能把人眼所能见到的和未能见到的认为是绝对的检验标准。

## 2.3 滑坡遥感解译方法

### 2.3.1 人工目视解译

#### 2.3.1.1 目视解译

交互式遥感影像目视解译是一种基本的遥感影像解译方法。交互式目视解译需要专业人员直接观察或借助光学仪器,引入自身的专业知识、个人经验和相关区域背景资料,通过计算机处理、大脑分析、推理、判断遥感影像上不同地物要素及周围地物影像特征来提取遥感影像中有用的信息。

在遥感影像上,不同的地物要素拥有不同的影像特征,这些影像特征是判别地表物体的类别及其分布的依据。解译标志是专业人员在对地物要素各种解译信息进行综合分析后归纳整理出来的综合特征,通常解译标志的建立需要结合成像时间、传感器类型、影像比例尺等多种要素。解译标志包括直接和间接解译标志,直接解译标志有形状、长宽比、颜色、阴影、结构和纹理等,间接解译标志有水系、地貌、土质、植被、气候、人文活动等有关分析对象和周围环境的相关关系。

#### 2.3.1.2 目视解译的通常方法

目视解译的通常方法包括直接解译法、对比分析法、逻辑推理法、信息复合法和地学相关分析法。结合滑坡遥感解译相关研究,具体内容如下。

(1)直接解译法。在地质环境类别简单突出、影像特征明显的情况下,适宜运用这种方法,通过建立的滑坡要素的各种直接解译标志来实现滑坡遥感解译,包括滑坡体、滑坡周界、滑坡壁、滑坡台阶、滑动面、裂隙、滑床等。

(2)对比分析法。通过与同类地物对比分析,或与调查验证时确定的滑坡要素属性对比分析,或通过对遥感影像进行时相动态对比分析,或对比分析空间位置分布,来识别滑坡要素性质的方法。

(3)逻辑推理法。综合考虑遥感影像多种解译特征,结合地学规律,运用相关分析、逻辑推理的方法,通过间接解译标志来推断滑坡要素的方法。

(4)信息复合法。利用专题图或地形图与遥感影像复合,根据专题图或地形图提供的多种辅助信息,识别影像上滑坡要素的方法。

(5)地学相关分析法。根据地学环境中各种地质地理要素之间的相互关系,借助解译人员的知识经验,分析推断滑坡要素性质的方法。

## 2.3.2　面向对象解译

传统的遥感影像解译基于像素的角度来理解遥感影像,这种方法只能反映单个像素的光谱特征,无法从整体上理解影像的特点,没有利用影像的单个对象特征以及对象之间的联系。同时,对于空间分辨率优于米级的高分辨率遥感影像,传统的基于像素的方法会导致细节信息的冗余和浪费。因此,面向对象的遥感影像信息提取方法的核心思想便是以影像分割后相似像元组成的"影像对象"为基本单位取代传统以像元为基本单位,充分利用分割单元的相关特征对地物进行提取,使用合适的机器学习的方法建立规则集来提取地物,这样既避免了"椒盐现象",又避免了地物信息提取过程中的错分、漏分现象。

### 2.3.2.1　遥感影像分割方法

遥感影像分割方法是根据灰度、颜色、纹理等特征差异,基于同质性或异质性准则,将遥感影像分割成若干区域,并提取出感兴趣目标的技术和过程。多尺度分割技术是一种极具代表性的基于统计特征的影像分割方法,其核心算法是分形网络演变技术(fractal net-evolution approach,FNEA),通过执行像元合并过程中对象异质性最小的原则,将单个像元与其周围的像元进行计算和合并,从而提取感兴趣的影像对象;最终分割结果中大尺度分割单元和小尺度分割单元同时存在,形成了一个多尺度影像对象层次结构。多尺度分割技术分割过程由形状异质性、光谱异质性和分割尺度三个参数决定,具体参数关系如图 2.1 所示。

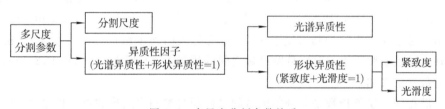

图 2.1　多尺度分割参数关系

(1)光谱异质性即合并对象在光谱亮度值上的异质性变化值,其度量准则为

$$\delta_{\text{color}} = \sum_{t=1}^{n} p_t \sigma_t \qquad (2.17)$$

式中,$\delta_{\text{color}}$ 为光谱异质性;$p_t$ 为第 $t$ 波段光谱的权重;$\sigma_t$ 表示第 $t$ 波段光谱值的标准差;$t$ 为波段编号,$t=1,2,\cdots,n$。

(2)形状异质性包括光滑度和紧致度两个参量,其中前者决定了目标分割对象边缘的光滑程度,后者则可以提高合并后新分割单元轮廓的紧密程度,三者关系可用公式表示为

$$\delta_{\text{shape}} = w_{\text{cmpct}} \times \delta_{\text{cmpct}} + (1 - w_{\text{cmpct}}) \times \delta_{\text{smooth}} \qquad (2.18)$$

式中,$\delta_{\text{shape}}$ 为形状异质性;$w_{\text{cmpct}}$ 为用户定义的紧致度权重;$\delta_{\text{cmpct}}$ 为紧致度;$\delta_{\text{smooth}}$

为光滑度。

(3)总异质性值由光谱异质性和形状异质性计算,即

$$f = w \times \delta_{color} + (1 - w) \times \delta_{shape} \tag{2.19}$$

式中,$f$ 为总异质性;$w$ 为用户定义的光谱异质性权重,相对于形状异质性而言,取值为 0~1。

#### 2.3.2.2 最优分割尺度方法

对于一种特定的地物要素而言,其最优分割尺度应该是所分割的结果多边形可较好地显示该地物要素的边界,即在保证不出现过于破碎或模糊边界的前提下,能通过若干分割单元的组合来表示这个要素类别。早期的最优尺度定性分析的思路是通过重复实验过程,选取不同的尺度反复实验,最后通过研究人员目视判断来选择合适的分割尺度。这一思路费时费力,同时也无法保证结果的准确性,因此现在常用的最优分割尺度方法已经转向定量分析的研究思路,主要包括:利用影像对象与邻域均值差分绝对值和对象标准差间的比值随尺度变化的曲线拟合法、矢量距离指数法、$K$ 均值聚类法、欧几里得距离法、尺度参数估计(estimation of scale parameters,ESP)方法等。下面介绍其中两种方法。

##### 1. 欧几里得距离法

通过计算参照多边形与相应分割对象之间面积和边界位置的一致性差异大小,来评估在此尺度参数下影像分割的质量。这种方法使用欧几里得二指数(Euclidean distance 2 index,ED2)作为评价指标,结合潜在细分误差(potential segmentation error,PSE)和分割多边形数量比(number-of-segments ratio,NSR),通过比较不同分割尺度下 $ED2$ 的变化从而确定最优分割尺度参数,能够更好地满足参照样本与对应分割目标之间的逻辑关系(Witharana et al.,2014),具体的数学定义如下。

潜在细分误差指数是欠分割区域的总面积与参照多边形的总面积之比,即

$$PSE = \frac{\sum |s - r|}{\sum |r|} \tag{2.20}$$

式中,$s$ 和 $r$ 分别为相应分割对象的面积和参照样本多边形面积。

分割多边形数量比指数是在给定尺度下某一类别的过分割程度,即

$$NSR = \frac{|m - n|}{m} \tag{2.21}$$

式中,$m$ 和 $n$ 分别为参照多边形和相应分割对象的数量。

欧几里得二指数的公式表示为

$$ED2 = \sqrt{PSE^2 + NSR^2} \tag{2.22}$$

当 $ED2$ 较大时,表明存在显著几何差异或算数差异,或者两者兼有;当 $ED2$ 的值

接近于 0 时,分割效果最优。

### 2. 尺度参数估计方法

尺度参数估计方法确定最优分割尺度参数的思路是通过计算影像对象内部均质性的局部方差(local variance,LV)作为某一分割尺度参数下所有分割对象的平均标准差,并用局部方差变化率(rate of change of LV,ROC_LV)作为选择最优分割尺度的依据,当局部方差的变化率发生转折时,意味着所有分割对象的异质性最大,此时的尺度参数便是最优分割尺度(Drăguţ et al.,2010)。

局部方差变化率计算公式为

$$ROC\_LV = \left[\frac{LV_{(L)} - LV_{(L-1)}}{LV_{(L-1)}}\right] \times 100\% \tag{2.23}$$

式中,$LV_{(L)}$ 为 $L$ 对象层的平均标准差;$LV_{(L-1)}$ 为 $L$ 的下一层 $L-1$ 对象层的平均标准差。

#### 2.3.2.3　影像对象的继承层次结构

通过多尺度分割,生成多个影像对象层,层与层之间拥有一定的继承关系,这样的数据结构便是影像对象的继承层次结构。影像对象层存储着影像对象,而对象又是整个数据集的代表。根据 eCognition Developer 9 用户指南,影像对象的继承层次结构如图 2.2 所示。图中每一层都是像素的代表层,同时也可以把这个场景当作影像的森林,每一个层上都存在一个总的森林(更大的单个对象),它是由若干棵树

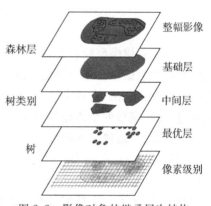

图 2.2　影像对象的继承层次结构

(对象)组成;同时,每棵树(对象)下面也包含有若干枝丫(分割单元)。每个对象均呈现网状的方式分布,同时在这个数据结构中,每个对象之间的继承关系和相邻关系是已知的,每一个对象只可能存在于一个森林(父层)当中,但是可以拥有多个枝丫(子层)。

## 2.3.3　机器学习解译

随着智能算法和机器学习技术的发展,高分辨率遥感影像分类器逐步从神经网络算法、决策树算法、支持向量机算法向集成学习算法和深度学习算法等方向发展。集成学习采取的策略是采取一定的重复随机抽样划分训练集的方法,建立多个弱分类器的集合,并采取投票的方式,决定最终的输出类别。和传统的机器学习算法相比,集成学习通过随机抽样来降低特征因子之间的相关性,同时利用多个弱分类器集合投票,保证每个类别的特征组合的多样性,从而提高模型的分类

精度。

### 2.3.3.1　分类回归树模型

分类回归树（classification and regression tree，CART）模型是 Breiman 等（1984）提出的一种既可以用于分类，也可以用于处理回归问题的二叉树模型。作为二叉树模型的一种，分类回归树模型的本质是通过标量属性和连续属性对特征空间进行重复二分类的过程。如图 2.3 所示，模型建立之后，分类回归树模型通常使用剪枝算法来提高模型的运算效率。

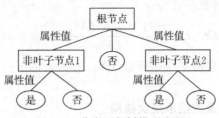

图 2.3　分类回归树模型流程

分类回归树模型能够处理离散变量和空值。除此之外，分类回归树模型可以使用所有的数据来建立一棵完整的树型模型。分类回归树模型是一种大样本数据集的统计分析方法，在对小样本数据集的处理上无法保持稳定性。然而，当样本数据集过大时，模型的整体分类精度又会由于剪枝算法的复杂度上升而降低。

### 2.3.3.2　随机森林模型

随机森林（random forest，RF）模型是一种可以处理分类和回归问题的集成算法模型。Breiman 在 2001 年提出了这种基于大量弱分类器集成计算的新机器学习算法，用于处理大数据量或高维度数据集（Breiman，2001）。随机森林模型是由若干决策树模型采用随机的方式建立的一个集分类器，森林里面的每棵树都是相互独立的。在得到集分类器模型之后，每当有一个新的输入样本进入模型中，就让森林中的每一棵决策树分别进行判断，看看这个样本归属于哪一类的概率更大（对于分类算法），然后最终统计被选择数目最多的类别，就将这个样本标记为该类别。

如图 2.4 所示，随机森林模型的构建流程大致分为抽样、训练、建模几个过程：随机森林使用 bootstrap 抽样方法随机有放回地进行若干次抽样过程，每次从原始训练集中选择小于总个数数量的样本，生成若干训练集；然后对每个训练集分别训练决策树模型，对单棵决策树可以采用诸如基尼指数或者信息增益比等原则进行分裂，直到该节点所有样本都归类为同一标签下；最终将所有的决策树组成随机森林，在处理分类问题时，通过统计每棵树的投票结构来确定分类结果，而在处理回归问题时，会统计所有树预测值的均值来确定回归结果。

随机森林模型较传统单一分器的分类效果好，它还可以在模型构建的同时，通过计算每个特征的总基尼指数值,给出各个特征的重要性评分,评估各个变量在分类中所起的作用。和其他分类器相比,随机森林模型具有以下优势(Nordhausen,2009):①能够处理高维度数据,并通过随机选择属性来降低单棵决策树之间的相关性。因此,不需要通过非线性相关性分析来降低因子集的维度。更重要的是,随机森林模型可以通过计算因子的重要性排名,评估因子在分类中的作用。②不需要调整太多的参数以获得更高精度的分类结果。③随机森林模型适合处理多分类问题,特别是当数据集中存在不均衡分类的情况时,随机森林模型提供了有效的方法来平衡数据集的问题。

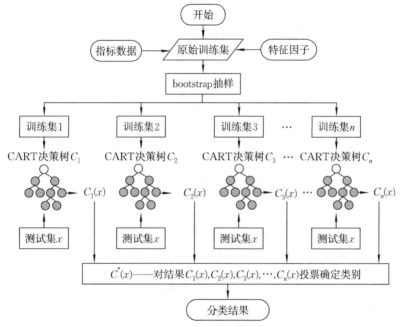

图 2.4　随机森林模型构建流程

### 2.3.3.3　旋转森林模型

旋转森林(rotation forest,ROF)模型是 Rodriguez 等(2006)提出的一种以 C4.5 为基分类器的智能机器学习算法。旋转森林模型的核心是在划分特征集时加入了主成分分析(principal component analysis,PCA)算法,通过 PCA 算法旋转每个特征子集,并在保留所有主成分的基础上进行模型训练。PCA 算法增加了特征之间的异质性,从而确保在单个分类器中能够获得更高的预测精度。研究表明,决策树对于特征轴的旋转十分敏感,因此通常会选择决策树作为旋转森林模型的基分类器,图 2.5 描述了旋转森林模型计算流程。

假设 $\boldsymbol{M}=[a_1\ a_2\ \cdots\ a_n]^{\mathrm{T}}$ 是一个具有 $n$ 个属性的特征集,$\boldsymbol{N}$ 为一个包含 $m$ 个训练样本的类标集,构成 $m \times n$ 的矩阵 $\boldsymbol{P}$;另外,$S_1, S_2, \cdots, S_L$ 为 $L$ 个基分类器,

$\{r_1, r_2, \cdots, r_m\}$ 为类标集合。模型构建的流程由以下四个步骤组成。

(1)随机将特征集 $M$ 划分为 $w$ 个不相交的子集 $M_{i,j}(i = 1, \cdots, L; j = 1, \cdots, w)$,同时令 $P_{i,j}$ 表示矩阵 $P$ 在 $M_{i,j}$ 对应的特征子集中的样本。

(2)对每一个 $P_{i,j}$ 进行主成分变换,得到分类器 $C_i$ 的第 $j$ 个特征子集主成分系数,用 $C_{i,j} = [q_{i,j}^{(1)}, \cdots, q_{i,j}^{(d_j)}]$ 表示,每个系数的维数均为 $d \times 1$。

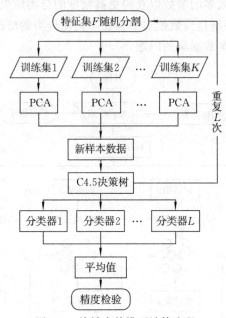

图 2.5　旋转森林模型计算流程

(3)重复步骤(2)直至完成所有的特征子集的变换,并将得到的所有变换特征子集存入系数矩阵 $W_i$ 中,则

$$W_i = \begin{bmatrix} q_{i,1}^{(1)}, q_{i,1}^{(2)}, \cdots, q_{i,1}^{(d_1)} & \mathbf{0} & \cdots & \mathbf{0} \\ \mathbf{0} & q_{i,2}^{(1)}, q_{i,2}^{(2)}, \cdots, q_{i,2}^{(d_2)} & \cdots & \mathbf{0} \\ \vdots & \vdots & & \vdots \\ \mathbf{0} & \mathbf{0} & \cdots & q_{i,k}^{(1)}, q_{i,k}^{(2)}, \cdots, q_{i,k}^{(d_k)} \end{bmatrix} \tag{2.24}$$

(4)按照原始特征集的顺序重新排列 $W_i$,得到一个 $m \times n$ 的旋转矩阵 $W_i^a$,则 $S_i$ 分类器所对应的矩阵为 $PW_i^a$,在分类时对于每一个分类样本 $b$,先经过 $bW_i^a$ 变换,通过分类器 $S_i$ 计算 $b$ 属于每一个 $r_m$ 的概率,然后计算所有分类器的平均值,则 $b$ 属于概率最大的一类,计算公式为

$$\delta_j(b) = \frac{1}{L} \sum_{i=1}^{L} \varphi_{i,j}(bW_i^a) \tag{2.25}$$

式中，$\delta_j(b)$ 为 $b$ 属于 $r_m$ 类的平均概率；$\varphi_{i,j}(b\boldsymbol{W}_i^a)$ 为 $S_i$ 分类器将 $b$ 归属为 $r_m$ 的概率。

## 2.3.4　多源数据协同的目标提取方法

多源数据协同是指基于不同种类的数据资料（卫星影像、地质图、监测数据、调查数据、地形图、航空影像等）、不同类型的数据（栅格、语音、矢量、文字等），综合使用多种遥感影像信息提取的方法（人机交互目视解译、自动提取、面向对象的信息提取），相互借鉴待提取目标的特征参数，完成目标地物信息提取的任务，如图 2.6 所示。

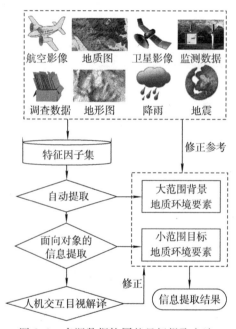

图 2.6　多源数据协同的目标提取方法

传统的遥感影像信息提取方法主要利用影像的光谱信息、纹理信息、形状信息等特征因子。由于"同物异谱"和"同谱异物"等现象的存在，导致仅靠遥感影像自身的特征因子无法完成大范围的地物信息提取。因此参考上述非遥感数据，选取合适的方法将不同数据源、不同数据格式的数据源进行统一，添加相对位置、坡度、坡向、斜坡结构、地层、高程变化等空间信息，丰富目标地物的特征因子，以此提高地物信息提取的精确度。例如，滑坡遥感解译中，配合使用不同数据源和各种非遥感数据（地质图、地形图、数字高程模型、土地利用规划图等），可以根据各类传感器覆盖范围及光谱分辨率的不同，完成不同尺度范围的遥感解译工作。

　　如今的滑坡遥感解译研究中：大范围的地物信息仍然主要采用人机交互目视解译的方法；遥感影像信息自动提取的方法主要应用在待提取目标地物类别较少、彼此区分度较高，以及"同物异谱"和"同谱异物"等现象不明显的情况；而面向对象的遥感影像信息提取则受限于研究区范围大小。因此在实际应用中，可以协同使用各类方法，如在利用遥感影像信息自动提取的方法提取出主要大范围背景目标地物之后，再在小范围的区域内引入面向对象的遥感影像信息提取方法，分层依次将目标地物提取出来，最后再采用目视解译的方法进行错误更改和范围修正。

# 第3章 滑坡易发性评价

　　滑坡易发性评价是在综合分析滑坡编录和各易发性影响因子的基础上,应用定性分析和定量分析相结合、确定性模型和随机模型相结合的方法,评价影响因子在组合条件下滑坡灾害发生的可能性,进而对滑坡易发性程度的分布情况进行区划。滑坡易发性评价从空间分布上考虑滑坡发生的可能性,主要目标是解决"什么地方易于发生滑坡"的问题,是防灾减灾工作的主要依据之一。

## 3.1　基于加权信息量的滑坡易发性评价

　　本节选取信息量模型、层次分析模型和加权信息量模型评价滑坡易发。其中,信息量模型和层次分析模型都是统计分析模型,加权信息量模型为复合模型。信息量模型的理论基础是信息论,采用滑坡灾害发生过程中熵的减少来表征滑坡灾害事件产生的可能性。滑坡发生受不同评价因子的影响,各评价因子的性质和作用程度不尽相同。信息预测的观点认为,滑坡灾害发生与预测过程中所获取的信息的数量和质量有关,可以用信息量来衡量,信息量越大,表明地质灾害的可能性越大。信息量模型物理意义明确、操作简单,通过将各评价因子代表的信息量代数相加得到整个研究区域的信息量,从高到低代表滑坡易发程度。信息量模型在滑坡易发性评价研究和实践中得到了广泛的应用,但是信息量模型的统计分析属于"暗箱"操作,它只反映了因子特定类别在组合情况下对滑坡发生的影响,并未充分考虑各因子对滑坡灾害发生影响程度的差异。为此,引入专家经验,对各因子的相对重要性进行人为干预,即采用层次分析法(analytic hierarchy process, AHP),使用加权的信息量评价模型评价滑坡易发性(杜国梁 等,2016)。层次分析模型利用树状层次结构,确定各评价因子的重要性,计算各因子的权重,将权重与量化的不同因子相乘累加,得到滑坡易发程度。加权信息量模型结合信息量模型和层次分析模型的优点,即将层次分析模型计算得到的各因子权重赋予信息量模型,再求取整个研究区域的各评价单元的信息量的和,确定最终的滑坡易发性等级而达到滑坡空间预测的目的。加权信息量模型基于定量和定性结合的思路优化信息获取,利用评分依据对因子划分权重优化信息量,充分考虑各评价因子对滑坡灾害影响的差异和优先度。

　　本节以三峡库区巴东段为研究区域,利用地形地貌、基础地质、水文气象和遥感影像数据,提取与滑坡发生密切相关的影响因子,通过对各因子分级并计算它们之间的相关性选取最终目标因子,构建信息量模型、层次分析模型和加权信息量模型,对研究区域滑坡易发性进行定量评价。

### 3.1.1 研究区域概况

三峡库区巴东段长江干流岸坡滑坡灾害广泛发育且频繁发生。研究区域的地理概况、地形地貌、基础地质、水文气象、人类活动和滑坡灾害分布情况如下(地质矿产部编写组,1988;邓清禄,2000)。

研究区域位于大巴山地带三峡库区巴东段长江干流流域。三峡库区蓄水导致长江水位上涨,该区域的原始地质环境发生改变,导致一些老滑坡的发生和新滑坡的产生。研究区域包括巴东县内的长江干流的流经区域,该区域是滑坡多发地区,大致呈中间长江流域海拔低、南北两边山区海拔高趋势。长江受该区域的褶皱构造控制,多沿褶皱或核部转换流经方向,走向大致与区域的褶皱轴线一致,呈弯曲的东西走向,发育有支流,并且横切砂岩、泥岩形成剥蚀的低山地貌,是典型的喀斯特地貌。

研究区域地层发育较完整,沉积岩、岩浆岩和变质岩在区域都有出露。主要出露地层是三叠系和侏罗系,多为碎屑岩和碳酸盐岩类,岩石类型主要包括片岩、片麻岩、石英闪长岩、白云岩、灰岩、砂岩、泥页岩等,主要分布于黄陵背斜核部、黄陵背斜西翼和秭归盆地。地层岩性分布如表 3.1 所示。

表 3.1 研究区域岩性分布

| 岩性 | 岩石类型 | 分布 |
| --- | --- | --- |
| 变质岩 | 片岩、片麻岩 | 黄陵背斜核部 |
| 岩浆岩 | 石英闪长岩 | 黄陵背斜核部 |
| 沉积岩 | 白云岩、灰岩、砂岩、泥页岩 | 黄陵背斜西翼、秭归盆地 |

三峡库区不仅可以提供丰富的水源和起到蓄洪作用,还可以用于三峡水利工程发电,为华中等地区提供电力资源。研究区域两岸动植物丰富,自然资源宝贵。研究区域包含长江干流,水量丰富,长江水位变化程度大。长江水位在库区的变化,导致长江近岸区的水位升降明显,从而造成两岸斜坡的稳定性变差,滑坡频发。滑坡主要分布于长江沿岸及巴东县附近。研究区域位于湖北省西南部,是典型的亚热带季风气候,气候温暖湿润、四季分明,且光、热、水分布有明显的垂直差异。降雨主要集中在 4～9 月,且多大雨、暴雨。年风速偏低,多为偏西南风和偏东风。

### 3.1.2 评价因子

#### 3.1.2.1 数据准备

研究数据及资料包括基础地形、地质、遥感影像、降水量、水系数据和滑坡统计数据。基于这些数据,通过数据处理与空间分析方法得到滑坡灾害因子数据,并将其转化至同一坐标系统。基础地形数据指数字高程模型(digital elevation model,

DEM),用于提取地形地貌因子,包括高程、坡向、坡度等。地质数据指地层及构造数据,用于提取斜坡结构、工程岩组和断层信息。遥感影像数据主要用于提取地表覆被类因子,如归一化植被指数(normalized differential vegetation index,NDVI)。滑坡灾害分布专题图,主要包括已发生滑坡的空间分布情况以及滑坡的类型、活动性、几何结构特征、面积等基本信息。该专题图是通过对野外调查获取的资料、历史滑坡存档资料、卫星影像以及航空影像等资料进行解译、绘制得到的。

### 3.1.2.2　评价因子提取

滑坡的发生是由多因素引起的,内部因素包括岩土类型及性质、坡型结构、岩土结构、滑坡面等,外部因素包括降水、河流的下切作用、工程建造、风化等。岩土类型及性质是决定斜坡抗滑力的根本因素,坡型结构和岩土结构很大程度上影响斜坡的稳定性。外部因素如降水量,能增大滑坡体的重量和下滑力,并减少抗滑力,灌入岩土裂缝产生静水压力提高地下水位。因此,外部因素对于滑坡的发生也有"贡献"。

参考已有研究成果,结合研究区域的地理环境、长江干流流经、位于三峡库区等特点,提取了高程、坡向、坡度、距断层距离、工程岩组、斜坡结构、距水系距离、降水量、归一化植被指数共 9 个滑坡易发性评价因子,统计各因子与滑坡空间分布的数量关系(吴益平 等,2010;武雪玲 等,2013a)。其中,高程、坡向、坡度、距断层距离、工程岩组、斜坡结构、距水系距离属于控制因素,此类因素平稳少变,为滑坡形成提供了必要的环境条件;降水量和归一化植被指数属于影响因素,对滑坡形成和发生起到一定程度的影响。根据收集资料的粒度,栅格单元大小确定为 28.5 m×28.5 m,并对所有基础数据进行重采样,将研究区域划分为 122 019 个栅格,其中包括 9 408 个滑坡单元栅格,112 611 个非滑坡单元栅格。

#### 1. 高程

高程含有海拔高度信息,与滑坡分布呈间接关系,主要表现在:①斜坡面存在易于发生滑坡的临空面,这些临空面随着高程范围的不同而不同;②植被受温度影响十分强烈,不同高程范围植被类型和覆盖率以及降水量等不同;③高程影响地下潜水分布状态;④人类活动也对高程非常敏感,高程越高对人类活动限制越强。因此,高程是表征滑坡孕灾环境的重要因子。研究区域高程位于 80~1 500 m,跨度大。利用自然断点法,将高程因子划分为五级:[80 m, 292 m)、[292 m, 548 m)、[548 m, 793 m)、[793 m, 1 082 m)、[1 082 m, 1 500 m]。对各级高程和滑坡灾害进行叠加统计分析,得到高程与滑坡空间分布的关系,统计结果表明超过 90% 的滑坡灾害发生在高程 80~548 m 区域,即中低海拔区域。

#### 2. 坡向

坡向为坡面法线在水平面上投影的方向,含有斜坡的朝向信息,对于山地生态有着较大的作用,影响着人类活动的范围。坡向并不直接作用于斜坡稳定性。不同斜坡坡向太阳辐射强度、风化作用强度等条件的不同,导致斜坡植被覆盖、土壤湿度、坡面侵蚀等存在差异,从而影响斜坡体孔隙水压力及岩土体物理力学特征,进而作用于斜坡稳定性,不同坡向与其岩层产生不同的斜坡结构。通过数字高程模型数据和 ArcGIS 软件的三维分析功能可以提取坡向信息,将研究区域的坡向划分为八个方向:正北[337.5°, 22.5°)、东北[22.5°, 67.5°)、正东[67.5°, 112.5°)、东南[112.5°, 157.5°)、正南[157.5°, 202.5°)、西南[202.5°, 247.5°)、正西[247.5°, 292.5°)、西北[292.5°, 337.5°)。对八个斜坡坡向与滑坡发生的数量进行叠加统计分析,统计结果表明斜坡坡向为正北、东北、正南、西北方向时滑坡发生的数量较多。

### 3. 坡度

坡度是指通过地面上任一点的切平面与水平面的夹角,表示地表单元陡缓的程度。坡度对斜坡应力分布、地表径流、地下水、松散坡积物堆积状况以及人类工程活动等都有不同程度的影响,从而影响斜坡稳定性。坡度不仅在上覆第四系坡积物厚度、岩性特征等方面决定了滑坡的空间分布,也在斜坡体内的工程岩土应力分布状况、地下水的补给与排泄等方面影响着斜坡岩土下滑力,控制着滑坡的发育、演化和发生,是重要的滑坡控制因子。基于数字高程模型数据和 ArcGIS 软件的三维分析功能可以提取坡度信息,研究区域的坡度范围为 0°～78.4°。利用自然断点法,将坡度因子划分为五级:[0°, 9°)、[9°, 20°)、[20°, 29°)、[29°, 39°)、[39°, 79°]。对各级坡度和滑坡灾害进行叠加统计分析,得到不同等级的坡度与滑坡的关系,统计结果表明 95% 以上的滑坡分布在坡度 9°～39° 区域,即中等坡度的斜坡体。

### 4. 距断层距离

地质构造控制着软弱结构面,不同构造单元对滑坡分布密度、发育规模和滑动方向都有一定程度的影响。不同构造体系交接复合区域、褶皱轴部及其转折部位、向斜翘起段,以及新构造运动强烈区是发生大型滑坡的常见构造部位,各种节理、裂隙、层面,以及断层发育的斜坡体极易发生滑坡。滑坡形成过程中,断层面可以影响岩土体的力学性质,甚至提供滑动面。构造断层对滑坡的控制作用主要表现在:断层带及周围一定范围内的斜坡体岩土结构被破坏,为地表径流进入斜坡体形成地下水提供通道;组成斜坡的岩土体只有被各种构造面切割为不连续整体时,才有可能构成潜在滑坡体。地质构造发育区为滑坡发生提供了孕灾环境。因此,根据断层的延伸性、类型和规模等地质特征,采用距断层距离因子来分析地质构造与滑坡之间的关系。距断层距离因子是对区域做表面距离分析,确定每个点到断层的距离,用距离代表每个点受断层影响的程度。研究区域距断层距离范围为 0～3 684.89 m,利用自然断点法,将距断层距离划分为五级:[0 m, 564 m)、[564 m, 1 185 m)、[1 185 m, 1 850 m)、[1 850 m, 2 558 m)、[2 558 m, 3 685 m]。对距断层距离分级和滑坡灾害进行叠加统计分析,得到各级指标中滑坡的数目,结果表明在距离断层各级都有滑坡分布,且发生滑坡最多的距离为 564～1 185 m。

5. 工程岩组

地层岩性是滑坡发育的内在因素和物质基础,不同性状岩土体的滑坡发育程度不同。地层岩性是重要的滑坡孕灾因子,不仅影响区域滑坡的发育程度,也决定滑坡发生的类型和规模。通过人工矢量化地质图数据和 ArcGIS 软件的分析功能得到研究区域工程岩组信息,工程岩组含有岩土体的岩性信息,工程岩组因子决定滑坡体的强度、抗滑能力、变形特征等。研究区域的工程岩组被划分为硬岩、软岩和软硬相间岩三种类型,其中泥盆纪的砂岩、灰岩、白云岩为硬岩;侏罗纪的泥岩、页岩、泥页岩为软岩;三叠纪的板岩为软硬相间岩,具体如表 3.2 所示。将工程岩组与滑坡灾害做叠加统计分析,得到各级中所包含的滑坡栅格数,统计结果表明超过 90% 的滑坡发生在软岩和软硬相间岩中,硬岩中很少有滑坡产生,为工程建造提供了基础依据。

表 3.2　研究区域工程岩组划分

| 年代 | 岩石类型 | 工程地质评价 |
| --- | --- | --- |
| 泥盆纪 | 砂岩、灰岩、白云岩 | 硬岩 |
| 侏罗纪 | 泥岩、页岩、泥页岩 | 软岩 |
| 三叠纪 | 板岩 | 软硬相间岩 |

6. 斜坡结构

斜坡结构类型综合反映了斜坡坡度、坡向与下伏地层倾角倾向的空间状况及组合形式,很大程度上决定了斜坡体变形的方式和强度,对滑坡分布起重要的作用。斜坡结构类型作为滑坡灾害控制因子之一,在滑坡易发性评价中有着广泛的应用。结合研究区域的基础地形地质特征,按照斜坡体表面的坡度、坡向,以及斜坡体下伏岩层的倾角、倾向这四个参量在空间上的相互组合关系,将斜坡结构类型划分为六大类,即飘倾坡、横向坡、伏倾坡、逆斜坡、顺斜坡和逆向坡,详细划分规则如表 3.3 所示。其中,顺斜坡受土石界面和地层中软弱夹层控制,岩层倾斜方向和斜坡同向,易形成大到巨型基岩滑坡,如范家坪滑坡、千将坪滑坡等;逆向坡是指岩层倾斜方向和斜坡反向,较易形成小到中型的土质滑坡,如香溪河右岸滑坡易发带、黄腊石滑坡群等;横向坡是滑坡较少发育的斜坡结构类型。

斜坡结构类型提取主要步骤包括:①斜坡结构类型的划分需要斜坡坡度和坡向、岩层倾角和倾向四个参数。斜坡坡度和坡向信息可以通过数字高程模型提取,岩层倾角和倾向则可以通过区域地质图或者野外地质调查获取。②岩层产状数据通常是离散的空间点数据,需要通过空间插值生成空间上连续的岩层倾角和倾向数据,且与斜坡坡度和坡向的模型单元保持一致。此外,为了提高插值准确性,不仅需要有均匀分布且数量足够的产状点信息,还应该在产状发生突变的地区,如褶皱的核部或者断裂带的附近,设置区域插值界限。③根据六种斜坡结构的定义,经过空间处理模型预算及栅格重分类,得到区域斜坡结构分类专题图。基于上述步骤,利用 ArcGIS 软件的建模功能生成斜坡结构,研究区域内斜坡结构包括六种类型,将其与滑坡灾害做叠加统计,分别统计每类斜坡结构中的滑坡数目。统计结果表明:研究区域内滑坡在所有斜坡结构类型中都有分布,且主要分布在顺向坡(包括飘倾坡、伏倾坡和顺斜坡)内,其中伏倾坡中滑坡发生最多,飘倾坡中滑坡发生最少。

表 3.3　斜坡结构类型划分

| 三维描述 | 定义 | 类型 | 三维描述 | 定义 | 类型 |
|---|---|---|---|---|---|
| | $\|\alpha-\beta\|\in[0°,30°)$ 或 $\|\alpha-\beta\|\in[330°,360°)$, $\gamma>10°$ 且 $\delta>\gamma$ | 飘倾坡 | | $\|\alpha-\beta\|\in[60°,120°)$ 或 $\|\alpha-\beta\|\in[240°,300°)$ | 横向坡 |
| | $\|\alpha-\beta\|\in[0°,30°)$ 或 $\|\alpha-\beta\|\in[330°,360°)$, $\gamma>10°$ 且 $\delta<\gamma$ | 伏倾坡 | | $\|\alpha-\beta\|\in[120°,150°)$ 或 $\|\alpha-\beta\|\in[210°,240°)$ | 逆斜坡 |
| | $\|\alpha-\beta\|\in[30°,60°)$ 或 $\|\alpha-\beta\|\in[300°,330°)$ | 顺斜坡 | | $\|\alpha-\beta\|\in[150°,210°)$ | 逆向坡 |

注:$\alpha$ 为斜坡坡向,$\beta$ 为岩层倾向,$\gamma$ 为岩层倾角,$\delta$ 为斜坡坡度,单位均为(°)。

7. 距水系距离

水文条件在滑坡形成演化过程中起着重要作用,库水位的升降、地表水的运移、地下水的渗流,以及河流水的侵蚀等,都是新滑坡发生和老滑坡复活的重要动力因素之一。但对于滑坡易发性评价而言,难以深入分析短时期内库水位周期性升降变化对斜坡稳定性的影响,所以暂以距水系距离表征库水位变化对研究区域滑坡分布的影响。距水系距离是研究区域内所有点距水系距离,反映水流对滑坡发生的影响,河流的侵蚀作用会使河流两岸斜坡的基座软化甚至被剥蚀。河流的不断侵蚀,加大两岸的临空面,从而增大下滑力,造成上部岩体失稳,形成滑坡灾害。对地形图中水体信息进行矢量化,结合 ArcGIS 软件的表面距离分析模块,得到研究区域内河流缓冲距离分布数据。研究区域内滑坡分布在距水系距离 318.13～3 469.5 m,利用自然断点法,将距水系距离划分为五级:[318 m, 936 m)、[936 m,1 356 m)、[1 356 m, 1 826 m)、[1 826 m, 2 419 m)、[2 419 m, 3 470 m]。对五级距水系距离与滑坡进行叠加统计分析,统计各级距水系距离中发生滑坡的栅格数量,结果表明 90% 以上的滑坡发生在距水系距离 318～1 356 m 区域,在距水系距离 936～1 356 m 范围有超过 6 000 个滑坡栅格,越靠近河流越容易发生滑坡。

8. 降水量

研究区域地处亚热带季风气候区,潮湿多雨,降水量充沛且多发暴雨或连续降水。尤其对于土质滑坡,因其组成物质松散,雨水易于渗入坡内,土壤吸水导致滑坡体自重增加,同时降低滑床与滑坡体之间的抗剪强度,进而诱发滑坡。野外勘察报告和典型滑坡监测报告显示,大多数滑坡都与降水有直接关系。因此,降水是滑坡灾害的重要诱发因素之一。滑坡易发性评价需要对研究区域的降水量进行综合考虑。收集附近的 7 个地质灾害专业监测气象站(分别为兴山古夫镇、归州镇、沙镇溪镇、沿渡河镇、东壤口镇、巴东县城区,以及巫山县)2003—2012 年的降水数据,利用年平均降水量和反距离权重(inverse distance weighted,IDW)插值法获得研究区域年平均降水量因子,反映不同区域的不同降水量对滑坡发生的影响。研究区域年平均降水量范围为 1 032.19～1 090.24 mm,利用自然断点法,将年均降水量划分为五级:[1 032 mm,1 044 mm)、[1 044 mm,1 054 mm)、[1 054 mm,1 067 mm)、[1 067 mm,1 081 mm)、[1 081 mm,1 091 mm]。通过降水量与滑坡灾害的叠加统计分析得到各级降水量中发生滑坡的栅格数,结果表明降水量在1 032～1 044 mm 范围时,滑坡发生的数目最多,此范围在研究区域所占面积也最大,在一定程度上体现出降水量与滑坡之间的正向响应关系。

9. 归一化植被指数

斜坡上植被覆盖情况对斜坡稳定性具有一定的影响。植被的根系可以提高土体抗剪强度,叶片蒸腾作用可以促进地下水排泄,降低土壤湿度;植被可以有效减轻降雨和地表径流对斜坡体的直接冲刷,具有固土护坡的作用,也可以从侧面反映此处的人类工程活动情况。因此,植被发育较为茂密的区域通常其斜坡稳定性也较好,反之亦然。植被的丰富度包含研究区域植被的生长信息,由于植被指数在一定程度上能反映植被的数量、质量、状态及时空分布特点,已被广泛应用于定性和定量评价植被覆盖情况。植物叶面能够强烈吸收可见光的红光波段并强烈反射近红外波段。归一化植被指数是遥感影像近红外波段与红光波段反射率之差与之和的商,可以定量反映植被覆盖情况。利用 Landsat-8 卫星陆地成像仪(operational land imager,OLI)获取的遥感影像数据提取归一化植被指数,指数越小,植被覆盖率越低,反之则越高。利用自然断点法,将归一化植被指数划分为五级:[0,40)、[40,93)、[93,135)、[135,181)、[181,255],并将其与滑坡做叠加统计分析,结果表明滑坡发生与归一化植被指数大致呈正态分布,指数为 40～93 时,滑坡发育数量最多。

### 3.1.2.3 因子相关性分析

上述 9 个滑坡易发性评价因子,是结合已有研究成果和研究区域的实际情况提取的。在实际应用中,因子相关性过强会导致两个因子之间的预测重复,所以利用皮尔逊(Pearson)相关系数判定各因子之间、因子与滑坡灾害之间的相关性,优化评价因子。将 9 个滑坡易发性评价因子划分为内部因素和外部因素,分别计算因子之间的相关系数,以及所有因子与滑坡灾害之间的相关性,如表 3.4 和表 3.5 所示。

表 3.4 内部因素各评价因子间的相关系数

| 评价因子 | 高程 | 坡向 | 坡度 | 距断层距离 | 工程岩组 | 斜坡结构 |
|---|---|---|---|---|---|---|
| 高程 | 1 | | | | | |
| 坡向 | 0.213 | 1 | | | | |
| 坡度 | 0.344 | 0.334 | 1 | | | |
| 距断层距离 | −0.095 | 0.005 | 0.183 | 1 | | |
| 工程岩组 | 0.062 | 0.212 | 0.179 | −0.036 | 1 | |
| 斜坡结构 | 0.499 | 0.273 | 0.290 | −0.093 | 0.710 | 1 |

表 3.5 外部因素各评价因子间的相关系数

| 评价因子 | 距水系距离 | 降水量 | 归一化植被指数 |
|---|---|---|---|
| 距水系距离 | 1 | | |
| 降水量 | 0.487 | 1 | |
| 归一化植被指数 | 0.557 | 0.337 | 1 |

由表 3.4 和表 3.5 可以看出,6 个内部因素和 3 个外部因素的滑坡易发性评价因子之间的相关系数都小于 0.750,故可认为 9 个滑坡易发性评价因子都具有独立性。通过评价因子与滑坡之间的相关系数(表 3.6),确定最终的优化因子为高程、坡向、坡度、距断层距离、工程岩组、斜坡结构、距水系距离、降水量、归一化植被指数,并将这 9 个因子作为后续滑坡空间预测模型的输入变量。

表 3.6 评价因子与滑坡的相关系数

| 评价因子 | 高程 | 坡向 | 坡度 | 距断层距离 | 工程岩组 | 斜坡结构 | 距水系距离 | 降水量 | 归一化植被指数 |
|---|---|---|---|---|---|---|---|---|---|
| 相关系数 | 0.210 | −0.007 | 0.032 | −0.034 | −0.130 | −0.067 | 0.161 | 0.074 | 0.149 |

### 3.1.3 滑坡易发性评价

#### 3.1.3.1 信息量模型

信息量模型是美国数学家、信息论的创始人香农(Shannon)1948 年在题为《通信的数学理论》的论文中提出并应用概率论知识和逻辑方法推导出了信息量的计算公式(孟庆生,1986)。20 世纪 80 年代,晏同珍等首次将信息论引入滑坡灾害空间预测研究中,之后这种方法被专家学者广泛应用到灾害评价领域(殷坤龙,2004)。信息量模型应用于评价地质灾害易发性的主要过程是按照已经发生变形或者已经遭到破坏区域的实际情况和得到的信息,把能够对区域稳定性有所影响的因素的实际测量值转化成可以反映出区域稳定性的信息量值,通过计算各滑坡评价因素为滑坡提供的信息量的大小的叠加总信息量来评价滑坡发生的可能性。这种预测方法具有定量性与客观性,是一种实用的基于统计的滑坡预测方法。但是该方法需要大量的数据量来支持统计,并且多种信息量叠加时的权重需要人为判断决定。因此,这种预测方法适用于区域滑坡易发性预测。

　　滑坡灾害是由许多因素影响而产生的,但是不同的因素对滑坡成灾所起影响的大小、性质是有很大不同的。在各类不同的因素里,一定可以找出一种"最优影响因素组合",这种组合是可以对滑坡产生最大"贡献率"的组合。由此可见,对区域滑坡灾害空间预测的研究应该是对"最优评价因子组合"的研究,而不应该仅仅停留在个别的因素上。使用信息量模型进行滑坡空间预测的具体过程为:首先计算各因子的各个类别影响滑坡的信息量,接着将各个因子的信息量叠加,最终确定各个栅格所在位置的各个因子影响滑坡发生的综合信息量的大小,由此得到信息量图,即滑坡易发性图。

　　不同因子可以为滑坡灾害的发生提供不同的信息量。由信息预测的观点可以看出,滑坡灾害发生与各单元可以获取信息的多少与质量有关,这种大小与质量的衡量是用信息量的大小来表现的,即当一个单元可以获得的总信息量越大,滑坡灾害就越容易发生。该预测模型的建立过程为:首先,计算单个评价因子类型 $x_i$ 提供给滑坡地质灾害即事件 A 的信息量,即

$$I(x_i, \text{A}) = \ln \frac{P(x_i/\text{A})}{P(x_i)} \tag{3.1}$$

式中,$P(x_i/\text{A})$ 为滑坡发生条件下 $x_i$ 出现的概率;$P(x_i)$ 为研究区域内评价因子类型 $x_i$ 出现的总概率。式(3.1)是信息量计算的理论模型,在具体应用中,常常采用与样本频率计算有关的公式,即

$$I(x_i, \text{A}) = \ln \frac{N_i/N}{S_i/S} \tag{3.2}$$

式中,$S$ 为研究区域内总栅格数;$N$ 为研究区域内实际发生滑坡的总栅格数;$S_i$ 为含有因子类型 $x_i$ 的栅格数;$N_i$ 为含有因子类型 $x_i$ 且实际发生了滑坡灾害的栅格数。所以,计算某一栅格在多种因素组合下,可以用滑坡灾害提供的总信息量计算公式,即

$$I = \sum_{i=1}^{n} I(x_i, \text{A}) = \sum_{i=1}^{n} \ln \frac{N_i/N}{S_i/S} \tag{3.3}$$

　　在一定情况下,利用这个模型计算出的结果值 $I$ 是一个连续值,因此在滑坡预测时还需要对结果进行分区,在此实验中使用的是五级划分,即把预测结果划分为极低易发区、低易发区、中易发区、高易发区和极高易发区。

　　利用信息量模型在滑坡空间预测中的计算公式,计算各个评价因子在研究区域的信息量,9 个评价因子信息量如表 3.7 至表 3.15 所示,其中研究区域的总栅

格数($S$)为 137 664 个,滑坡单元总栅格数($N$)为 9 553 个。

表 3.7 高程因子信息量

| 分级指标 | $N_i$ | $S_i$ | $I$ |
|---|---|---|---|
| [80 m, 292 m) | 4 850 | 32 967 | 0.751 4 |
| [292 m, 548 m) | 4 256 | 37 192 | 0.500 2 |
| [548 m, 793 m) | 438 | 34 048 | −1.685 3 |
| [793 m, 1 082 m) | 9 | 18 723 | −4.972 3 |
| [1 082 m, 1 500 m] | 0 | 14 734 | 0 |

表 3.8 坡向因子信息量

| 分级指标 | $N_i$ | $S_i$ | $I$ |
|---|---|---|---|
| 正北 | 2 473 | 27 699 | 0.252 0 |
| 东北 | 1 526 | 20 256 | 0.082 2 |
| 正东 | 781 | 12 869 | −0.134 0 |
| 东南 | 403 | 13 461 | −0.840 7 |
| 正南 | 2 003 | 15 283 | 0.635 9 |
| 西南 | 262 | 10 138 | −0.987 7 |
| 正西 | 394 | 11 475 | −0.703 6 |
| 西北 | 1 706 | 17 309 | 0.350 9 |

表 3.9 坡度因子信息量

| 分级指标 | $N_i$ | $S_i$ | $I$ |
|---|---|---|---|
| [0°, 9°) | 114 | 6 585 | −1.388 4 |
| [9°, 20°) | 3 021 | 32 033 | 0.306 8 |
| [20°, 29°) | 4 354 | 44 010 | 0.354 6 |
| [29°, 39°) | 1 903 | 33 209 | −0.191 4 |
| [39°, 79°] | 156 | 12 657 | −1.728 1 |

表 3.10 距断层距离因子信息量

| 分级指标 | $N_i$ | $S_i$ | $I$ |
|---|---|---|---|
| [0 m, 564 m) | 1 218 | 35 674 | −0.709 3 |
| [564 m, 1 185 m) | 2 748 | 34 487 | 0.138 3 |
| [1 185 m, 1 850 m) | 2 636 | 28 097 | 0.301 6 |
| [1 850 m, 2 558 m) | 1 770 | 22 628 | 0.119 8 |
| [2 558 m, 3 685 m] | 1 181 | 16 836 | 0.010 8 |

表 3.11 工程岩组因子信息量

| 分级指标 | $N_i$ | $S_i$ | $I$ |
|---|---|---|---|
| 硬岩 | 387 | 54 456 | −2.278 8 |
| 软岩 | 4 949 | 39 026 | 0.602 9 |
| 软硬相间岩 | 4 116 | 28 741 | 0.724 5 |

表 3.12　斜坡结构因子信息量

| 分级指标 | $N_i$ | $S_i$ | $I$ |
|---|---|---|---|
| 飘倾坡 | 237 | 9 953 | −1.070 0 |
| 伏倾坡 | 2 597 | 23 055 | 0.484 4 |
| 顺斜坡 | 2 071 | 24 187 | 0.210 2 |
| 横向坡 | 1 945 | 35 758 | −0.243 6 |
| 逆斜坡 | 1 351 | 15 418 | 0.233 3 |
| 逆向坡 | 1 273 | 13 767 | 0.287 1 |

表 3.13　距水系距离因子信息量

| 分级指标 | $N_i$ | $S_i$ | $I$ |
|---|---|---|---|
| [318 m, 936 m) | 2 696 | 32 191 | 0.188 0 |
| [936 m, 1 356 m) | 6 364 | 48 923 | 0.628 4 |
| [1 356 m, 1 826 m) | 330 | 27 917 | −1.770 0 |
| [1 826 m, 2 419 m) | 163 | 19 090 | −2.095 2 |
| [2 419 m, 3 470 m] | 0 | 9 601 | 0 |

表 3.14　降水量因子信息量

| 分级指标 | $N_i$ | $S_i$ | $I$ |
|---|---|---|---|
| [1 032 mm, 1 044 mm) | 4 739 | 53 320 | 0.247 5 |
| [1 044 mm, 1 054 mm) | 2 341 | 33 585 | 0.004 5 |
| [1 054 mm, 1 067 mm) | 62 | 11 566 | −2.560 7 |
| [1 067 mm, 1 081 mm) | 1 491 | 12 499 | 0.541 8 |
| [1 081 mm, 1 091 mm] | 920 | 26 566 | −0.695 1 |

表 3.15　归一化植被指数因子信息量

| 分级指标 | $N_i$ | $S_i$ | $I$ |
|---|---|---|---|
| [0, 40) | 1 279 | 14 871 | 0.214 6 |
| [40, 93) | 4 288 | 31 418 | 0.676 4 |
| [93, 135) | 2 978 | 41 309 | 0.038 1 |
| [135, 181) | 895 | 34 328 | −0.978 9 |
| [181, 255] | 113 | 15 730 | −2.268 0 |

利用空间分析功能,将各类因子的信息量叠加生成总的滑坡易发性信息量连续值,根据自然断点法,将基于信息量模型的研究区域滑坡易发性划分为五级:极低易发区[−28.266,−10.501)、低易发区[−10.501,−6.099)、中易发区[−6.099,−2.476)、高易发区[−2.476,0.934)、极高易发区[0.934,5.047],对信息量模型结果重分类,得到分区结果。

滑坡极高易发区基本分布于长江流域两侧和研究区域的右上角部分,随着到研究区域长江干流距离的增加,滑坡易发性等级递减,逐渐变为极低易发区。可以明显看出,基于信息量模型的研究区域滑坡预测的高易发区和极高易发区的栅格数偏多。各易发性等级区域的栅格数与其中滑坡栅格数如表 3.16 所示。

表 3.16　信息量模型不同易发性等级的栅格数

| 易发性等级 | 栅格数 | 实际滑坡栅格数 |
| --- | --- | --- |
| 极低易发区 | 8 848 | 5 |
| 低易发区 | 20 224 | 82 |
| 中易发区 | 30 156 | 278 |
| 高易发区 | 33 403 | 1 758 |
| 极高易发区 | 29 388 | 7 285 |

通过对信息量模型的原始信息量数据的分析可知,易发性趋势由长江干流向两侧递减主要是滑坡易发性评价因子中距水系距离、工程岩组起了决定性作用,而研究区域右上角与左下角的易发性等级变化,分别是斜坡结构和高程提供的信息量过大导致的。信息量模型中其他滑坡易发性评价因子都提供了一定的滑坡易发性信息,用于完善整个研究区域的易发性等级。表 3.16 中,各易发性等级中的实际滑坡面积大致满足滑坡空间预测的要求,超过 95% 的滑坡发生于高易发区和极高易发区;各个易发性等级中,实际滑坡栅格数和区域栅格数的比值从低到高依次为:极低易发区、低易发区、中易发区、高易发区、极高易发区,与实际认知相符。但是显然,基于信息量模型的各易发性的区域面积分布不是很合理,中易发区、高易发区和极高易发区的区域面积超过 50%,导致实际滑坡栅格数和区域栅格数的比值过小,滑坡易发性预测模糊度过大。

### 3.1.3.2　层次分析模型

层次分析模型是美国运筹学家 Saaty(1980)针对人们在评价、决策时由于影响因素过多又无法量化各因素的重要程度而使得主观判断、决策不够科学的情况提出的一种将定性与定量有机结合进行统计分析的方法。层次分析模型根据研究总目标将相关影响因素一一罗列,分析总目标与各因素之间的联系和隶属关系,形成一个递阶的层次结构模型,模型的结构主要包括总目标层、准则层和指标层,该层次是单一的,总目标只有一个,往下由多层准则层和指标层组成。其主要优点是模型结构清晰、层次分明,对总目标及其相关影响因素之间的内在联系和隶属关系的呈现逻辑清楚;主要缺点是在构造判断矩阵时,对于各因素的相对重要性程度判别主观性过强,需要研究者具有较强的专家经验。

本小节将滑坡灾害看作一个复杂的多元信息地质系统,对其进行层次化:首先将滑坡易发性评价因子分类分级量化,按照各因子间的相对重要性,引入 1～9 级比例标度,构造判断矩阵,通过计算及一致性检验,判断其相对权重,计算得到各因子之间的相对权重,并进行一致性检验,再将分级并量化的因子分别与其权重相乘后叠加即可得到滑坡易发性评价结果。具体步骤如下。

1. 构造判断矩阵

根据建立的层次模型,对各层次的元素进行两两比较,判断各因素相对重要性,并进行相应的赋值,如表 3.17 所示。

表 3.17　判断矩阵 1～9 级标度取值含义

| 标度 | 含义 |
| --- | --- |
| 1 | 表示两比较因素 $i$ 和 $j$ 重要程度相同 |
| 3 | 表示 $i$ 因素重要程度稍优于 $j$ 因素 |
| 5 | 表示 $i$ 因素重要程度明显优于 $j$ 因素 |
| 7 | 表示 $i$ 因素重要程度强烈优于 $j$ 因素 |
| 9 | 表示 $i$ 因素重要程度极端优于 $j$ 因素 |
| 2、4、6、8 | 重要程度介于上述两相邻判断之间的中值 |

对于 $n$ 个元素来说,对每一层次的 $n$ 个元素两两比较,得到两两比较的判断矩阵 $A=(a_{ij})_{n\times n}$,如表 3.18 所示。

表 3.18　层级间判断矩阵格式

| 元素 | $B_1$ | $B_2$ | $B_3$ | … | $B_n$ |
| --- | --- | --- | --- | --- | --- |
| $B_1$ | $a_{11}$ | $a_{12}$ | $a_{13}$ | … | $a_{1n}$ |
| $B_2$ | $a_{21}$ | $a_{22}$ | $a_{23}$ | … | $a_{2n}$ |
| ⋮ | ⋮ | ⋮ | ⋮ | ⋮ | ⋮ |
| $B_n$ | $a_{n1}$ | $a_{n2}$ | $a_{n3}$ | … | $a_{nn}$ |

其中,判断矩阵需满足以下三个性质。

(1) $a_{ij}>0$。

(2) $a_{ij}=\dfrac{1}{a_{ji}}\quad(i\neq j)$。

(3) $a_{ij}=1\quad(i=j=1,2,\cdots,n)$。

2. 计算相对权重

计算步骤如下:

(1)计算判断矩阵每一行元素的乘积,即

$$M_i=\prod_{j=1}^{n}a_{ij}\quad(i=1,2,\cdots,n)\tag{3.4}$$

(2)对 $M_i$ 开 $n$ 次方根,得

$$\overline{W}_i=\sqrt[n]{M_i}\quad(i=1,2,\cdots,n)\tag{3.5}$$

(3)将向量 $\overline{W}=[\overline{W}_1\ \ \overline{W}_2\ \ \cdots\ \ \overline{W}_n]^{\mathrm{T}}$ 正规化,计算公式为

$$W_i=\frac{\overline{W}_i}{\sum_{j=1}^{n}\overline{W}_j}\quad(i=1,2,\cdots,n;j=1,2,\cdots,n)\tag{3.6}$$

式中,特征向量 $W=[W_1 \quad W_2 \quad \cdots \quad W_n]^T$ 即为 $B_i$ 相对于 $A$ 的权重向量。

3. 一致性检验

(1)最大特征根计算公式为

$$\lambda_{\max} = \sum_{i=1}^{n} \frac{(AW)_i}{nW_i} \quad (i=1,2,\cdots,n) \tag{3.7}$$

(2)一致性指标计算公式为

$$C_I = \frac{\lambda_{\max} - n}{n-1} \tag{3.8}$$

$C_I$ 值越小,表示判断矩阵一致性较好。若 $C_I = 0$,说明矩阵具有完全一致性;若 $C_I \neq 0$,可利用一致性比率 $C_R$ 辅助验证。

(3)一致性比率 $C_R$ 计算公式为

$$C_R = \frac{C_I}{R_I} \tag{3.9}$$

式中,$R_I$ 为随机一致性指标,部分 $R_I$ 取值如表 3.19 所示。当 $n=1$、$2$ 时,$R_I=0$,具有完全一致性;当 $n>2$ 时,式(3.9)成立;当 $C_R<0.1$ 时,表明该矩阵满足一致性。

表 3.19　$R_I$ 取值

| 阶数 | 1 | 2 | 3 | 4 | 5 | 6 | ... |
|------|---|---|------|-----|------|------|-----|
| $R_I$ | 0 | 0 | 0.58 | 0.9 | 1.12 | 1.24 | ... |

标记坡向、距断层距离、工程岩组、斜坡结构、距水系距离、坡度、降水量、归一化植被指数、高程分别为 $C_1$、$C_2$、$C_3$、$C_4$、$C_5$、$C_6$、$C_7$、$C_8$、$C_9$,采用层次分析模型计算判定矩阵的因子权重和最大特征值,并进行一致性检验,层次分析模型的一致性指标 $C_I = 0.042\,6$,一致性比率 $C_R = 0.029\,4 < 0.1$,满足一致性,如表 3.20 所示。

表 3.20　层次分析模型的判断矩阵及因子权重

| 评价因子 | $C_1$ | $C_2$ | $C_3$ | $C_4$ | $C_5$ | $C_6$ | $C_7$ | $C_8$ | $C_9$ | 权重 |
|----------|-------|-------|-------|-------|-------|-------|-------|-------|-------|------|
| $C_1$ | 1 | 1/2 | 1/6 | 1/3 | 1/7 | 1/2 | 1/3 | 1/6 | 1/9 | 0.022 0 |
| $C_2$ | 2 | 1 | 1/5 | 1/2 | 1/6 | 1 | 1/3 | 1/5 | 1/8 | 0.031 2 |
| $C_3$ | 6 | 5 | 1 | 4 | 1/2 | 5 | 3 | 1 | 1/4 | 0.137 8 |
| $C_4$ | 3 | 2 | 1/4 | 1 | 1/5 | 2 | 2 | 1/4 | 1/6 | 0.056 6 |
| $C_5$ | 7 | 6 | 2 | 5 | 1 | 6 | 4 | 2 | 1/2 | 0.206 7 |
| $C_6$ | 2 | 1 | 1/5 | 1/2 | 1/6 | 1 | 1/3 | 1/5 | 1/8 | 0.031 2 |
| $C_7$ | 3 | 3 | 1/3 | 1/2 | 1/4 | 3 | 1 | 1/3 | 1/6 | 0.059 0 |
| $C_8$ | 6 | 5 | 1 | 4 | 1/2 | 5 | 3 | 1 | 1/3 | 0.147 2 |
| $C_9$ | 9 | 8 | 4 | 6 | 2 | 8 | 6 | 3 | 1 | 0.308 4 |

统计评价因子各级的滑坡数量对评价因子进行量化,但是由于各评价因子的数据类型、作用机理和量纲不同,会使量化的值具有很大的波动性,降低滑坡空间预测的精度。因此,采用极差标准化的方法将各等级的滑坡易发性评价因子进行归一化处理,将归一化值作为各栅格中每个评价因子的影响值,如表 3.21 所示。通过各个评价因子与其权重的乘积的累计值计算研究区域滑坡的易发性。

表 3.21 各评价因子对滑坡的影响值

| 评价因子 | 分级指标 | 滑坡栅格数 | 量化 | 归一化指数 |
|---|---|---|---|---|
| 高程 | [80 m, 292 m) | 4 850 | 0.507 7 | 1 |
| | [292 m, 548 m) | 4 256 | 0.445 5 | 0.877 2 |
| | [548 m, 793 m) | 438 | 0.045 8 | 0.090 4 |
| | [793 m, 1 082 m) | 9 | 0.000 9 | 0.002 5 |
| | [1 082 m, 1 500 m] | 0 | 0 | 0 |
| 坡向 | 正北 | 2 473 | 0.258 9 | 1 |
| | 东北 | 1 526 | 0.159 7 | 0.057 3 |
| | 正东 | 781 | 0.081 8 | 0.235 7 |
| | 东南 | 403 | 0.042 2 | 0.064 8 |
| | 正南 | 2 003 | 0.209 7 | 0.787 4 |
| | 西南 | 262 | 0.027 4 | 0.038 7 |
| | 正西 | 394 | 0.041 2 | 0.060 5 |
| | 西北 | 1 706 | 0.178 6 | 0.653 8 |
| 坡度 | [0°, 9°) | 114 | 0.011 9 | 0.026 4 |
| | [9°, 20°) | 3 021 | 0.316 2 | 0.694 7 |
| | [20°, 29°) | 4 354 | 0.455 8 | 1 |
| | [29°, 39°) | 1 903 | 0.199 2 | 0.437 2 |
| | [39°, 79°] | 156 | 0.016 3 | 0.036 8 |
| 距断层距离 | [0 m, 564 m) | 1 218 | 0.127 5 | 0.024 7 |
| | [564 m, 1 185 m) | 2 748 | 0.287 7 | 1 |
| | [1 185 m, 1 850 m) | 2 636 | 0.275 9 | 0.929 4 |
| | [1 850 m, 2 558 m) | 1 770 | 0.185 3 | 0.376 5 |
| | [2 558 m, 3 685 m] | 1 181 | 0.123 6 | 0 |
| 工程岩组 | 硬岩 | 387 | 0.040 5 | 0.078 2 |
| | 软岩 | 4 949 | 0.518 1 | 1 |
| | 软硬相间岩 | 4 116 | 0.430 9 | 0.832 5 |
| 斜坡结构 | 飘倾坡 | 237 | 0.024 8 | 0.091 6 |
| | 伏倾坡 | 2 597 | 0.271 9 | 1 |
| | 顺斜坡 | 2 071 | 0.216 8 | 0.797 4 |
| | 横向坡 | 1 945 | 0.203 6 | 0.749 3 |
| | 逆斜坡 | 1 351 | 0.141 4 | 0.520 6 |
| | 逆向坡 | 1 273 | 0.133 2 | 0.490 8 |

| 评价因子 | 分级指标 | 滑坡栅格数 | 量化 | 归一化指数 |
|---|---|---|---|---|
| 距水系距离 | [318 m，936 m) | 2 696 | 0.282 2 | 0.424 7 |
| | [936 m，1 356 m) | 6 364 | 0.666 2 | 1 |
| | [1 356 m，1 826 m) | 330 | 0.034 5 | 0.052 8 |
| | [1 826 m，2 419 m) | 163 | 0.017 1 | 0.026 3 |
| | [2 419 m，3 470 m) | 0 | 0 | 0 |
| 降水量 | [1 032 mm，1 044 mm) | 4 739 | 0.496 1 | 1 |
| | [1 044 mm，1 054 mm) | 2 341 | 0.245 1 | 0.487 1 |
| | [1 054 mm，1 067 mm) | 62 | 0.006 4 | 0 |
| | [1 067 mm，1 081 mm) | 1 491 | 0.156 1 | 0.306 |
| | [1 081 mm，1 091 mm] | 920 | 0.096 3 | 0.183 7 |
| 归一化植被指数 | [0，40) | 1 279 | 0.133 9 | 0.279 8 |
| | [40，93) | 4 288 | 0.448 9 | 1 |
| | [93，135) | 2 978 | 0.311 7 | 0.686 2 |
| | [135，181) | 895 | 0.093 7 | 0.187 4 |
| | [181，255] | 113 | 0.011 8 | 0 |

　　根据层次分析模型对滑坡易发性评价的计算公式,输入 9 个滑坡易发性评价因子,对研究区域的每一个栅格单元统计分析其受各个评价因子和其权重乘积的累计值,得到连续的影响值,值越接近 1,发生滑坡的概率越大,越接近 0,区域越稳定。根据自然断点法,将滑坡易发性划分为五级:极低易发区[0.026 9,0.249 1)、低易发区[0.249 1,0.426 2)、中易发区[0.426 2,0.588 2)、高易发区[0.588 2,0.750 1)、极高易发区[0.750 1,0.987 5]。

　　滑坡极高易发区集中分布在长江干流两侧和右上角区域,并且易发性等级由长江向两岸呈递减趋势,研究区域左下角有大片的稳定区域。层次分析模型是利用已经发生滑坡的数量的实际情况,量化归一化各个滑坡易发性评价因子,同时各因子重要性也是由区域内因子与滑坡的关系确定。所以,层次分析模型的结果与历史滑坡分布和评价因子的等级范围密切相关。滑坡各易发性等级的栅格数量比较均衡,其中极低易发区和低易发区中都无滑坡单元,危险度为 0,对实际滑坡预警有重大意义,滑坡单元都集中分布在高易发区和极高易发区,超过研究区域滑坡栅格数的 95%,符合实际情况,如表 3.22 所示。基于层次分析模型的区域划分表明,高易发区和极高易发区范围较大,对于精确判断具体区域的滑坡预警需要进一步研究。

表 3.22 层次分析模型不同易发性等级的栅格数

| 易发性等级 | 栅格数 | 实际滑坡栅格数 |
|---|---|---|
| 极低易发区 | 27 645 | 0 |
| 低易发区 | 21 317 | 0 |
| 中易发区 | 22 826 | 266 |
| 高易发区 | 23 108 | 2 516 |
| 极高易发区 | 27 123 | 6 626 |

### 3.1.3.3 加权信息量模型

对比分析信息量模型与层次分析模型的优缺点,即信息量模型中每个滑坡易发性评价因子都是等权重,仅做信息量的累加;而层次分析模型虽然给每个滑坡易发性评价因子赋予不同权重,但因子影响值仅利用各因子等级中滑坡数量的归一化值计算。加权信息量模型综合了信息量模型和层次分析模型的优点,加权信息量模型就是在各因子各等级提供不同信息量的基础上,赋予每个滑坡易发性评价因子不同权重,使因子有强势因子与弱势因子之分。加权信息量利用式(3.10)计算研究区域每个栅格的信息量的总和,即

$$I = \sum_{i=1}^{n} w_i I_i = \sum_{i=1}^{n} \left( w_i \cdot \ln \frac{N_i/N}{S_i/S} \right) \tag{3.10}$$

式中,$I$ 为评价区某单元的信息量;$w_i$ 为第 $i$ 个因子的权重值;$I_i$ 为第 $i$ 个因子特定类别提供的信息量;$N_i$ 为包含第 $i$ 个因子特定类别的滑坡个数;$S_i$ 为第 $i$ 个因子特定类别所占单元的面积;$N$ 为评价区滑坡的总个数;$S$ 为评价区的总面积。

利用空间分析功能和加权信息量模型,首先将各类因子的加权信息量叠加计算滑坡易发性指数,再根据自然断点法,将连续的滑坡易发性指数划分为五级:极低易发区[−3.070 1,−1.895 6)、低易发区[−1.895 6,−1.126 6)、中易发区[−1.126 6,−0.459 3)、高易发区[−0.459 3,0.106 6)、极高易发区[0.106 6,0.628 8]。

相较于信息量模型,加权信息量模型的结果更加平滑,研究区域整体的易发性趋势更加简明;相较于层次分析模型,研究区域左下角的易发性不同,该区域地势高,降水量大,坡度陡,在实际情况中是孕育滑坡灾害的。相较于两种基础传统模型,加权信息量模型在研究区域的中易发区和低易发区面积显然增大,整体易发性趋势依旧是长江干流向两岸减少。极高易发区和高易发区占研究区域面积的50%以上,有 8 328 个滑坡栅格落入极高易发区,1 010 个滑坡栅格落入高易发区,少量的滑坡单元分布于其他易发性等级,基本符合实际情况,如表 3.23 所示。但基于加权信息量模型对于高易发性等级面积的划分过大,导致其计算的易发性大,也会增大对实际预测的干扰。

表 3.23　加权信息量模型不同易发性等级的栅格数

| 易发性等级 | 栅格数 | 实际滑坡栅格数 |
|---|---|---|
| 极低易发区 | 11 398 | 0 |
| 低易发区 | 11 050 | 1 |
| 中易发区 | 33 429 | 69 |
| 高易发区 | 32 551 | 1 010 |
| 极高易发区 | 33 591 | 8 328 |

### 3.1.4　模型精度分析

　　受试者工作特征（receiver operator character，ROC）曲线最早是由二战中的电子工程师和雷达工程师发明出来用于侦察战场上敌军载具的信号检测方法，ROC 曲线评价的二分类模型预测结果有四种情况：真阳性（true positive，TP）、伪阳性（false positive，FP）、真阴性（true negative，TN）、伪阴性（false negative，FN）（Hanley et al.,1982；李勇 等,2014），如表 3.24 所示。为了更好地对数据进行分析,定义了真阳性率（true positive rate，TPR）、伪阳性率（false positive rate，FPR）和真阴性率（true negative rate，TNR）。其中,TPR 又称为灵敏度,表示在实际为阳性的样本中,被正确识别为阳性的比率,即 TP/(TP+FN)；FPR 又称为错分率,表示在所有实际为阴性的样本中,被错误地识别为阳性的比率,即 FP/(FP+TN)；TNR 又称为特异性,表示在所有实际为阴性的样本中,被正确地识别为阴性的比率,即 TN/(FP+TN)。

表 3.24　二分类模型预测结果

| 实际 | 预测 | | 合计 |
|---|---|---|---|
| | 阳性（P） | 阴性（N） | |
| 阳性（P） | 真阳性（TP） | 伪阴性（FN） | 实际阳性（TP+FN） |
| 阴性（N） | 伪阳性（FP） | 真阴性（TN） | 实际阴性（FP+TN） |
| 合计 | 预测阳性（TP+FP） | 预测阴性（FN+TN） | TP+FP+FN+TN |

　　对于一个二分类模型,只需要给定一个阈值,就能够根据样本的真实值和预测值,计算出每一个样本对应表 3.24 中的类别。当降低这个阈值时,一方面固然可以识别出更多的阳性样本,提高真阳性率,但是另一方面也会使得更多的阴性样本被识别成了阳性,即提高了错分率。为了更加形象化地表达这个变化,对同一个二分类模型的每个阈值,计算出以错分率（1-特异性）为横轴,灵敏度为纵轴的坐标空间中的坐标,就形成一条以（0，0）坐标为起点、（1，1）坐标为终点的曲线,即为模型的 ROC 曲线（Chung et al.,2003）。在 ROC 曲线中,离左上角越近的点预测的准确性越高。ROC 曲线下面积（area under the curve of ROC，AUC）的值代表模

型的精度,是对模型进行优劣评价的指标(Poudyal et al.,2010),AUC 值与其对应的模型精度情况如表 3.25 所示。

表 3.25 ROC 曲线精度分级

| AUC 值 | 精度情况 |
| --- | --- |
| 小于 0.5 | 不符合实际情况 |
| 等于 0.5 | 模型无作用 |
| 大于 0.5 且小于或等于 0.7 | 准确率较低 |
| 大于 0.7 且小于或等于 0.9 | 具有一定准确性 |
| 大于 0.9 | 准确率较高 |

采用 ROC 曲线对基于信息量模型、层次分析模型和加权信息量模型的滑坡易发性评价精度进行定量评估,如图 3.1 所示。信息量模型的 AUC 值为 0.778,层次分析模型的 AUC 值为 0.766,加权信息量模型的 AUC 值为 0.867。由此可知,加权信息量模型较信息量模型和层次分析模型有更高的精确度。

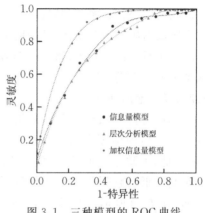

图 3.1 三种模型的 ROC 曲线

## 3.2 基于粗糙集和反向传播神经网络算法的滑坡易发性评价

### 3.2.1 研究区域概况

三峡库区首区秭归至巴东段长江干流及主要支流岸坡为我国地质灾害防治工作的重点区域。以下介绍研究区域的地理概况、地形地貌、基础地质、水文气象、人类工程活动等(地质矿产部编写组,1988)。

#### 3.2.1.1 地理概况

三峡库区位于长江上游段,西邻青藏高原高山峡谷区,东临长江中下游平原丘陵区,自西向东跨越我国地貌上的第二和第三阶梯。辖区内江南属武陵山区,江北跨秦巴山区。研究区域位于三峡库区首区秭归至巴东段长江干流及主要支流岸坡,东接湖北宜昌,南与湖北鹤峰、五峰县交界,西临重庆市巫山县,北倚神农架林区、兴山县,地理坐标为东经 $110°00'\sim110°18'$,北纬 $30°47'\sim31°05'$。长江大致以北西西—南东东向横贯研究区域。

研究区域内交通便利,黄金水道沟通川汉宁沪,素有"川鄂咽喉,鄂西门户"之称。尤其在三峡水库蓄水后,水路交通极为方便。区域内公路交通也比较便利,秭归境内以宜归公路、移民复建的秭兴公路、风茅公路、沿江公路为干线,乡镇及村级公路为支脉,基本形成了村村通公路的交通网。沿长江两岸集镇较多,自下游向上游依次是秭归县的茅坪镇、屈原镇、郭家坝镇、归州镇、水田坝乡、沙镇溪镇和泄滩乡。

研究区域内经济以农林业为第一主导产业,农林资源丰富,适宜农林牧副多种经营,具有较好的开发优势。农作物以玉米、薯类居多。农特资源丰富多样,盛产柑橘、茶叶、烤烟、板栗、魔芋和脐橙。

研究区域内矿产资源丰富,已探明的矿产资源有煤、铁、石灰石、方解石、冰洲石、大理石、玉石、石膏、石墨、磷、钾、硅等。水力资源丰富,长江横贯县境,各支流溪河水系水电开发潜力巨大。

### 3.2.1.2 地形地貌

三峡库区首区秭归至巴东段是川东褶皱与鄂西山地会合带,为中低山和侵蚀峡谷地貌。境内山脉为大巴山、巫山余脉,地形起伏,层峦叠嶂。整个地势四面高、中间低,大致呈盆地地形,盆地边缘整体为西南高、东北低。沿江两岸地势总体上东高西低,链子崖—香溪河河口段地势高,香溪—官渡口段地形低。远离长江往南、北方向地形总体变高,形成以秭归盆地为中心向周围增高的地形地貌。

大坝岩体区低山丘陵宽谷缓坡地貌,从大坝(三斗坪)到庙河,长度为 16 km。长江以南南东向横穿黄陵背斜核部,沿江山势低缓,河谷开阔。山体主要由花岗岩、闪长岩类岩石组成,易风化剥蚀、侵蚀,形成剥蚀、侵蚀低山丘陵地形。此段水系形态弯曲复杂,切割密度大,但水系长度和切割深度小。

西陵峡西段低山陡坡峡谷地貌,从庙河到香溪河河口,长度为 15 km,位于黄陵背斜西翼,山体物质组成为碳酸盐岩,局部为碎屑岩和硅质岩,地层向西单斜,长江大致以东南向横切。地貌可进一步分为两峡谷夹一宽谷。其中,两峡谷是牛肝马肺峡和兵书宝剑峡,峡谷段两岸斜坡陡峻,河谷切割较深,临江山势较高,长江江面窄,长江近东西向横切岩层。宽谷段位于新滩附近,地势开阔而低缓,物质组成为碎屑岩。此段水系不发育,除长江以外较大支流有龙马溪和九畹溪,河谷切割较深。

秭归盆地低山宽谷缓坡段,从香溪到巴东,长度为 48 km,为西陵峡与巫峡过渡段。长江近东西向横切砂岩、粉砂岩和泥岩地层,形成侵蚀、剥蚀低山地貌。长江河谷开阔,段内支流发育,较大的支流有香溪河、童庄河、青干河、归州河等。河流主要受构造迹线(褶皱)和地层走向控制,沿褶皱转换部位或核部发育,走向与褶皱轴线一致。

### 3.2.1.3　基础地质

#### 1. 地层岩性

研究区域内地层发育较完整,除缺失泥盆系下统、石炭系上统、石炭系下统和白垩系的大部分及第三系外,自前震旦系至第四系皆有出露,总体上自东向西渐新展布。岩浆岩、变质岩和沉积岩均有出露,岩石类型主要包括片麻岩、片岩、石英岩、白云岩、石灰岩、泥灰岩、砂岩、页岩、泥岩和黏土岩。其中沉积岩出露范围最大,长江干流从庙河到巴东,均为沉积岩覆盖,岩浆岩和变质岩出露面积较小,仅分布于黄陵背斜核部、三斗坪至庙河段。区域内最老地层为崆岭群变质岩,主要岩石类型为片岩、片麻岩、大理岩和混合岩,分布于黄陵背斜核部;其次是侵入岩,岩石类型主要为石英闪长岩,也分布于黄陵背斜核部,与崆岭群变质岩一起组成黄陵背斜核部,三峡大坝坝基坐落其上;震旦系至下三叠统,岩石类型主要为灰岩、白云岩、硅质岩,部分组、段为砂岩、粉砂岩,分布于黄陵背斜西翼,庙河到香溪河河口段;三叠系中统至侏罗系地层,分布于香溪至巴东段,岩石类型主要为砂岩、页岩、泥岩、灰岩和泥灰岩,为秭归盆地(秭归向斜)的物质组成,也是研究区域滑坡灾害发育的主要组成物质。

岩土工程性质是滑坡灾害成因的重要控制因素。因此,根据研究区域内的地层岩性特征,工程岩组可以分为软岩、硬岩和软硬相间岩。软岩主要是侏罗系和志留系地层,岩石类型主要为砂岩、粉砂岩、页岩和煤层。软硬相间岩以巴东组地层为典型,还包括二叠系吴家坪组和栖霞组地层,岩石类型主要为泥灰岩、粉砂岩、页岩互层。硬岩及硬岩为主的地层包括下三叠统、泥盆系和石炭系地层,岩石类型主要为灰岩和白云岩(陶景良,1994)。

#### 2. 地质构造

研究区域处于扬子准地台的中西部,主要涉及四川台坳、上扬子台褶带、大巴山台缘褶皱带等二级构造单元,跨越新华夏第三隆起带中段(川鄂褶皱带)和第三沉降带东段(四川盆地弧形褶皱带)。其北受大巴山弧形褶皱带的制约,库区首段东南侧与长阳东西向构造带相邻,库尾区南侧有川黔南北向构造带插入。总体上看,库区构造的基本特点是:一系列弧形褶皱从西往东由近南北渐转北北东、北东和北东东,最后以近东西向与属淮阳山字形构造的近南北向秭归向斜相交接,褶皱是区域内主要构造形式,主要包含黄陵背斜和秭归向斜(地质矿产部编写组,1988)。

### 3.2.1.4　水文气象

研究区域内河流水系发育,溪流网布。长江自西向东贯穿秭归全境,由巴东县破巫峡入境,于茅坪河口出境,流经秭归境内流长 64 km,流量丰沛。众多小溪汇成沿渡河、东壤河、青干河、童庄河、九畹溪、茅坪河、龙马溪、香溪河、吒溪河和泄滩河,注入长江。

研究区域内地下水补给主要来源为大气降水,按照成因和赋存形式可以分为三类:松散岩土孔隙水、碎屑岩裂隙水和碳酸盐岩岩溶水。松散岩土孔隙水赋存于第四系松散堆积层中,分布于斜坡松散岩土覆盖层中,主要依靠大气降水、基岩裂隙水和长江水体补给,受季节变化影响较大,地下水位动态不稳定,是区域内滑坡易发性主要控制因素之一;碎屑岩裂隙水赋存于碎屑岩的构造裂隙和风化裂隙中,分布于秭归盆地三叠系和侏罗系地层;碳酸盐岩岩溶水主要赋存于碳酸盐岩溶洞中,富水性较好,地下水受季节影响动态变化较大。

据秭归气象站资料,研究区属北亚热带大陆季风型气候,四季分明,雨量充沛,光照充足,因受秦岭与鄂西山地屏护,气候比较温和。同时由于受地势和海拔高差影响,气候类型垂直变化明显(张先进 等,2003)。

### 3.2.1.5　人类工程活动

研究区域为山区贫困县,工农业经济较落后,以农林业为主。区内耕地广泛分布,主要为旱地,多种植柑橘。人类工程活动集中分布在高程 500 m 以下长江及其支流河谷。高山区经济林较少,主要为用材林。农林经济活动表现为土地利用结构简单、农业结构单一和人地矛盾突出。境内多为较陡的坡地,人为垦殖和伐林等对土地生态破坏较大。近年来,随着经济发展、移民建设、人口增加、城镇建设以及交通、通信等基础设施的建设,人类工程活动的规模和强度不断扩大,对自然环境的改造力度日趋剧烈,人类工程活动已经成为研究区域乃至整个三峡库区地质灾害的重要诱发因素之一。

1. 移民迁建

研究区域缺少较为平坦的建筑场地,因此,移民迁建所需建筑场地多以削坡、扩基、填土而得,对斜坡天然状态改变较大,给斜坡稳定带来不利影响。在三峡库区移民迁建过程中,斜坡形态与结构的改变使斜坡内的天然应力状态发生变化,成为地质灾害的诱发因素之一。

2. 水库建设

水库建设是三峡库区人类工程活动的重要形式。三峡水库修建后,沿江大部分地势平缓的耕地和居民区被淹没,此外,库水位波动周期性对岸坡附近岩土体(尤其是已存在的滑坡)产生不利影响,在今后一段时期库岸再造现象严重,为地质灾害的发生提供了有利条件。

3. 公路建设

研究区域原有公路主要分布于沿江 175 m 高程以下,三峡工程的建成致使这些公路全部被淹没。大规模的公路复建过程中,产生大量高切坡并导致斜坡失稳,严重威胁人民生命财产安全。

4. 矿山开采

矿山开采破坏了地下岩土体结构及其应力分布状态,可诱发地面塌陷、地裂缝、崩塌、滑坡和泥石流等地质灾害,如著名的链子崖危岩体变形就与其下部的煤矿采矿有关。

5. 毁林开荒

水库蓄水导致大量耕地被淹没,加上就地后靠的移民方式导致短时期内大规模的毁林开荒,破坏了植被环境,使得岩土体裸露,加剧了地表岩体风化和地表水入渗。

## 3.2.2　滑坡灾害

三峡库区山势险峻,地质构造复杂,地质灾害数量多、分布广、危害大、成因复杂,主要包括滑坡、崩塌、泥石流、不稳定斜坡、高切坡、塌岸、岩溶塌陷等七种地质灾害。滑坡灾害集中分布于新滩附近、童庄河、归州河、青干河、树坪至范家坪长江右岸以及巴东附近。其中,庙河至聚集坊、归州附近、泄滩附近、牛口附近为滑坡较发育区,大坝至庙河、牛肝马肺峡、兵书宝剑峡、香溪至归州段、楚王井至青干河河口、泄滩老镇至牛口、店子河至巴东旧城为滑坡少发育区或不发育区。

根据收集到的研究区域滑坡编录数据,共提取出275个滑坡,属性信息包括滑坡名称、面积、体积、前缘高程、后缘高程、滑坡物质组成、滑坡稳定性现状及发展趋势等。依据滑坡物质组成和体积对滑坡规模进行分类的依据见表3.26。统计发现,滑坡规模从小型、中型、大型到特大型、巨型在研究区域均有发育;按照物质组成分类,研究区域共有172个土质滑坡和103个岩质滑坡,滑坡规模分布情况见图3.2。其中,中型、大型滑坡数量居多,分别占滑坡总数的41.8%和39.6%;土质滑坡平均面积约为$12\times10^4$ m²,最大面积为$102\times10^4$ m²;岩质滑坡平均面积约为$20\times10^4$ m²,既存在1 000 m² 左右的小型滑坡,又有面积达$220\times10^4$ m² 的大型滑坡,面积变化较大。

表 3.26　滑坡分类依据

| 划分依据 | 名称类别 | 特征说明 |
|---|---|---|
| 物质组成 | 土质滑坡 | 由坡积、洪积、崩滑堆积等形成的块碎石堆积体,沿下伏基岩或体内滑动 |
| | 岩质滑坡 | 软弱岩层组合成的滑坡,或沿同类基岩面,或沿不同岩层接触面及较完整的基岩面滑动 |
| 滑坡体积 /m³ | 小型滑坡 | $\leqslant10\times10^4$ |
| | 中型滑坡 | $10\times10^4\leqslant V\leqslant100\times10^4$ |
| | 大型滑坡 | $100\times10^4<V\leqslant1\,000\times10^4$ |
| | 特大型滑坡 | $1\,000\times10^4<V\leqslant10\,000\times10^4$ |
| | 巨型滑坡 | $>10\,000\times10^4$ |

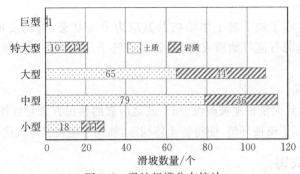

图 3.2　滑坡规模分布统计

## 3.2.3　多源数据融合

### 3.2.3.1　数据资料来源

滑坡数据资料的收集、整理和有效管理是滑坡易发性评价的基础。数据资料来源于笔者所在课题组研究人员历时多年的资料收集、遥感解译、野外调查,以及室内清绘和整理等工作成果。数据源概括为三类:基础地形和地质数据、遥感影像和滑坡编录数据。

1. 基础地形和地质数据

三峡库区地质灾害防治工作指挥部提供的 29 幅 1:1 万基础数字地形图,于2006 年通过航空摄影测量生成。这些地形图以数字线划图(digital line graphic,DLG)形式提供,包含等高线、水系、居民地、交通和土地覆盖等基础地理要素,主要用于提取地形、地貌、公路和水文特征信息。湖北地质矿产勘查开发局于1995 年编制的 1:5 万基础地质图是研究区域当前最大比例尺地质图,包含地层界限、岩性、断层、褶皱、产状等信息。此外,还收集了由湖北省地质矿产局 1987 年编制的 1:20 万基础地质图。这些地质图经扫描、校正、拼接、矢量化、裁剪等处理后,用于提取断层、斜坡结构和工程岩组等地质信息。如表 3.27 所示。

表 3.27　基础地形和地质图

| 类型 | 图幅 | 比例尺 | 编制年份 | 资料来源 |
|---|---|---|---|---|
| 地形图 | 覆盖研究区域 | 1:1 万 | 2006 | 三峡库区地质灾害防治工作指挥部 |
| 地质图 | 新滩西幅、巴东幅、泄滩幅、秭归幅 | 1:5 万 | 1995 | 湖北地质矿产勘查开发局 |
| | 巴东幅 | 1:20 万 | 1987 | 湖北省地质矿产局 |

2. 遥感影像

遥感数据主要包括从美国马里兰大学网站上免费下载的中分辨率 Landsat-7ETM+卫星影像 1 景(2000 年 5 月 14 日,轨道号为 125/39)和从中国资源卫星应用中心下载的 HJ-1A 卫星影像 1 景(2011 年 4 月 13 日,轨道号为 7/76,影像参数如表 3.28 所示),用于提取土地利用、植被指数等地表覆盖信息。

表 3.28　HJ-1A 卫星影像参数

| 有效载荷 | 波段 | 光谱范围 /$\mu$m | 空间分辨率 /m | 幅宽 /km | 重访时间 /d | 数据传输率 /(Mbit/s) |
|---|---|---|---|---|---|---|
| CCD 相机 | 1 | 0.43~0.52 | 30 | 360(单台) 700(双台) | 4 | 120 |
| | 2 | 0.52~0.60 | 30 | | | |
| | 3 | 0.63~0.69 | 30 | | | |
| | 4 | 0.76~0.90 | 30 | | | |

3. 滑坡编录数据

三峡库区地质灾害防治工作指挥部通过对研究区域历史滑坡存档资料、野外调查资料、卫星影像和航空影像解译获得滑坡灾害分布图,主要描述历史滑坡灾害的空间分布、滑坡类型、活动性、几何结构特征及危害对象等基本信息,并将这些历史滑坡数据作为滑坡易发性智能评价的决策属性。

#### 3.2.3.2　数据融合

多源空间数据预处理和融合是提取滑坡易发性评价因子的基础和前提。数据多源性体现在:除地形、地质数据和卫星遥感影像,还有历史滑坡存档资料、野外调查资料及部分航空影像。空间数据类型包括矢量和栅格两种,且多源数据的类型、结构、坐标系统、投影方式和比例尺(或分辨率)各不相同,因此,数据融合是关键。滑坡多源空间数据的融合流程主要包括:①统一坐标系和地图投影方式,对数据进行校正和配准;②将所有矢量数据转换成栅格数据;③通过栅格重采样,将所有栅格单元统一为 28.5 m×28.5 m;④科学合理地选择相关数据,进行专题图层叠加,对滑坡信息进行提取和分析。融合流程如图 3.3 所示。

### 3.2.4　粗糙集和反向传播神经网络

#### 3.2.4.1　粗糙集

将滑坡孕灾环境和诱发因子作为条件属性,滑坡样本作为决策属性(0 表示非滑坡或者不易发,1 表示滑坡或者易发),组成初始决策表,并采用粗糙集模型对初始决策表进行约简,得到核心评价因子,构成滑坡易发性指标体系。粗糙集(rough sets, RS)理论是由波兰数学家 Pawlak 等提出并给出详细定义的一种能够定量分析处理不精确、不一致、不完整信息与知识的数学工具(Pawlak, 1982, 1991, 1997; Pawlak et al.,1994)。在粗糙集理论中,一个知识表达系统 $S$ 可定义为

$$S = \{U,R,V,f\} \tag{3.11}$$

式中,$U=\{x_1,x_2,\cdots,x_n\}$ 为全体样本集合;$R=C \bigcup D$ 为属性集合,条件属性集 $C$ 反映对象特征,决策属性集 $D$ 反映对象类别;$V=U_{r\in R}V_r$ 为数值集合,表示属性 $r$

的取值范围；$f = U \times R \rightarrow V$ 函数，用于确定 $U$ 中每个对象的属性值，即 $\forall x_i \in U$，$r \in R$，则 $f(x_i, r) = V_r$。

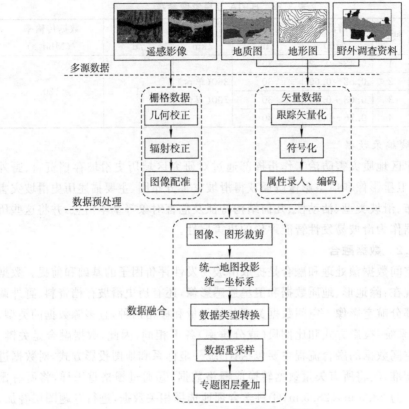

图 3.3　多源空间数据融合流程

条件属性 $C$ 对决策属性 $D$ 的支持度

$$k = \gamma_{C(D)} = \frac{POS_C(D)}{|U|} \tag{3.12}$$

式中，$POS_C(D)$ 表示 $D$ 的 $C$ 正域，指根据知识能完全确定 $U$ 中归入集合 $D$ 的元素集合；$\gamma_{C(D)}$ 表示属性 $C$ 条件下能够确切划入决策类 $U|D$ 的对象比率，描述条件属性对决策属性的支持程度。

决策表中不可缺少的属性称为核属性，通过去掉这些属性后，决策表中分类能力的变化来区分属性的重要性，利用两者依赖程度的差衡量由属性集 $D$ 导出的分类属性子集 $B' \subseteq B$ 的重要性，即

$$\Delta k = r_B(D) - r_{B-B'}(D) \tag{3.13}$$

式中，$\Delta k$ 表示从集合 $B$ 中去掉某些属性子集 $B'$ 后，分类 $U|D$ 正域的受影响程度。$\Delta k$ 越大，属性越重要，$\Delta k$ 为 0，则为冗余属性。

### 3.2.4.2　反向传播神经网络

滑坡灾害的孕育是一个时间和空间尺度上线性与非线性、均变与突变、确定性与非确定性、规则与随机共存的过程。人工神经网络（artificial neural network，ANN）属于非线性动态系统，适用于处理知识背景不清楚、推理规则不明确、复杂、模糊、随机的信息识别问题，能为客观反映滑坡灾害易发性程度提供一条有效途径。其中反向传播神经网络（back propagation neural network，BPNN）算法能对网络中各层的权系数进行修正，适用于多层网络学习。

顾及神经网络拓扑结构稳定性和精度，建立优化的反向传播神经网络结构，定量分析滑坡易发性。误差逆传播算法适用于多层前馈神经网络，包括输入层、隐含层和输出层，如图 3.4 所示，其中隐含层可以有一个或多个，隐含层不与外界连接，但它们的状态能影响输入层与输出层之间的关系，即改变隐含层的权系数可改变整个神经网络的性能。同一层内神经元之间没有连接，相邻层神经元之间用连接权系数连接，隐含层神经元采用一个单调上升的非线性可连续可微函数，即 S 型函数。

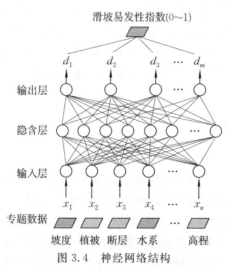

图 3.4　神经网络结构

反向传播神经网络算法的学习过程由正向传播过程和反向传播过程组成，算法流程如图 3.5 所示。在正向传播过程中，输入信息通过输入层经隐含层，逐层处理并传向输出层。如果输出层的实际输出与期望输出不相符，则转入误差的反向传播阶段。误差的反向传播是将输出误差通过隐含层向输入层逐层反传，计算误差梯度作为权值调整的依据。通过调整输入层节点与隐含层节点的联接强度和隐含层节点与输出层节点的联接强度以及阈值，使误差沿梯度方向下降，误差达到所期望值时，网络学习结束。算法采用梯度下降方法，将一组输入输出样本的函数问题转变为一个非线性优化问题。它的信息处理能力来源于简单非线性函数的多次复合，因此具有很强的函数复现能力。

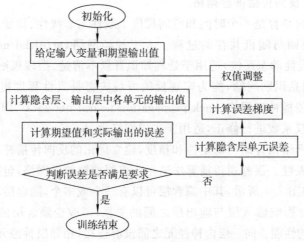

图 3.5　反向传播神经网络算法流程

本实验采用的动态构造方法是按照反向传播神经网络算法的典型结构随机生成相关的网络参数,然后在学习训练过程中,根据网络的输入和训练状态,有针对性地增加新的隐含层和节点,逐渐形成固定的优化结构,即试探性地逐渐增元,增加其他因素指标进入训练和分析,从而避免训练数据过多而使网络陷入过度适应的危险。

## 3.2.5　评价因子约简

### 3.2.5.1　初始因子提取

滑坡的影响因素包括控制因素和影响因素,前者对滑坡发生起控制作用,该类因素在短时期内基本稳定,如地形、地质构造和地层岩性等;后者对滑坡发生起触发作用,这类因素作用会加速滑坡灾害的发生,如降水、地震和人类工程活动等。

根据研究区域的具体特点和前人研究成果,基于滑坡多源空间数据,通过三维地形分析、空间分析、水文分析、遥感影像分类和遥感影像信息提取,获取地形地貌、地质、水文和地表覆被 4 类 22 个滑坡易发性评价因子,并基于自然断点法对所有连续型因子进行分类,如表 3.29 所示。其中,地形地貌因子包括高程、坡度、坡向、地形平面曲率、地形剖面曲率和曲率;基础地质因子包括工程岩组、斜坡结构和距断层距离;水文因子包括距水系距离、流域面积、流域坡度、流域高程、流域坡向、地形湿度指数(topographic wetness index,TWI)、改进归一化差异水体指数(modified normalized difference water index,MNDWI)、归一化差异水体指数(normalized difference water index,NDWI)和穗帽变换湿度指数(tasseled cap transformation wetness index,TCW);地表覆被因子包括土地利用类型、归一化植被指数(NDVI)、穗帽变换绿度指数(tasseled cap transformation greenness index，TCG)和转换植被指数(transformation vegetation index，TVI)。

表 3.29　初始评价因子

| 评价因子 | 分类 |
|---|---|
| 高程/m | <180，[180,380)，[380,580)，[580,780)，≥780 |
| 坡度/(°) | <15，[15,25)，[25,35)，[35,45)，≥45 |
| 坡向 | 正北，西北，正西，西南，正南，东南，正东，东北 |
| 地形平面曲率 | <−1.5，[−1.5,−0.45)，[−0.45,0.25)，[0.25,0.9)，≥0.9 |
| 地形剖面曲率 | <−1.5，[−1.5,−0.6)，[−0.6,0.2)，[0.2,1)，≥1 |
| 曲率 | <17，[17,27)，[27,42)，[42,59)，≥59 |
| 工程岩组 | 软岩，软硬相间岩，硬岩 |
| 斜坡结构 | 飘倾坡，伏倾坡，顺斜坡，横向坡，逆斜坡，逆向坡 |
| 距断层距离/m | <1 280，[1 280,2 713)，[2 713,4 300)，[4 300,6 000)，≥6 000 |
| 距水系距离/m | <600，[600,1 200)，[1 200,2 000)，[2 000,3 000)，≥3 000 |
| 流域面积/km² | <0.28，[0.28,1.3)，[1.3,3.2)，[3.2,6.9)，≥6.9 |
| 流域坡度/rad | <0.3，[0.3,0.45)，[0.45,0.58)，[0.58,0.68)，≥0.68 |
| 流域高程/m | <62，[62,110)，[110,203)，[203,392)，≥392 |
| 流域坡向/rad | <1.3，[1.3,2.5)，[2.5,3.75)，[3.75,5)，≥5 |
| TWI | <8，[8,9)，[9,10)，[10,12)，≥12 |
| MNDWI | <60，[60,128)，[128,185)，[185,230)，≥230 |
| NDWI | <59，[59,107)，[107,153)，[153,201)，≥201 |
| TCW | <34，[34,67)，[67,94)，[94,121)，≥121 |
| 土地利用类型 | 建筑用地，耕地，林地 |
| NDVI | <103，[103,137)，[137,170)，[170,209)，≥209 |
| TCG | <70，[70,116)，[116,159)，[159,207)，≥207 |
| TVI | <124，[124,156)，[156,188)，[188,217)，≥217 |

### 3.2.5.2　核心因子选择

从若干评价因子中确定科学、合理的滑坡评价指标体系，去掉冗余信息，对滑坡易发性评价至关重要，即从条件属性集中发现部分必要条件属性，使得根据这部分条件属性形成的相对于决策属性的分类和所有条件属性所形成的相对于决策属性的分类一致。

格网单元对应栅格数据结构，是常用的基本单元，其将整个研究区域按照预定大小划分为若干正方形单元，作为模型计算的基本单元。格网单元采用矩阵形式组织和管理数据，计算机实现起来十分简单和高效。同时，由于数据被规则划分，进行数据重采样比较容易。所以，结合研究区域地形地质资料的比例尺和遥感影像数据的空间分辨率，将所有评价因子重采样为 28.5 m×28.5 m。

由 22 个滑坡易发性评价因子组成的条件属性和滑坡单元组成的决策属性形成一个二维初始决策表，每行描述一个格网单元，每列对应格网单元的各属性项，该二维表包含 275 758 行和 23 列(1 代表滑坡单元,0 代表非滑坡单元)。从滑坡单元和非滑坡单元中各自随机选取 80% 的格网单元作为训练样本,其余 20% 作为测试样本,保证训练样本和测试样本中滑坡单元与非滑坡单元比例和总样本集合中滑坡单元与非滑坡单元比例一致,使得训练样本能反映总体样本特征,符合滑坡稳定性分析建模要求。

属性约简是在保持知识库分类能力不变的条件下,删除不重要、冗余和干扰的属性,筛选出能反映数据之间本质关系的关键属性。首先利用粗糙集对初始决策表进行知识约简,去掉冗余或者干扰条件属性,得到最小条件属性集和核。根据初始评价因子在核集中出现的次数统计各因子重要性,如表 3.30 所示,依据权重值的排序,去掉 7 个冗余因子(TCW、NDWI、坡向、地形平面曲率、TVI、TCG 和流域面积)。

表 3.30 初始评价因子权重

| 评价因子 | 核集中出现次数 | 权重 |
|---|---|---|
| 坡度 | 2 990 | 6.7 |
| 距水系距离 | 2 771 | 6.2 |
| 流域坡向 | 2 758 | 6.2 |
| 地形剖面曲率 | 2 608 | 5.8 |
| 距断层距离 | 2 573 | 5.8 |
| 流域高程 | 2 515 | 5.6 |
| 土地利用类型 | 2 433 | 5.4 |
| TWI | 2 418 | 5.4 |
| MNDWI | 2 311 | 5.2 |
| 流域坡度 | 2 186 | 4.9 |
| 曲率 | 2 123 | 4.7 |
| NDVI | 2 092 | 4.7 |
| 高程 | 2 005 | 4.5 |
| 斜坡结构 | 1 963 | 4.4 |
| 工程岩组 | 1 962 | 4.4 |
| TCW | 1 692 | 3.8 |
| NDWI | 1 672 | 3.7 |
| 坡向 | 1 530 | 3.4 |
| 地形平面曲率 | 1 443 | 3.2 |
| TVI | 1 379 | 3.1 |
| TCG | 1 347 | 3 |
| 流域面积 | 1 345 | 3 |

为保证评价因子的相对独立性,采用皮尔逊(Pearson)相关系数统计分析其他 15 个影响因子之间的相关程度(表 3.31)。相关系数的计算公式为

$$r(i,j) = 1 - \frac{|\operatorname{cov}(x_i, x_j)|}{\sqrt{\operatorname{var}(x_i) \cdot \operatorname{var}(x_j)}} \qquad (3.14)$$

式中，$\operatorname{var}(x_i)$、$\operatorname{var}(x_j)$ 分别为因子 $i$ 和 $j$ 的方差；$\operatorname{cov}(x_i, x_j)$ 为因子 $i$ 和 $j$ 的协方差；$r(i,j)$ 表示两个因子相关程度，取值区间为 $[-1, 1]$。

$r(i,j)$ 一般有以下几种情况：① 当 $r > 0$ 时，两个因子呈正相关，$r$ 值越大，正相关性越大；当 $r = 1$ 时，为完全正相关。② 当 $r < 0$ 时，两个因子呈负相关，$r$ 值越小，负相关性越大，当 $r = -1$ 时，为完全负相关。③ 当 $r = 0$ 时，两个因子不相关。

表 3.31　各因子皮尔逊相关系数

| 序号 | 1 | 2 | 3 | 4 | 5 | 6 | 7 | 8 | 9 | 10 | 11 | 12 | 13 | 14 |
|---|---|---|---|---|---|---|---|---|---|---|---|---|---|---|
| 2 | 0.20 | 1.00 | | | | | | | | | | | | |
| 3 | 0.08 | 0.00 | 1.00 | | | | | | | | | | | |
| 4 | 0.20 | 0.90 | 0.01 | 1.00 | | | | | | | | | | |
| 5 | 0.09 | 0.02 | −0.01 | 0.02 | 1.00 | | | | | | | | | |
| 6 | 0.13 | 0.01 | −0.01 | 0.01 | 0.12 | 1.00 | | | | | | | | |
| 7 | −0.01 | 0.05 | 0.01 | 0.05 | 0.01 | 0.01 | 1.00 | | | | | | | |
| 8 | 0.15 | 0.66 | 0.14 | 0.66 | −0.00 | 0.01 | 0.04 | 1.00 | | | | | | |
| 9 | −0.12 | 0.08 | 0.16 | 0.09 | −0.02 | −0.03 | −0.05 | 0.36 | 1.00 | | | | | |
| 10 | −0.06 | 0.06 | 0.05 | 0.06 | −0.03 | 0.02 | 0.09 | 0.08 | −0.02 | 1.00 | | | | |
| 11 | −0.22 | −0.29 | 0.16 | −0.29 | −0.02 | −0.03 | −0.05 | −0.14 | 0.65 | −0.05 | 1.00 | | | |
| 12 | 0.37 | 0.27 | −0.03 | 0.27 | 0.02 | 0.04 | −0.02 | 0.25 | −0.02 | −0.04 | −0.17 | 1.00 | | |
| 13 | 0.71 | 0.05 | −0.01 | 0.05 | 0.00 | 0.08 | 0.05 | 0.05 | −0.09 | 0.02 | −0.09 | 0.21 | 1.00 | |
| 14 | 0.20 | 0.17 | −0.01 | 0.17 | 0.00 | 0.01 | 0.05 | 0.05 | 0.00 | 0.04 | −0.08 | 0.29 | 0.14 | 1.00 |
| 15 | 0.43 | 0.30 | −0.00 | 0.31 | 0.00 | 0.06 | 0.01 | 0.31 | 0.04 | 0.05 | −0.13 | 0.85 | 0.29 | 0.32 |

注：1 为高程；2 为坡度；3 为地形剖面曲率；4 为曲率；5 为工程岩组；6 为斜坡结构；7 为距断层距离；8 为流域坡度；9 为流域高程；10 为流域坡向；11 为 TWI；12 为 MNDWI；13 为距水系距离；14 为土地利用类型；15 为 NDVI。

由表 3.30 和表 3.31 可以看出，虽然曲率、MNDWI 和流域坡度的权值较高，分别为 4.7、5.2 和 4.9，但曲率和流域坡度、MNDWI 和 NDVI、流域坡度和坡度的相关系数分别为 0.66、0.85 和 0.66，即曲率、MNDWI 和流域坡度的独立性不强，所以去掉这 3 个因子，得到 12 个核心评价因子，作为滑坡智能预测模型的输入变量。

## 3.2.6　滑坡易发性评价

### 3.2.6.1　评价因子归一化处理

滑坡评价指标的数据类型、取值范围及量纲不一致，会加大 S 型函数的波动性，降低网络训练速度。因此，采用极差标准化方法对连续型评价因子进行归一化处理。针对离散型因子，先根据已知滑坡栅格单元中各因子属性所占比例确定各属性值，再采用极差标准化方法对各属性值进行归一化处理。斜坡结构、工程岩组和土地利用类型的属性归一化结果如表 3.32 所示。极差标准化计算公式为

$$Y' = \frac{Y - Y_{\min}}{Y_{\max} - Y_{\min}} \qquad (3.15)$$

式中，$Y'$ 为极差归一化值，取值范围为 $[-1，1]$；$Y$ 为各因子属性的量化值；$Y_{\max}$ 和 $Y_{\min}$ 为属性值 $Y$ 的最大、最小值。

表 3.32　离散因子属性归一化处理结果

| 评价因子 | 类型 | 滑坡单元 | 量化 | 归一化 |
|---|---|---|---|---|
| 斜坡结构 | 飘倾坡 | 324 | 0.019 9 | 0 |
| | 伏倾坡 | 2 730 | 0.167 7 | 0.401 6 |
| | 顺斜坡 | 2 806 | 0.172 4 | 0.419 0 |
| | 横向坡 | 6 248 | 0.383 8 | 1 |
| | 逆斜坡 | 2 507 | 0.154 0 | 0.368 5 |
| | 逆向坡 | 1 664 | 0.102 2 | 0.226 2 |
| 工程岩组 | 软岩 | 8 323 | 0.507 8 | 1 |
| | 软硬相间岩 | 7 492 | 0.457 1 | 0.892 7 |
| | 硬岩 | 575 | 0.035 1 | 0 |
| 土地利用类型 | 建筑用地 | 1 062 | 0.067 2 | 0 |
| | 耕地 | 5 834 | 0.369 0 | 0.607 7 |
| | 林地 | 8 911 | 0.563 8 | 1 |

### 3.2.6.2　滑坡易发性预测

滑坡易发性分析的分类误差是一个成本问题，即"危险区"与"稳定区"的错分不等价。因此，定义 A 和 B 两类错误，A 类错误指将危险区划分为稳定区，B 类错误指将稳定区划分为危险区，A 错误率＝A 类错误数/滑坡总数，B 错误率＝B 类错误数/非滑坡总数。

反向传播神经网络模型的隐含层数及其节点数的确定是一个相对复杂的问题，隐含层单元的输入和输出是单调上升的非线性函数。隐含层数及其节点数太多，则使得网络学习时间变长；隐含层数及其节点数太少，则降低网络的容错性。因此，采用交叉验证法确定最佳隐含层数及其节点数，即保持输入输出节点数不变，而改变隐含层数及其节点数的方法，对网络进行训练，比较其预测精度，择优选取。

当采用结构为 12×3×1 的初始反向传播神经网络模型、快速训练法、训练函数为变学习动量梯度下降算法、动量参数为 0.9、初始学习率为 0.3、学习率衰减周期为 30、最高学习率为 0.1、最低学习率为 0.01、交叉验证为假、训练周期为 200 时，测试样本的总体精度为 86.46%，A 错误率为 23.20%，总体错误率为 12.90%。

采用训练好的模型对研究区域 275 758 个格网模型单元进行分类，分类结果有两种形式：一种是二值分类结果 0 和 1，0 表示不易发生滑坡的稳定区，1 表示发生滑坡可能性较大的危险区；另一种为滑坡易发性指数，取值范围为 [0,1]，值越大表示发生滑坡的概率越大。为了便于区分滑坡易发程度，利用统计学方法分析滑坡样本与非滑坡样本的分布比例,根据直方图分布特点,采用自然断点法将滑坡易发性指数划分为五级:$[0,0.1)$、$[0.1,0.3)$、$[0.3,0.5)$、$[0.5,0.75)$和$[0.75,1]$,分别对应极低易发区、低易发区、中易发区、高易发区和极高易发区,如图 3.6 所示。

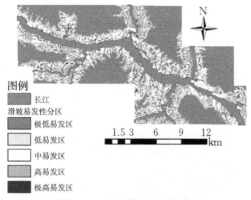

图 3.6　初始模型分析结果

初始模型的整体预测精度较高,但 A 错误率也高,即 23.24% 的已知滑坡单元被预测为非滑坡单元,如表 3.33 所示。因此,对比分析隐含层具有不同节点数的 3 层反向传播神经网络模型预测错误率,结果表明,随着网络复杂度增加,测试样本的总体错误率保持在 11% 左右。当网络结构为 12×60×1 时,对于训练样本,A 错误率为 10.39%,总体错误率为 8.67%;对于测试样本,A 错误率为 12.59%,总体错误率为 10.46%,满足总体错误率较低且 A 错误率较小的隐含层节点选择原则。因此,3 层反向传播神经网络模型网络结构是研究区域滑坡易发性预测的最佳选择。采用训练好的模型对研究区域 275 758 个格网模型单元进行分类,预测结果如图 3.7 所示。

表 3.33　3 层结构模型的预测错误率

| 隐含层节点数 | 训练样本 | | | 测试样本 | | |
|---|---|---|---|---|---|---|
| | A 错误率 /% | B 错误率 /% | 总体错误率 /% | A 错误率 /% | B 错误率 /% | 总体错误率 /% |
| 3 | 23.24 | 12.70 | 16.19 | 23.10 | 12.61 | 16.05 |
| 5 | 15.68 | 14.53 | 14.91 | 16.23 | 14.35 | 14.96 |
| 10 | 17.70 | 10.00 | 12.55 | 17.85 | 10.54 | 12.94 |
| 15 | 12.79 | 10.53 | 11.28 | 13.89 | 11.27 | 12.13 |
| 20 | 13.57 | 9.23 | 10.67 | 14.52 | 10.05 | 11.51 |
| 25 | 13.62 | 9.95 | 11.17 | 15.44 | 10.68 | 12.24 |
| 30 | 13.65 | 8.59 | 10.27 | 15.03 | 9.52 | 11.33 |
| 35 | 12.24 | 8.87 | 9.98 | 13.73 | 10.07 | 11.27 |
| 40 | 11.36 | 8.07 | 9.16 | 13.33 | 9.21 | 10.56 |

续表

| 隐含层节点数 | 训练样本 | | | 测试样本 | | |
|---|---|---|---|---|---|---|
| | A 错误率/% | B 错误率/% | 总体错误率/% | A 错误率/% | B 错误率/% | 总体错误率/% |
| 45 | 10.78 | 8.14 | 9.01 | 12.94 | 9.45 | 10.60 |
| 50 | 12.79 | 8.33 | 9.81 | 14.81 | 9.23 | 11.06 |
| 55 | 11.23 | 8.15 | 9.17 | 13.69 | 9.39 | 10.80 |
| 60 | 10.39 | 7.82 | 8.67 | 12.59 | 9.41 | 10.46 |
| 65 | 13.41 | 7.49 | 9.45 | 15.84 | 8.36 | 10.81 |
| 70 | 11.37 | 10.09 | 10.73 | 13.47 | 10.76 | 11.65 |

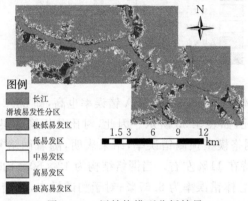

图例
■ 长江
滑坡易发性分区
　极低易发区
　低易发区
　中易发区
　高易发区
　极高易发区

1.5 3　6　9　12 km

图 3.7　3 层结构模型分析结果

对比分析隐含层具有不同节点数的 4 层反向传播神经网络模型预测错误率（表 3.34），发现测试样本的总体错误率保持在 9% 左右，当网络结构为 12×65×26×1 时，对于训练样本，A 错误率为 8.14%，总体错误率为 7.30%；对于测试样本，A 错误率为 9.79%，总体错误率为 8.83%，满足总体错误率较低且 A 错误率较小的隐含层节点选择原则。因此，具有 4 层网络结构是研究区域滑坡易发性预测的最佳选择。采用训练好的模型对研究区域 275 758 个格网模型单元进行分类，预测结果如图 3.8 所示（Wu et al.,2013）。

表 3.34　4 层结构模型的预测错误率

| 第一隐含层节点数 | 第二隐含层节点数 | 训练样本 | | | 测试样本 | | |
|---|---|---|---|---|---|---|---|
| | | A 错误率/% | B 错误率/% | 总体错误率/% | A 错误率/% | B 错误率/% | 总体错误率/% |
| 10 | 4 | 15.06 | 9.63 | 11.43 | 15.54 | 10.33 | 12.04 |
| 15 | 6 | 11.05 | 10.17 | 10.47 | 12.37 | 10.64 | 11.21 |
| 20 | 8 | 9.57 | 8.89 | 9.11 | 10.90 | 9.84 | 10.19 |
| 25 | 10 | 9.89 | 8.05 | 8.66 | 12.32 | 9.38 | 10.35 |

续表

| 第一隐含层节点数 | 第二隐含层节点数 | 训练样本 | | | 测试样本 | | |
|---|---|---|---|---|---|---|---|
| | | A错误率/% | B错误率/% | 总体错误率/% | A错误率/% | B错误率/% | 总体错误率/% |
| 30 | 12 | 9.58 | 7.58 | 8.24 | 11.59 | 9.32 | 10.06 |
| 35 | 14 | 8.38 | 7.49 | 7.79 | 10.76 | 9.08 | 9.64 |
| 40 | 16 | 10.44 | 8.38 | 9.07 | 12.59 | 9.64 | 10.61 |
| 45 | 18 | 10.90 | 6.31 | 7.83 | 14.01 | 7.72 | 9.78 |
| 50 | 20 | 9.30 | 5.98 | 7.09 | 12.00 | 7.98 | 9.31 |
| 55 | 22 | 8.19 | 7.90 | 8.00 | 10.42 | 9.15 | 9.57 |
| 60 | 24 | 9.51 | 6.08 | 7.22 | 12.67 | 7.94 | 9.49 |
| 65 | 26 | 8.14 | 6.90 | 7.30 | 9.79 | 8.35 | 8.83 |
| 70 | 28 | 8.39 | 6.44 | 7.09 | 11.59 | 7.98 | 9.17 |

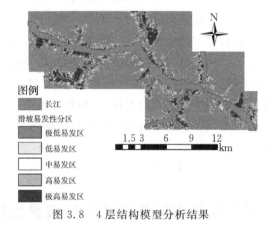

图3.8 4层结构模型分析结果

## 3.2.7 结果分析与验证

通过比较滑坡易发性分区结果与已知滑坡空间分布情况,分析和验证模型预测精度。ROC曲线是评价滑坡评价模型预测能力的一个有效指标,曲线下面积为AUC,能定量衡量模型的准确度,取值范围为[0.5,1],值越大表示曲线下面积越大,面积越大则表示模型预测精度越高,当AUC值为1时,表示一种理想状态,即模型预测结果与滑坡实际空间分布完全一致。结构为 $12\times3\times1$、$12\times60\times1$ 和 $12\times65\times26\times1$ 的三个反向传播神经网络模型的ROC曲线如图3.9所示,三个模型的AUC值分别为0.865、0.908和0.915,对应的预测准确率为86.5%、90.8%和91.5%。

选择研究区域内两个典型滑坡对预测结果进行验证。在滑坡易发性分区图中,秭归县沙镇溪镇千将坪村,地处长江支流青干河左(北)岸,预测结果为极高

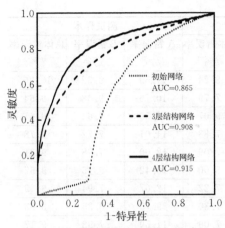

图 3.9　三种网络结构的 ROC 曲线对比

易发区。根据实际滑坡调查资料并结合滑坡数据,该区为滑坡高发区。现场踏勘发现该区发育有千将坪特大滑坡,该滑坡所在岸坡为单面顺向斜坡,平面形态呈舌状,斜坡走向呈北东 40°,前缘高程约为 102 m,后缘高程约为 450 m,平均厚度约为 20 m,面积约为 1.2 km²,体积约为 2 400×10⁴ m³,滑坡地形坡度为 15°～35°,向北东方向绵延较长。2003 年 7 月 13 日凌晨,即在三峡水库初次蓄水至 135 m 后的第 43 天,千将坪村山体突然下滑约 1 500×10⁴ m³,历时 5 min,造成 15 人死亡、9 人失踪、4 家乡镇企业被毁。千将坪滑坡是三峡蓄水以后发生的第一个大型滑坡,其造成的社会影响和经济损失引起了社会各方面极大关注。此外,在滑坡易发性分区图中,位于秭归县龙江区境内长江北岸的区域,预测结果为极高易发区,根据实际野外调查资料和滑坡数据,该区有滑坡灾害发育。根据现场踏勘,该滑坡为新滩滑坡,发育于与两侧古生界岩层走向斜交的堆积层切向斜坡上,历史上发生过多次崩滑变形,属于继发性复活型滑坡。1985 年 6 月 12 日凌晨,新滩滑坡再次复活,滑坡面积约为 0.8 km²,滑坡体积约为 3 000×10⁴ m³,激起涌浪高达 50 m,造成 64 艘木船沉没或损坏,船工死亡 10 人、伤 8 人,中断长江航运 12 d。

## 3.3　基于优化支持向量机的滑坡易发性评价

本节以地震滑坡作为研究对象,选取"4·20"芦山地震震中芦山县为研究区域,通过目视解译芦山震后航空影像,获得滑坡灾害分布信息。结合芦山县的地形地貌、基础地质等数据提取高程、坡度、坡向、斜坡形态、斜坡结构、距断层距离、地层岩性、距水系距离和峰值加速度 9 个滑坡影响因子,计算滑坡因子与滑坡灾害之间的滑坡频率比,分析滑坡因子间的相关性并建立滑坡危险性评价体系。分别利用遗传算法(genetic algorithm, GA)、粒子群优化(particle swarm optimization, PSO)算法与优化支持向量机(support vector machine, SVM)建立 GA-SVM、PSO-SVM 模型,对研究区域进行震后滑坡易发性评价,得到震后滑坡灾害易发性指数图和易发性分区图(Niu et al.,2014)。

### 3.3.1　研究区域概况

研究区域空间数据库的数据资料主要分为三类:基础地形和地质数据、遥感数据和其他补充数据。

（1）基础地形和地质数据：包括 30 m 分辨率的数字高程数据、坡度、坡向、1∶5 万标准分幅地质图以及 1∶25 万标准分幅地质图。

（2）遥感数据：包括震后无人机航空影像数据（0.4、0.6 m 分辨率）、震前 SPOT 卫星影像数据、Landsat TM 和 ETM＋影像数据（30 m 分辨率）。

（3）其他补充数据：包括研究区域行政区划数据、重灾区的行政区划数据、地震的震级及余震数据、美国地质调查局提供的峰值加速度数据、研究区域滑坡遥感解译数据等。

研究区域的数据不仅有传统意义上的文档资料、表格和图件，还包括矢量化的图件数据及高空间分辨率的遥感数据。既有属性数据，也有空间数据，空间数据的格式也不统一，有矢量数据，也有栅格数据。

### 3.3.1.1　地形地貌

芦山县位于青藏高原和四川盆地的过渡地带，是邛崃山脉中南段支脉地带。芦山县形成以高山、中山、低山、河谷、台地为主的多类型地貌，其中以鸡心山、围塔山为界大致划分为三块：大雪峰、鸡心山以北为高山区；围塔山以北，鸡心山以南为中山区，包括六台山、雷光山、断口山一线以北地区和横山岗南延至飞仙峡一带，山势北西高东南低，峡谷较多；低山、河谷区分布在芦山河、宝兴河两侧，多阶地，地势较平坦。境内有大雪峰、龙门洞、天门洞、围塔漏斗、灵鹫山、铜头峡、飞仙峡、金鸡峡、大岩峡等独特的地貌景观。

### 3.3.1.2　基础地质

芦山县地层发育较完整，除寒武系、志留系和石炭系外其余各系均有出露，总体上地层呈北东—南西走向。在北部黄水河、黑水河流域是以黄水河群组为主的变质岩和侵入岩。三叠系至第四系主要出露在芦山县中南部，岩石类型主要为砂岩、泥岩和页岩，易风化软化，是滑坡等地质灾害主要物质基础。芦山县地处四川西部地台边缘凹陷、龙门山前缘构造带南段，区内主要构造形式为三大褶皱、五大断裂。褶皱发育有宝兴复背斜、芦山向斜、罗纯岗背斜。断裂主要是红山顶冲断层、磨房沟冲断层、黄铜尖子冲断层、林盘—杨开—高飞水冲断层、双石—大川冲断层。

### 3.3.1.3　水文气象

芦山县境内河流属长江流域岷江水系，水资源丰富。其中，芦山河发源于县北断头岩。宝兴河由县西北入境穿越思延镇于三江口汇入芦山河，向南流经飞仙关镇，在飞仙关镇南端与天全河汇流后称青衣江。河流附近往往发育大量的地质灾害，主要因为河流侵蚀作用形成临空面，河岸的岩土在水的浸泡作用下，自身重力增大，下滑速度增大。

芦山县属中纬度内陆亚热带湿润气候，四季分明，雨量充沛，冬无严寒、夏无酷暑,气候宜人。降水主要集中在每年 5～9 月,以 7、8 月最多。

#### 3.3.1.4　地震

芦山县位于龙门山地震断裂带,地震活动频繁,是世界上大陆内部最活跃的地震区。在大地构造上,龙门山断裂位于青藏高原东缘,四川盆地西部,为北东—南西向的推覆与滑覆叠合的大型构造带,由一系列压性、压扭性断裂及褶皱组成。

### 3.3.2　滑坡信息提取

#### 3.3.2.1　滑坡遥感解译

随着遥感技术的发展,遥感影像的空间分辨率逐步提高,影像信息量急剧增加,遥感成为滑坡灾害调查的主要手段。滑坡是一种复杂的地质现象,受地形、地层岩性、植被覆盖、降水等多因素影响,仅通过遥感影像的光谱、纹理信息提取滑坡灾害是不可取的。当下滑坡的提取思路是将遥感数据与地形地貌、基础地质等非遥感数据融合后,通过目视解译、模式识别获取。本小节在地理信息技术的辅助下,将震后遥感影像与高程、坡度、斜坡结构、地层岩性信息融合后建立解译标志,获取了研究区域滑坡的空间位置信息,如图 3.10 所示。滑坡解译标志主要从影像的颜色、阴影、形状、大小、位置、纹理、高程、坡度和地层岩性几个方面综合来考虑,具体解译标志为:①滑坡在航空影像上呈灰白色、白色色调,纹理变化较明显;②滑坡体破碎,土质比较疏松,地形起伏不平;③双沟同源,两侧发育冲沟;④滑坡面新鲜、光滑,后壁无植被;⑤滑坡体大多分布在河岸、公路切坡,人类工程活动强烈。经过遥感解译,研究区域共发现 226 处滑坡,总面积约为 1.06 km²,约占研究区域总面积的 0.078%,最小滑坡面积约为 100 m²,最大面积约为 0.089 km²。

#### 3.3.2.2　评价因子

地震滑坡主要受两个因素影响:一是控制因素,指对滑坡发生起控制作用的地形地貌和基础地质等因素,在一定时期内基本稳定,也称为孕灾因素,如岩土类型、地质构造、地形地貌、水文等;二是影响因素,指滑坡受地震、人类工程活动的影响程度,如地震烈度、震源深度、土地利用类型等。本小节在分析研究区域的特点和已有研究成果的基础上,选取 9 个影响因子作为滑坡易发性评价因子,如表 3.35 所示。

表 3.35　滑坡易发性评价因子

| 类别 | 评价因子 |
| --- | --- |
| 地形地貌 | 高程 |
| | 坡度 |
| | 坡向 |
| | 斜坡形态 |

续表

| 类别 | 评价因子 |
|------|----------|
| 水文、地质 | 斜坡结构 |
|  | 距断层距离 |
|  | 地层岩性 |
|  | 距水系距离 |
| 地震 | 峰值加速度 |

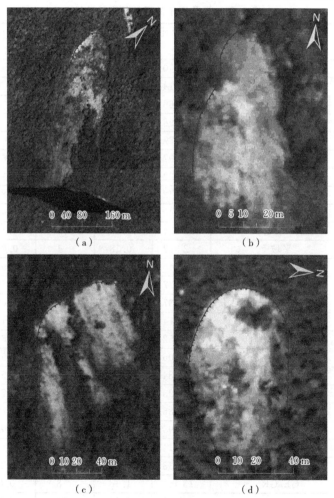

图 3.10　滑坡遥感影像解译图

　　为了直观地反映各个评价因子对滑坡的控制和影响作用,选择滑坡频率比来反映评价因子与滑坡的关系,公式为

$$R_i = \frac{N_i/N}{S_i/S}$$ (3.16)

式中，$N$ 为研究区域内滑坡单元个数；$S$ 为研究区域总单元个数；$N_i$ 为第 $i$ 类别滑坡单元个数；$S_i$ 为第 $i$ 类别总单元个数。当 $R_i$ 值越大时，表示该状态下滑坡易发性越高，滑坡与评价因子之间的相关性越高；当 $R_i$ 值趋于 0 时，滑坡几乎不发生 (Lee et al.,2007)。

通过分析研究区域滑坡与各评价因子之间的相关性，利用自然断点法将连续型因子划分为五类，统计出各评价因子的滑坡频率比，如表 3.36 所示。

表 3.36　评价因子的滑坡频率比统计

| 评价因子 | 类别 | 类别单元/个 | 类别单元占比/% | 滑坡单元/个 | 滑坡单元占比/% | 频率比 |
|---|---|---|---|---|---|---|
| 高程 | [541 m,1 190 m) | 315 840 | 24.10 | 600 | 52.04 | 2.16 |
| | [1 190 m,1 797 m) | 480 914 | 36.69 | 498 | 43.19 | 1.18 |
| | [1 797 m,2 528 m) | 270 166 | 20.61 | 55 | 4.77 | 0.23 |
| | [2 528 m,3 526 m) | 186 198 | 14.21 | 0 | 0 | 0 |
| | [3 526 m,5 279 m] | 57 457 | 4.38 | 0 | 0 | 0 |
| 坡度 | [0°,14.01°) | 225 597 | 17.21 | 77 | 6.68 | 0.39 |
| | [14.01°,24.52°) | 335 622 | 25.61 | 195 | 16.91 | 0.66 |
| | [24.52°,34.07°) | 342 042 | 26.10 | 240 | 20.82 | 0.80 |
| | [34.07°,44.57°) | 282 040 | 21.52 | 340 | 29.49 | 1.37 |
| | [44.57°,81.51°] | 125 274 | 9.56 | 301 | 26.11 | 2.73 |
| 坡向 | 平坡 | 2 372 | 0.18 | 1 | 0.09 | 0.50 |
| | 北向 | 131 940 | 10.07 | 80 | 6.94 | 0.69 |
| | 东北 | 128 177 | 9.78 | 137 | 11.88 | 1.21 |
| | 东向 | 164 937 | 12.59 | 174 | 15.09 | 1.20 |
| | 东南 | 226 714 | 17.30 | 186 | 16.13 | 0.93 |
| | 南向 | 168 552 | 12.86 | 180 | 15.61 | 1.21 |
| | 西南 | 149 706 | 11.42 | 138 | 11.97 | 1.05 |
| | 西向 | 158 684 | 12.11 | 145 | 12.58 | 1.04 |
| | 西北 | 179 493 | 13.70 | 112 | 9.71 | 0.71 |
| 斜坡形态 | V/V | 416 888 | 31.81 | 394 | 34.17 | 1.07 |
| | GE/V | 40 595 | 3.10 | 33 | 2.86 | 0.92 |
| | X/V | 137 114 | 10.46 | 119 | 10.32 | 0.99 |
| | V/GR | 51 533 | 3.93 | 45 | 3.90 | 0.99 |
| | GE/GR | 15 465 | 1.18 | 8 | 0.69 | 0.58 |
| | X/GR | 48 657 | 3.71 | 34 | 2.95 | 0.80 |
| | V/X | 148 526 | 11.33 | 143 | 12.40 | 1.09 |
| | GE/X | 41 862 | 3.19 | 29 | 2.52 | 0.79 |
| | X/X | 409 935 | 31.28 | 348 | 30.18 | 0.96 |

| 评价因子 | 类别 | 类别单元/个 | 类别单元占比/% | 滑坡单元/个 | 滑坡单元占比/% | 频率比 |
|---|---|---|---|---|---|---|
| 斜坡结构 | 飘倾坡 | 22 343 | 1.70 | 16 | 1.39 | 0.82 |
| | 伏倾坡 | 216 733 | 16.54 | 126 | 10.93 | 0.66 |
| | 顺斜坡 | 233 310 | 17.80 | 154 | 13.36 | 0.75 |
| | 横向坡 | 450 626 | 34.38 | 392 | 34.00 | 0.99 |
| | 逆斜坡 | 197 814 | 15.09 | 209 | 18.13 | 1.20 |
| | 逆向坡 | 189 749 | 14.48 | 256 | 22.20 | 1.53 |
| 距断层距离 | [0 m,1 064.54 m) | 469 872 | 35.85 | 136 | 11.80 | 0.33 |
| | [1 064.54 m,2 461.74 m) | 308 107 | 23.51 | 289 | 25.07 | 1.07 |
| | [2 461.74 m,4 025.28 m) | 235 258 | 17.95 | 432 | 37.47 | 2.09 |
| | [4 025.28 m,5 721.89 m) | 198 930 | 15.18 | 212 | 18.39 | 1.21 |
| | [5 721.89 m,8 516.30 m] | 98 408 | 7.51 | 84 | 7.29 | 0.97 |
| 地层岩性 | 0 | 275 306 | 21.01 | 0 | 0 | 0 |
| | 1 | 65 712 | 5.01 | 9 | 0.78 | 0.16 |
| | 2 | 196 023 | 14.96 | 177 | 15.35 | 1.03 |
| | 3 | 163 907 | 12.51 | 219 | 18.99 | 1.52 |
| | 4 | 491 209 | 37.48 | 699 | 60.62 | 1.62 |
| | 5 | 45 499 | 3.47 | 15 | 1.30 | 0.37 |
| | 6 | 72 919 | 5.56 | 34 | 2.95 | 0.53 |
| 距水系距离 | [0 m,513.33 m) | 367 529 | 28.04 | 350 | 30.36 | 1.08 |
| | [513.33 m,1 073.33 m) | 336 972 | 25.71 | 431 | 37.38 | 1.45 |
| | [1 073.33 m,1 664.44 m) | 287 994 | 21.97 | 231 | 20.03 | 0.91 |
| | [1 664.44 m,2 317.77 m) | 217 440 | 16.59 | 85 | 7.37 | 0.44 |
| | [2 317.77 m,3 982.21 m] | 100 640 | 7.68 | 56 | 4.86 | 0.63 |
| 峰值加速度 | [0.01 g,0.15 g) | 318 122 | 24.27 | 0 | 0 | 0 |
| | [0.15 g,0.26 g) | 336 764 | 25.70 | 0 | 0 | 0 |
| | [0.26 g,0.38 g) | 250 098 | 19.08 | 165 | 14.31 | 0.75 |
| | [0.38 g,0.48 g) | 244 427 | 18.65 | 682 | 59.15 | 3.17 |
| | [0.48 g,0.62 g] | 161 164 | 12.30 | 306 | 26.54 | 2.16 |

（1）高程。研究表明高程对斜坡的变形并无直接关系,但对地表水、地下潜水层的分布、地表植被覆盖、降水量和人类工程活动等有一定的影响,而且已有地震观察记录表明,随着高程变化,地震波的振幅和频谱也会变化。高程因子是 30 m 分辨率的 DEM 数据,研究区域高程变化较大。通过分析高程与滑坡的频率比可知,研究区域 95.23% 的滑坡发生在高程 541～1 797 m;随着高程的增大滑坡减少,尤其高程范围在 541～1 190 m 时,滑坡的频率比达 2.16,表明研究区域内滑坡主要分布在高程相对较低的区域。

（2）坡度。坡度反映了研究区域地形的陡峭程度,直接影响地表水径流与冲刷,地下水、松散碎屑物的分布和聚集,以及人类工程活动等。它与土层厚薄、水文条件和岩性特征等诸多环境因素密切相关,从几何特征上决定了滑坡的空间分布。采用 ArcGIS 软件的坡度空间分析功能提取研究区的坡度发现:坡度主要在45°以下,93.32%的滑坡发生在坡度在14°以上区域;坡度频率比随着坡度的增大而变大,尤其在坡度大于35°时,地震滑坡的易发性较大。

(3)坡向。坡向对滑坡的发生也有一定的影响,不同的坡向太阳辐射强度不同,从而影响了植被分布、土壤湿度、地下水分布、岩体风化程度等。另外,研究区域内主断裂方向为东北向或北北东向,这一垂直于应力方向上的岩石受挤压较破碎,因而影响了斜坡的稳定性。利用 ArcGIS 的坡向空间分析功能提取研究区域的坡向,分为平坡、北向、东北、东向、东南、南向、西南、西向、西北 9 个方向,研究区域内坡向分布相对较均匀,东南、南向、东向发生的滑坡较多。

(4)斜坡形态。地形表面曲率是局部地形在各个截面方向上的形态、凹凸变化的反映,在垂直和水平两个方向上的分量分别称为剖面曲率和平面曲率。斜坡形态就是斜坡表面各个截面方向上的形态,可以按照曲率划分为不同形态。根据曲率值大小将平面曲率划分为外向形坡、内向形坡和直平坡,剖面曲率分为凸形坡、凹形坡和直斜坡。斜坡形态是将平面曲率和剖面曲率分类类型组合而成,在 SAGA GIS 软件中用高程数据分别提取平面曲率和剖面曲率,组合成斜坡形态。研究区域斜坡形态和滑坡分布主要为内凹坡(V/V)、外凸坡(X/X)、外凹坡(V/X)和内凸坡(X/V)。

(5)斜坡结构。斜坡结构是斜坡坡度、坡向和地层产状在空间上的组合形式,很大程度上决定了斜坡岩土体变形的方式和强度,对滑坡的分布起重要作用。根据坡度、坡向和下伏地层岩层倾向、倾角这四者在空间上的相互组合,将研究区域的斜坡结构类型具体划分为飘倾坡、伏倾坡、顺斜坡、横向坡、逆斜坡、逆向坡 6 种类型。研究区域斜坡结构和滑坡主要分布在横向坡、逆向坡和逆斜坡中,通过分析滑坡频率比,逆向坡、逆斜坡最容易发生地震滑坡。

(6)距断层距离。断层面两侧的岩土体受到一定程度的破坏,破碎的岩土体为滑坡的发生提供了物质条件,且断层构造与地下水有密切的关系,张性断层带构成良好的地下水通道,压性断层往往形成隔水墙。地震引发的滑坡大多沿断裂构造分布,且随着距断层距离的增加而减少。对断层线做表面距离分析,得到断层缓冲距离图。结果表明:研究区域断层缓冲距离最大值达 8 516.30 m,而滑坡主要分布在距离断层 6 000 m 范围内;当缓冲距离小于 4 000 m 时,滑坡随着距离的增大而增多;当缓冲距离大于 4 000 m 时,滑坡随着距离的增大而减少。

(7)地层岩性。岩土体是滑坡产生的物质基础,岩土体的岩性不同,滑坡的易发程度也不同。花岗岩、石英岩、片岩、灰岩等块状岩石,岩性坚硬,抗剪力强,不易破碎,斜坡不易变形,滑坡很少发育。而软弱的泥岩、砂岩、页岩和第四系堆积物等软岩抗剪力弱,遇水易软化,易风化,斜坡易变性。本节根据研究区域地层岩性特征将地层划分为七类,如表 3.37 所示。研究区域北部以变质岩为主,滑坡不发育;滑坡主要分布在岩性为砂岩、泥岩的碎屑类中。

表 3.37　地层岩性划分

| 类别 | 地层 | 岩性分类 | 岩石类型 |
|---|---|---|---|
| 0 | 康定(岩)群、黄水河群、盐井群、志留系茂群组、泥盆系危关组、二叠系波茨沟组 | 变质岩 | 片岩、大理岩、石英岩 |
| 1 | Ⅱ级阶地冲洪积物、Ⅲ级阶地冲洪积物、Ⅳ级阶地冲洪积物、现代河漫滩冲积物 | 第四系堆积物 | 冲积层、坡积物 |
| 2 | 花岗闪长岩、正长花岗岩、二长花岗岩、英云闪长岩、闪长岩、辉长岩、二叠系大石包组、峨眉山玄武岩组 | 侵入岩 | 花岗岩、闪长岩、玄武岩 |
| 3 | 白垩系灌口组、夹关组 | 碎屑岩Ⅰ | 砾岩、砂砾岩 |
| 4 | 二叠系吴家坪组、梁山组、阳新组、三叠系须家河组、侏罗系沙溪庙组、遂宁组、蓬莱镇组、下第三系名山组、芦山组 | 碎屑岩Ⅱ | 砂岩、粉砂岩、泥岩为主 |
| 5 | 泥盆系养马坝组、沙窝子组、石炭系雪宝顶组+西沟组、二叠系三道桥组、三叠系飞仙关组 | 碎屑岩、碳酸盐岩互层 | 灰岩与砂岩、泥岩互层 |
| 6 | 奥陶系宝塔组、泥盆系观雾山组、三叠系雷口坡组、嘉陵江组 | 碳酸盐岩 | 白云岩、灰岩 |

(8)距水系距离。降水和地下水对滑坡的发育有至关重要的作用。斜坡体呈陡缓不平,降水发生时,高陡斜坡的雨水汇集,径流速度快,降水入渗量少,对斜坡的冲蚀作用强;平缓斜坡的径流速度慢,降水入渗量大,雨水软化斜坡强度的作用明显。地下水也随着降水而上升,斜坡岩土泡水软化,强度降低,滑坡体自身重量增加,下滑力增大,滑动面上的剪应力超过抗剪强度产生塑性变形,形成拉裂缝。另外,河流侧蚀作用使斜坡体下部形成临空面,加速滑坡的发生。利用 ArcGIS 软件对水系线做缓冲距离分析,得到水系缓冲距离图。结果表明:研究区域水系缓冲距离最大值约为 3 982 m,滑坡数随着距水系缓冲距离的增加而减小,其中87.77%的滑坡发生在距水系约 1 664 m 范围内。

(9)峰值加速度。地震是诱发滑坡的重要因素,这主要是由于地震动的往复运动,对斜坡造成的附加力破坏了斜坡的平衡条件从而导致崩滑发生,斜坡附近的地震峰值加速度(peak ground acceleration,PGA)直接反映了地震对斜坡作用力大小的变化(王秀英 等,2010)。因此采用峰值加速度反映地震对滑坡的作用,峰值加速度越大,越容易发生滑坡,85.69%的滑坡频率比大于1(峰值加速度数据从美国地质调查局获得)。

选择合理的评价因子是滑坡危险性评价的关键,为避免评价因子之间具有强相关性,对提取的评价因子做相关性分析,通过分析因子相关性指数,剔除关联性强的因子,然后建立滑坡危险性评价因子。因子相关性分析采用皮尔逊(Pearson)相关系数法,分析结果如表 3.38 所示。

表 3.38　评价因子相关性分析

| 评价因子 | 高程 | 坡度 | 坡向 | 斜坡形态 | 斜坡结构 | 距断层距离 | 地层岩性 | 距水系距离 | 峰值加速度 |
|---|---|---|---|---|---|---|---|---|---|
| 高程 | 1 | | | | | | | | |
| 坡度 | 0.151 | 1 | | | | | | | |
| 坡向 | −0.051 | 0.032 | 1 | | | | | | |
| 斜坡形态 | 0.054 | 0.032 | −0.022 | 1 | | | | | |
| 斜坡结构 | 0.330 | 0.126 | −0.268 | 0.007 | 1 | | | | |
| 距断层距离 | −0.281 | −0.185 | 0.022 | −0.015 | −0.051 | 1 | | | |
| 地层岩性 | −0.455 | −0.005 | 0.059 | −0.039 | −0.045 | 0.107 | 1 | | |
| 距水系距离 | 0.284 | −0.046 | −0.032 | 0.004 | 0.003 | −0.097 | 0.049 | 1 | |
| 峰值加速度 | −0.722 | −0.014 | 0.001 | −0.044 | 0.025 | 0.296 | 0.566 | −0.067 | 1 |

在表 3.38 中,高程与峰值加速度相关系数为 −0.722,分析其原因为:震中位于研究区域中南部,地震峰值加速度的衰减规律是随着距离的增加而减小(高玉峰等,2000),而研究区域地形是北高南低,因此研究区域中南部距震中较近,高程较低,峰值加速度较大;北部地区距震中较远,高程较高,峰值加速度较小。通过分析研究区域实际情况,两评价因子相关系数高并不代表两者的相关性强,属于偶然的巧合。其他因子之间的相关系数均不大,都可以作为滑坡危险性评价因子。

### 3.3.3　评价模型

#### 3.3.3.1　支持向量机

支持向量机是继人工神经网络之后的新一代机器学习算法,基于结构风险最小原则,通过某种事先选择的非线性映射(核函数)将输入向量映射到一个高维特征空间,在这个空间构造最优分类超平面,使得两组数据尽可能正确地分开,同时使分类间隔最大。两类支持向量机的核心原理如下。

设给定训练集为 $(x_1, y_1), \cdots, (x_l, y_l), x \in \mathbf{R}^n, y \in \{+1, -1\}$,其中,$l$ 为训练样本总数,$n$ 为模式空间的维数,$y$ 为类别标识。在线性可分的情况,就会存在一个可描述为 $wx + b = 0$ 的超平面使得训练样本完全分开。对于非线性可分,需要一个非线性映射 $\Phi$,将输入空间的样本映射到高维特征空间,构造的最优超平面可表示为 $w\Phi(x) + b = 0$。归一化超平面方程,使得所有训练集满足如下约束条件,即

$$y_i[w\Phi(x_i) + b] - 1 \geqslant 0 \quad (i = 1, \cdots, l) \tag{3.17}$$

此时分类间隔等于 $2/\|w\|$,使间隔最大等价于 $\|w\|^2$ 最小。在结构风险最小化准则下的最优超平面问题可表示为如下的约束优化问题(Vapnik, 1995; Scholkopf et al., 2000),即

$$
\left.\begin{array}{l}
\min \dfrac{1}{2}\|w\|^{2}+C\sum_{i=1}^{l}\xi_{i} \\[2mm]
y_{i}\big[w\Phi(x_{i})+b\big]\geqslant 1-\xi_{i} \\[2mm]
\xi_{i}\geqslant 0
\end{array}\right\}
\tag{3.18}
$$

式中，$\xi_{i}$ 为松弛变量；$C$ 为惩罚因子；$i=1,2,\cdots,l$。利用拉格朗日优化方法可以把上述最优超平面问题转化为其对偶问题，即

$$
\left.\begin{array}{l}
\max \sum_{i=1}^{l}\alpha_{i}-\dfrac{1}{2}\sum_{j=1}^{l}\alpha_{i}\alpha_{j}y_{i}y_{j}\Phi(x_{i})\Phi(x_{j}) \\[2mm]
0\leqslant\alpha_{i}\leqslant C \\[2mm]
\sum_{i=1}^{l}\alpha_{i}y_{i}=0
\end{array}\right\}
\tag{3.19}
$$

式中，$\alpha_{i}$ 为各样本对应的拉格朗日乘子。解上述问题后得到的最优分类函数为

$$
f(x)=\mathrm{sgn}\Big(\sum_{i=1}^{l}a_{i}^{*}y_{i}\Phi(x_{i})\Phi(x_{j})+b^{*}\Big)
\tag{3.20}
$$

根据泛函的有关理论，只要一种核函数 $K(x_{i},x_{j})$ 满足墨瑟（Mercer）条件，就对应某一变换空间中的内积，即 $K(x_{i},x_{j})=\Phi(x_{i})\Phi(x_{j})$，则在最优分类中采用适当的内积函数就可以实现某一非线性变换后的线性分类。当前分类问题中常用的核函数有线性核函数、多项式核函数、径向基核函数（radial basis function，RBF）等。有研究成果证明，径向基核函数在地震滑坡空间预测模型中效果最佳（许冲 等，2012b），其表达式为

$$
K(x_{i},x_{j})=\mathrm{e}^{-\gamma(x_{i}-x_{j})^{2}}
\tag{3.21}
$$

式中，$\gamma$ 为核函数参数，与惩罚因子 $C$ 共同决定支持向量机的性能。

支持向量机具有小样本学习、抗噪声性能、学习效率高、推广性好等优点。它已被广泛应用，例如遥感影像分类、地震预测、滑坡预测等。然而，支持向量机的核函数参数以及惩罚系数对分类有着很大的影响，在实际应用中参数的选择仍然是经验性的，往往需要不断调整参数才能得到较好的结果。滑坡成因类型多样，影响因素及作用过程复杂，重大工程灾变滑坡的演化是一个复杂的不确定的多场耦合作用过程。支持向量机具有较好的拟合和泛化能力，可用于滑坡空间预测研究（Yao et al.，2008）。

### 3.3.3.2　遗传算法

遗传算法是由美国学者 Holland（1975）提出的，它通过模拟自然界生物进化过程，采用人工进化的方式对目标进行随机优化搜索，启发式地搜索全局最优解。在遗传算法中，首先对若干所求问题进行数字编码，即用染色体表示所求问题的潜在解，形成初始群体，然后设计一个适应度函数，评价个体的适应能力，淘汰适应能

力低的个体,适应能力高的个体经过遗传操作(选择、交叉、变异)后形成下一代新的种群,然后不断进化,直到满足终止条件为止。实际上遗传算法是一个迭代算法,因为其思想简单、易操作、自适应能力强等特点,在求解非线性、多模型、多目标等优化问题时,存在着特有的优势。

遗传算法主要组成部分包括:①编码。遗传算法求解问题是一个抽象特殊的问题,需要一个合适的表达方式来表达抽象问题的解,即对问题编码,编码方式直接决定了算法的性能和效率,常用的编码方式有二进制编码、格雷码编码、排序编码和实数编码等。②适应度函数。遗传算法中,适应度函数是评价个体性能的主要指标,在整个遗传过程都是利用适应度函数值决定个体的淘汰,适应度函数值越小,解的质量就越好。所以适应度函数直接影响了计算的收敛度,其选择要根据具体问题而定。③遗传算子。包括选择算子、交叉算子、变异算子。遗传算法使用选择运算,体现了"适者生存"原理。适应度高的个体被选择到下一代群体中,而适应度低的个体被抛弃。交叉算子是指对两个相互配对的染色体按某种方式相互交换其部分基因,从而形成两个新的个体。它在遗传算法中起关键作用,是产生新个体的主要方法。变异算子是指将个体染色体编码中的某一段基因用其他基因来替换,形成一个新个体,它可以改善遗传算法的局部搜索能力。④进化参数。种群规模 $N$,其值较小时运算速度快,却降低种群的多样性,而值较大时则效率较低。交叉概率 $P_c$,值较大时容易产生新个体,使搜索具有太大随机性,而值较小时使发现新个体的速度变慢。变异概率 $P_m$,值较大时搜索跳跃性大,而值较小时容易做局部搜索。终止进化代数 $T$,是遗传算法迭代次数。

遗传算法优化支持向量机的主要步骤包括:①初始化种群,设定初始进化参数,形成初始种群个体。②给初始种群个体编码。③按照适应度函数计算个体适应值,直到满足终止条件为止。如果满足则为支持向量机模型最优参数,如果不满足则执行下一步骤。④执行选择运算(选择、交叉、变异),产生新种群,返回步骤②。如图 3.11 所示(Wu et al.,2007;İlhana et al.,2013)。

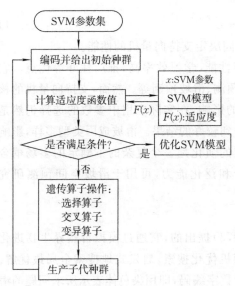

图 3.11　遗传算法优化支持向量机流程

### 3.3.3.3　粒子群优化算法

粒子群优化是一种新的随机全局优化算法,其算法源于对鸟群觅食这一生物现象的模拟(Kennedy et al.,

1995)。在粒子群优化算法中,每个种群成员都是一个潜在的可行解,我们称它为粒子,可以将其想象成 $D$ 维空间上的一个点,而食物的位置则被认为是搜索空间上的最优解。每个粒子都有一个由被优化的函数决定的适应度值和决定其飞行方向和距离的速度,而这个速度依靠它自身的飞行经验和同伴的飞行经验来调整。在飞行过程中,每个粒子都知道自己所经历的最好位置(pbest)和当前的位置,这个可以看作是粒子自己的飞行经验。除此之外,每个粒子还知道整个群体发现的最好位置(gbest),这个可以看作是粒子的同伴的飞行经验。为了最终能够到达食物的位置,每个粒子都不断通过当前位置、当前速度、当前位置与自己最好位置之间的距离、当前位置与群体最好位置之间的距离来调整飞行,最终接近食物的位置。

粒子群优化算法的数学描述为:假设在 $D$ 维的目标搜索空间内,有一个由 $n$ 个粒子组成的种群,在 $t$ 时刻,粒子的空间位置可表示为 $X_i(t)=(x_{i1},x_{i2},\cdots,x_{iD})$,$i=1,2,\cdots,n$,其速度表示为 $V_i(t)=(v_{i1},v_{i2},\cdots,v_{iD})$,第 $i$ 个粒子到当前所搜索到的最优位置表示为 $P_i(t)=(p_{i1},p_{i2},\cdots,p_{iD})$,整个种群当下所发现的最好位置表示为 $P_g(t)=(p_{g1},p_{g2},\cdots,p_{gD})$,$g=1,2,\cdots,n$。$t+1$ 时刻,粒子的速度更新为

$$V_i(t+1)=V_i(t)+c_1r_1(P_i(t)-X_i(t))+c_2r_2(P_g(t)-X_i(t))$$
$$(3.22)$$

$$\left. \begin{array}{l} V_i=V_{\max}, \quad 当 V_i>V_{\max} 时 \\ V_i=-V_{\max}, \quad 当 V_i<-V_{\max} 时 \end{array} \right\} \quad (3.23)$$

式中,$c_1$ 和 $c_2$ 为粒子加速度常数,取值范围通常为 $[0,2]$,$r_1$ 和 $r_2$ 是由随机函数产生的均匀分布在 $[0,1]$ 内的两个随机数,则粒子的空间位置为

$$X_i(t+1)=X_i(t)+V_i(t+1) \quad (3.24)$$

式中,$V_i$ 为粒子的当前速度,$V_i \in [-V_{\max}, V_{\max}]$。

标准的粒子群优化算法流程(图 3.12)主要包括以下步骤:①初始化粒子群。设定适应度函数,加速度常数 $c_1$ 和 $c_2$,随机生成 $n$ 个粒子的初始位置 $x_i$,$i=1,2,\cdots,n$,形成初始种群 $X$,随机生成 $n$ 个粒子的初始速度 $v_i$,设为 $V$,设每个粒子的初始最好位置为 $P_i=x_i$,粒子群的初始最好位置为 $P_g=P_i$。②根据适应度函数计算每一个粒子的适应值。③用每一个粒子的适应值和 $P_i$ 对应的适应值

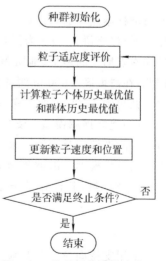

图 3.12　粒子群优化算法流程

作比较,如果小于 $P_i$ 对应的适应值,用当前的位置替换 $P_i$ 的位置,反之,则保持不变。④ 用每一个粒子的适应值和 $P_g$ 对应的适应值作比较,如果某一粒子适应值大于 $P_g$ 对应的适应值,用当前的位置替换 $P_g$ 的位置,反之,则保持不变。⑤用式(3.22)、式(3.23)和式(3.24)更新粒子的速度和位置。⑥检查迭代结束条件,判断粒子群的最大迭代次数、粒子的适应值是否满足给定条件。若所有设定的条件都满足,则终止迭代,否则返回步骤②,继续迭代运算。

粒子群优化算法通过群体中各个粒子之间相互合作与竞争产生的群体智能指导优化搜索。与遗传算法比较,粒子群优化算法采用的速度—位移模型操作简单,避免了复杂的遗传操作,而且在搜索过程中,每个粒子是有记忆的,使其可以动态跟踪当前的搜索情况调整其搜索策略。因其具有快速收敛和操作简单等特点,粒子群优化算法被应用到函数优化、模式识别等领域。

### 3.3.4 评价步骤及结果

滑坡易发性评价具体步骤如下。

(1)划分模型单元。确定评价因子后,划分模型单元是滑坡危险性评价的基础,对预测结果有重要的影响,采用网格单元进行滑坡危险性评价。由于滑坡的评价因子空间尺度不统一,如地质水文数据的比例尺为 1:25 万,数字高程模型数据的空间分辨率为 30 m,因此对 9 个评价因子重采样为 30 m×30 m 的栅格单元,研究区域共 1 310 575 个模型单元,最后利用 ArcGIS 软件的空间分析叠加各模型单元因子值。

(2)选择训练样本。训练样本的数量选择,一般采用相同数量的滑坡样本点和非滑坡样本点。通过滑坡和高分遥感影像解译得到研究区域内共 1 153 个滑坡模型单元点(赋值为 1)作为滑坡样本点。考虑到研究区域滑坡样本点较少,而且滑坡样本点周围的地形、地质等孕灾条件与滑坡点相似,不适合作为非滑坡样本点,因此,在滑坡区 1 000 m 缓冲区外随机选择 2 372 个点作为非滑坡样本点(赋值为0)。共得到 3 525 个训练样本点。

(3)建立预测模型。支持向量机性能的优劣主要取决于核函数及参数的选择。滑坡危险性评价是预测未来滑坡"发生"与"不发生"两种情况,因此选择两类分类支持向量机模型。滑坡预测又是复杂的非线性问题,径向基核函数是支持向量机常用的核函数,其计算复杂度不随参数的变化而变化(董春曦 等,2004),其表达式为

$$K(x_i, x_j) = e^{-\gamma(x_i - x_j)^2} \tag{3.25}$$

采用支持向量机开源软件包 Lib-SVM 在 MATLAB 软件编程实现遗传算法、粒子群优化算法优化支持向量机,优化参数如表 3.39 所示,最后利用数据挖掘软件 Clementine 构建 GA-SVM 和 PSO-SVM 预测模型。

**表 3.39　优化参数**

| 优化算法 | 优化参数 | |
| --- | --- | --- |
| | 惩罚因子 C | 核函数 γ |
| 遗传算法(GA-SVM) | 2.06 | 2.76 |
| 粒子群优化算法(PSO-SVM) | 13.11 | 1.09 |

　　(4)滑坡易发性评价。对研究区域所有模型单元计算,结果包括分类值和类别概率值,将非滑坡类的概率值转换为滑坡类概率值,即滑坡危险性指数。滑坡危险性指数是[0,1]的连续型值,其数值越大,反映各因素对滑坡发生的综合影响越大,滑坡的发生就越容易。为了便于区分滑坡发生的程度,使用自然断点法对滑坡危险性指数进行分级,分成极低易发区、低易发区、中易发区、高易发区和极高易发区五个等级,高危险区主要集中在芦山县中南部低山地区,稳定区在北部高山区。

　　(5)精度评价。为分析模型的预测能力,本实验选用了两种方法进行验证。一是利用混淆矩阵,对 SVM、GA-SVM 和 PSO-SVM 三个模型的预测结果进行对比分析,如表 3.40 所示:PSO-SVM 模型对训练样本的总体精度、用户精度、生产者精度、卡帕系数均最大,GA-SVM 次之,SVM 最小。二是利用 ROC 曲线,通过滑坡预测结果和滑坡进行比较,定量描述预测精度,如图 3.13 所示:SVM 模型的 AUC 值为 0.845,GA-SVM 和 PSO-SVM 模型的 AUC 值均为 0.958。参数优化的 SVM 模型预测能力均优于未优化的 SVM 模型,其原因是核函数的参数以及惩罚因子对 SVM 的性能有着很大的影响,利用优化算法优化 SVM 参数,可以提高预测精度;参数优化模型中 PSO-SVM 模型的预测精度要高于 GA-SVM 模型。

**表 3.40　SVM、GA-SVM 和 PSO-SVM 模型对训练样本的预测结果**

| 方法 | 总体精度/% | 用户精度/% | 生产者精度/% | 卡帕系数 |
| --- | --- | --- | --- | --- |
| SVM | 93.22 | 92 | 92.78 | 0.847 4 |
| GA-SVM | 98.13 | 97.79 | 97.96 | 0.957 5 |
| PSO-SVM | 98.24 | 97.90 | 98.11 | 0.960 1 |

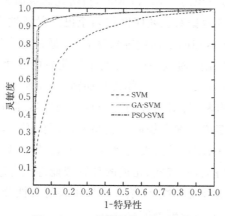

图 3.13　三个模型的 ROC 曲线

以芦山县为研究区域,基于遥感和 GIS 技术,分析了滑坡的孕灾因子和诱发因素,分别利用 GA-SVM 模型、PSO-SVM 模型进行震后滑坡危险性评价,得到震后滑坡危险性指数图和易发性分区图。预测结果显示:研究区域内地震次生灾害主要分布在宝盛乡、龙门乡、清仁乡、双石镇、太平镇和芦阳镇等区域。统计分析滑坡与各评价因子的相关性,发现研究区域内滑坡主要集中在滑坡频率比大于 1.5 区域内,其中高程为 541~1 190 m、坡度为 44.57°~81.51°、斜坡结构为逆向坡、距断层距离在 2 461.74~4 025.28 m、地层岩性为碎屑岩类、峰值加速度大于 0.38 g 时对地震滑坡的影响和控制较大。通过滑坡验证,得到 GA-SVM 模型的总体精度为 98.13%,卡帕系数为 0.957 5,PSO-SVM 模型的总体精度为 98.24%,卡帕系数为 0.960 1,与 SVM 模型的预测结果相比,优化后模型预测能力均优于未优化的 SVM 模型,在本研究区域,PSO-SVM 的预测能力强于 GA-SVM 模型。结果表明:基于优化算法优化的 SVM 模型学习能力和泛化能力较标准 SVM 模型更优。将这两种方法相结合应用于震后滑坡分析,可为大区域次生灾害的研究提供技术方法。

## 3.4　基于随机森林算法的滑坡易发性评价

研究区域位于长江三峡库区的秭归至巴东段,坐标为东经 110°17′~110°52′,北纬 30°51′~31°04′,包括秭归县的 10 个行政乡镇:屈原镇、水田坝乡、郭家坝镇、香溪镇、沙镇溪镇、泄滩乡、周坪乡以及巴东县的东壤口镇、信陵镇、官渡口镇。该区域为中低山和侵蚀峡谷地貌。区内交通便利,尤其在三峡水库建成后,水路交通更为方便。滑坡是该区域最为突出的地质灾害,具有分布广、数量多、发育机制复杂等特点。通过野外调查及辅助航空影像解译发现滑坡 300 处(219 处土质滑坡和 81 处岩质滑坡),总面积约为 31.07 km²,占研究区域面积的 6.42%。

本节利用随机森林模型对三峡库区秭归至巴东段滑坡易发性进行探索,从连续因子离散化、选取样本和因子择优等角度思考,通过迭代计算袋外(out of bag,OOB)误差估计寻找优化的随机特征,再利用优化后的随机森林模型对滑坡易发性进行预测(Zhang et al.,2017)。具体流程如图 3.14 所示:①依据三峡库区地质历史资料和滑坡勘察资料,针对滑坡的类型特征和外界环境条件,分析滑坡成因,基于多源监测数据和多模型融合提取滑坡易发性评价因子,同时对评价因子进行科学分类和重要性排序;②顾及滑坡类型、时空发育特征,针对滑坡灾害系统行为的不确定性和非线性特征,向成熟、先进的计算智能理论寻求方法支持,建立优化的随机森林模型评价滑坡易发性;③绘制滑坡灾害易发性分区图,并通过 ROC 曲线、误差率和分类精度来验证模型的有效性。

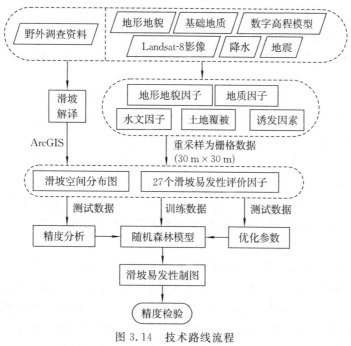

图 3.14　技术路线流程

## 3.4.1　评价因子

### 3.4.1.1　评价因子提取

通过分析三峡库区已有编录滑坡的地形地貌、基础地质、专业监测和野外勘察资料,利用计算智能领域能有效刻画不完整和不确定信息的数据分析方法,获取27 个滑坡易发性评价因子数据。

基础地质数据和基础地理数据有 1:1 万和 1:5 万地形图,1:1 万、1:5 万和 1:20 万地质图,以及空间分辨率为 30 m 的先进星载热发射和反射辐射仪全球数字高程模型(advanced spaceborne thermal emission and reflection radiometer global digital elevation model,ASTER GDEM)等。中高分辨率遥感影像数据有 Landsat-8 卫星 OLI 传感器数据、高分一号卫星的 PM/S 传感器数据等。其他资料数据有研究区域野外勘察报告、1:5 万滑坡分布图、滑坡现场照片等。通过原始数据分析和提取的滑坡相关信息数据,包括从遥感影像上提取的研究区域植被指数数据、水体指数数据、人类工程活动数据等;从 1:1 万地形图生成的高分辨率数字高程模型数据和根据 1:5 万地形图补充完善的 ASTER GDEM 数据得到的中等分辨率数字高程模型数据,及其相应的地形地貌和水文数据等。另外,还有结合地质图和地形图获取的斜坡结构数据等。

地形地貌控制自然斜坡的临空条件,较大程度决定了滑坡的发育与分布状况。基于 1:5 万地形图和 30 m 分辨率的数字高程模型,通过 SAGA GIS 软件提取

15 个地形地貌因子:高程、坡度、坡向、坡高、地形表面纹理、地形位置指数、地形综合曲率、平面曲率、剖面曲率、斜坡形态、地形趋同指数、地形表面凸率、地表粗糙指数、中坡位置、谷深。地质条件属于滑坡灾害的控制因素,往往起着决定作用。统计分析研究区域内滑坡数据与这些因子之间的关系,结果表明,这 15 个因子与滑坡均存在着不同程度的相关性。

该研究区域出露主要为三叠系和侏罗系等地层,以砂岩、泥岩、页岩为较常见。研究区域的工程岩组主要以软岩和软硬相间岩为主,西面有少部分硬岩。地质构造上,研究区域位于秭归向斜南翼,断裂主要有仙人桥断裂、马鹿池断裂以及香炉断裂等,断裂走向多为北北东—南南西向。基础地质数据从 1∶5 万比例尺地质图图件获取,通过矢量化得到研究区域地层界限、岩性分布、断层位置、地层倾角倾向等信息,提取 4 个基础地质因子:地层岩性、工程岩组、距断层距离、斜坡结构。

研究区域多为涉水滑坡。强降雨、库水位周期性波动引起的地下水位变化是该区域滑坡的主要诱因。因直接的地下水情况难以获取,因此基于地形图、数字高程模型和 Landsat-8 OLI 影像,利用 ArcGIS 软件和 SAGA GIS 软件提取 12 个水文相关因子:距水系距离、流路长度、年平均降水量、流域坡度、流域面积、汇流累积量、改进流域面积、地形湿度指数、河流强度指数,以及湿度指数第一、第二和第三主成分。其中,湿度指数第一、第二和第三主成分是通过对 MNDWI、归一化湿度指数(normalized difference moisture index,NDMI)、比值湿度指数 I (ratio moisture index I,$RMI_1$)、比值湿度指数 II(ratio moisture index II,$RMI_2$)进行主成分分析获取的,如表 3.41 所示。

表 3.41　湿度指数计算公式

| 名称 | 公式 | 说明 |
|---|---|---|
| MNDWI | (B3－B6)/(B3＋B6) | B3 为绿色波段值,B5 为近红 |
| NDMI | (B5－B7)/(B5＋B7) | 外波段值,B6 和 B7 分别表示中 |
| $RMI_1$ | B7/B6 | 心波长为 1.61 $\mu m$ 和 2.2 $\mu m$ 的 |
| $RMI_2$ | B7/B5 | 中红外波段值 |

研究区域内受人类工程活动影响较大的斜坡区域常常是滑坡灾害多发区。利用经过大气校正后的 Landsat-8 OLI 影像提取 NDVI、比值植被指数(ratio vegetation index,RVI)、归一化比值植被指数(normalized ratio vegetation index,NRVI)和 TVI,如表 3.42 所示。通过对改进的 NDVI、RVI、NRVI 和 TVI 进行主成分分析获取植被指数第一、第二主成分,作为地表植被的覆盖情况。此外,地震通常也是滑坡等地质灾害的诱因,因此收集了研究区域自 1970 年以来发生的所有地震活动的历史数据,结合 ArcGIS 软件的空间分析功能,整理得到研究区域地震震源空间分布,并利用克里金(Kriging)插值法生成地震烈度相对大小。

表 3.42　各植被指数计算公式

| 名称 | 公式 | 说明 |
|------|------|------|
| NDVI | (B5−B4)/(B5+B4) | B4 为红色波段值,B5 为近红外波段值,B6 表示中心波长为 1.61 μm 的中红外波段值 |
| RVI | B5/B4 | |
| NRVI | (RVI−1)/(RVI+1) | |
| TVI | (NDVI+0.5)$^{1/2}$ | |

### 3.4.1.2　连续属性离散化

评价因子中连续型数据的离散化效果对预测结果有一定的影响。但当连续型属性较多且缺少经验资料时,数据变得不易处理。当前对于滑坡预测的连续型属性离散化并没有统一的方法,多数是根据经验定义、等频率、等宽度、自然断点法等处理,其离散化效果常受研究区限制。随机森林模型也有连续属性离散化的算法,即基于最小基尼指数的信息增益离散方法(曹正凤,2014)。但其随机性使连续型属性的离散结果处于未确定状态,不利于具体滑坡因子的分析。因此,采用效果较优的基于最小描述长度原则的信息增益(entropy based on minimal description length principle,Ent-MDLP)监督离散方法加以解决,其过程可简化为以下两大步骤。

(1)二分递归寻找断点。每次在区间内寻找断点时,有若干候选断点(寻找不同类的相邻点,取它们之间的某点,如中点)。每个候选断点 $T$ 都能将样本集合 $S$ 划分为两个子集,分别计算这两个子集的信息熵,然后加权求和,得到关于 $T$ 的分类信息熵 $Ent(A,T,S)$。取使得分类信息熵最小的断点 $T$ 作为最终选定断点。

(2)确定递归停机条件。此处引入最小描述长度原则:即总体信息量＝描述理论所需信息量＋描述不满足理论的异常所需信息量。停机条件是信息增益应满足

$$
\left.
\begin{aligned}
Gains(A,T,S) &= Ent(S) - Ent(A,T,S) \\
&= Ent(S) - \frac{|S_1|}{N} \cdot Ent(S_1) - \frac{|S2|}{N} \cdot Ent(S_2) > \\
&\quad \log_2 \frac{N-1}{N} + \log_2(3^k - 2) - [k \cdot Ent(S) - k_1 \cdot \\
&\quad Ent(S_1) - k_2 \cdot Ent(S_2)]
\end{aligned}
\right\}
\tag{3.26}
$$

式中,$A$ 为输入变量;$T$ 为断点;$S$ 和 $N$ 分别为样本集合和总样本量;$k$ 为类别数量;$Ent(S_1)$、$Ent(S_2)$ 为每个子区间内实例集 $S_1$、$S_2$ 的熵;$k_1$、$k_2$ 为每个子区间内的类别数量。式(3.26)表示增加的信息应大于最小描述长度。其优点是选出的断点为区分类的点,并可使分类信息熵最小。

## 3.4.2　评价模型构建

随机森林模型是一种组合分类器算法,在构建决策树时,采用随机选取分裂属

性集的方法,最后构建出一个包含多个决策树的分类器,其主要思想在于多个分类器组合判断的结果优于单个分类器的判断结果。

以 30 m×30 m 分辨率作为评价的栅格单元大小,共划分 409 517 个评价栅格单元,其中滑坡栅格单元 22 950 个,选择 3×3 采样窗口,即采样距离为 15 m,共采集到 2 550 个滑坡栅格。为消除训练样本集中滑坡样本和非滑坡样本数量不平衡对模型产生的影响,采集相同数量的非滑坡样本数据,形成训练样本集,剩余的数据则作为测试数据。为寻找出较优的随机特征数,利用 R 语言实现循环迭代计算不同随机特征数的随机森林模型的 OOB 误差。OOB 误差估计越小,对应模型预测的精度越高,较优随机特征数为 5,且 OOB 误差估计并未一直随着随机特征数的增大而减小,当达到一定值时,OOB 误差估计反而增大。此外,确定随机森林的决策树数目为 300。

采用优化参数的随机森林模型对研究区域滑坡易发性进行评价,得到滑坡易发性指数。滑坡易发性评价结果是一个 0~1 的连续数值,用来表示某个斜坡单元发生滑坡的概率为 0~100%。为了增加滑坡易发性评价结果的可读性,将滑坡易发性评价结果的连续型数值根据一定的方法进行离散化,得到离散型的分类结果,并按照滑坡易发性评价结果数值按由小到大的顺序,将滑坡易发性分类结果由低易发区到高易发区依次进行排列,得到滑坡易发性区划,从而使得滑坡易发性评价结果能够更加直观地表现出研究区域内滑坡的易发性状况。对随机森林模型计算的滑坡易发性指数结合 Ent-MDLP 法进行分级处理,生成滑坡易发性分区。滑坡易发性分区包括五级,取值范围依次为:极低易发区[0,0.16)、低易发区[0.16,0.31)、中易发区[0.31,0.52)、高易发区[0.52,0.75)、极高易发区[0.75,1]。预测结果中的中、高易发区和极高易发区约占滑坡栅格单元的 95%,滑坡栅格单元分布从极高易发区到极低易发区呈明显减小的趋势,这与实际滑坡的分布规律相符合。

### 3.4.3　模型验证

将 C5.0 模型和随机森林模型对滑坡的预测概率作为易发性指数,利用剩余的 20% 滑坡测试数据对其进行检验,计算模型预测结果的 ROC 曲线下面积 AUC 值(图 3.15),优化后随机森林模型预测结果的 AUC 值达 0.954,C5.0 模型的 AUC 值为 0.913。

基于随机森林模型的分类预测结果如表 3.43 所示,研究区域栅格单元被分为滑坡单元(用 1 表示,共 67 587 个)和非

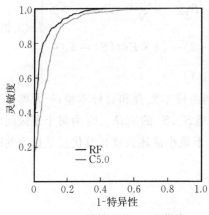

图 3.15　两种模型的 ROC 曲线

滑坡单元(用 0 表示,共 341 930 个)两类,预测结果表明:滑坡单元和非滑坡栅格单元被准确预测的精度分别为 78.81% 和 87.54%,模型整体分类精度达 86.10%。

表 3.43　随机森林模型的分类预测结果

| 实际分类 | 预测分类 | | 合计 | 正确率/% | 错误率/% |
|---|---|---|---|---|---|
| | 0(非滑坡) | 1(滑坡) | | | |
| 0(非滑坡) | 299 317 | 42 613 | 341 930 | 87.54 | 12.46 |
| 1(滑坡) | 14 320 | 53 267 | 67 587 | 78.81 | 21.19 |
| 合计 | 313 637 | 95 880 | 409 517 | 86.10 | 13.90 |

随机森林模型对评价因子指标的重要性进行计算的方法主要有以下两种:①对每棵树,首先计算其 OOB 误差 ($E_1$);然后对风险指标 $i$ 的数据加入噪声并计算 OOB 误差 ($E_2$);最后,把 $E_1$ 与 $E_2$ 的差对所有树取平均,并用标准差归一化,即为风险指标 $i$ 的重要性。②计算风险指标 $i$ 在节点分割时基尼指数的减少值 $D_i$;把森林中所有节点的 $D_i$ 求和后对所有树取平均,即为风险指标 $i$ 的重要性。

随机森林模型滑坡易发性评价采用上述第二种方法对洪灾风险指标进行重要性评判,并以指标平均基尼减小值占所有指标平均基尼减小值总和的百分比度量指标的重要程度,其表达式为

$$P_k = \frac{\sum_{i=1}^{n}\sum_{j=1}^{t}D_{k,i,j}}{\sum_{k=1}^{m}\sum_{i=1}^{n}\sum_{j=1}^{t}D_{k,i,j}} \times 100\% \tag{3.27}$$

式中,$m$、$n$、$t$ 分别为总指标个数、分类树棵数和单棵树的节点数;$D_{k,i,j}$ 为第 $k$ 个指标在第 $i$ 棵树的第 $j$ 个节点的基尼指数减少值;$P_k$ 为第 $k$ 个指标在所有指标中的重要程度。

基于此,对研究区域 34 个评价因子的重要性进行分析(表 3.44),高程因子的权重最大,占比 16.95%,距水系距离次之,占比 6.15%,权重最低的评价因子为斜坡形态,占比 0.58%。

根据滑坡易发性评价因子重要性分析结果,选排名前 12 的评价因子作为 C5.0 和随机森林模型的条件属性,对研究区域的滑坡易发性进行评价,对比预测精度的混淆矩阵(表 3.45),发现:基于 12 个重要评价因子的随机森林模型对训练样本的总体分类精度、生产者精度、卡帕系数均最大;34 个评价因子参与建模的随机森林模型次之;12 个评价因子参与建模的 C5.0 模型最小。由此可见,基于重要评价因子和优化参数随机森林模型的预测精度高,且与实际情况较为一致,可以为三峡库区滑坡灾害预警与评估提供重要参考依据。

表 3.44　评价因子重要性

| 评价因子 | 重要性 | 权重/% | 评价因子 | 重要性 | 权重/% |
|---|---|---|---|---|---|
| 高程 | 296.86 | 16.95 | 改进流域面积 | 35.99 | 2.05 |
| 距水系距离 | 107.79 | 6.15 | 地表粗糙指数 | 35.92 | 2.05 |
| 流路长度 | 98.00 | 5.59 | 汇流累积量 | 34.94 | 1.99 |
| 年平均降水量 | 97.79 | 5.58 | 斜坡结构 | 34.07 | 1.95 |
| 地层岩性 | 80.75 | 4.61 | 坡度 | 31.10 | 1.78 |
| 工程岩组 | 65.69 | 3.75 | 植被指数第二主成分 | 30.28 | 1.73 |
| 地震烈度 | 65.69 | 3.75 | 中坡位置 | 28.21 | 1.61 |
| 湿度指数第一主成分 | 64.46 | 3.68 | 湿度指数第三主成分 | 28.13 | 1.61 |
| 流域坡度 | 61.22 | 3.50 | 地形位置指数 | 26.75 | 1.53 |
| 谷深 | 54.61 | 3.12 | 地形湿度指数 | 21.45 | 1.22 |
| 植被指数第一主成分 | 53.90 | 3.08 | 河流强度指数 | 20.83 | 1.19 |
| 坡向 | 52.15 | 2.98 | 流域面积 | 20.75 | 1.18 |
| 距断层距离 | 46.13 | 2.63 | 平面曲率 | 20.63 | 1.18 |
| 坡高 | 44.96 | 2.57 | 地形综合曲率 | 20.37 | 1.16 |
| 地形表面凸率 | 44.56 | 2.54 | 地形趋同指数 | 19.75 | 1.13 |
| 地形表面纹理 | 40.38 | 2.31 | 剖面曲率 | 18.97 | 1.08 |
| 湿度指数第二主成分 | 38.35 | 2.19 | 斜坡形态 | 10.21 | 0.58 |

表 3.45　RF 和 C5.0 模型预测精度

| 模型 | 总体分类精度/% | 使用者精度/% | 生产者精度/% | 卡帕系数 |
|---|---|---|---|---|
| RF(34 个评价因子) | 89.61 | 87.41 | 92.55 | 0.792 |
| C5.0(34 个评价因子) | 86.54 | 86.54 | 86.54 | 0.731 |
| RF(12 个评价因子) | 90.65 | 87.23 | 93.73 | 0.812 |
| C5.0(12 个评价因子) | 85.16 | 84.75 | 85.75 | 0.703 |

## 3.5　基于卷积神经网络的滑坡易发性评价

本节选择三峡万州区作为研究区域,提取地形地貌、地质岩性、水文条件和人类活动等方面 22 个滑坡易发性评价因子,构建卷积神经网络(convolutional neural network,CNN),对研究区域的滑坡易发性进行预测,生成滑坡易发性区划图,最后采用 ROC 曲线分析模型精度,验证模型的可行性。

### 3.5.1　研究区域概况

万州区隶属重庆市辖区,地处长江上游三峡库区腹心,与云阳县、石柱土家族自治县、忠县及四川省开江县接壤。万州区下辖 52 个镇、乡、街道。随着三峡移民的迁入,发展为重庆第二大城市。万州区不仅是"川东门户",也是我国典型的滑坡发育区,是影响移民工程建设和库岸防护的重点地段(刘传正,2003)。

万州区所在的三峡库区地处四川盆地与长江中下游平原的接合部,跨越鄂中山区峡谷及川东岭谷地带,北屏大巴山,南依川鄂高原。万州区地形起伏较大,以山地丘陵为主,东南部地势较高,长江两岸地势较低。境内的铁峰山、方斗山等属世界三大褶皱山系之一的川东平行岭谷,呈现出背斜成山、向斜成谷、山谷相间、彼此平行的褶皱地貌。这些都是万州区滑坡多发的客观原因。

从地层上看,研究区域内出露地层单一,岩层主要为侏罗纪和三叠纪沉积岩地层,以砂岩、泥岩、页岩为主,人工堆积、河流冲积、坡积物等土层分布较为广泛。受构造作用影响,研究区域内褶皱发育密集,但并无大的断裂构造(郭子正 等,2019)。万州区境内地表水系发育,河流、溪涧切割深,落差大,呈枝状分布,均属长江水系。长江自西南石柱、忠县交界的长坪乡石槽溪入境,向东北横贯腹地,经黄柏乡白水滩入云阳县。万州区属亚热带季风湿润气候,四季分明,日照充足,雨量充沛,无霜期长。在降水的季节分配上,表现出明显的季节不均的特点。整体而言,夏季降水量多,雨量主要集中在5~9月。

由于研究区域工程地质条件复杂,使得全区滑坡灾害频繁发生。地质灾害编录数据库显示,研究区域内共有滑坡701处,全区滑坡物质组成各异,各类型滑坡均有发育。从时间分布特征来看,滑坡大多发生在雨季,说明降水是万州区滑坡的主要诱发因素之一。

本节采用的主要数据源包括:①25 m 分辨率的数字高程模型,用于提取地形地貌、水文气象等相关信息;②万州区1∶5万地质图,用于提取断层和工程岩组等信息;③从全国地理信息资源目录服务系统中下载的 N48_30 和 N49_40 两幅30 m 分辨率地表覆盖数据,用于提取土地利用信息;④1∶10万地质灾害分布图,用于滑坡数据的空间定位。

## 3.5.2　卷积神经网络和合成少数类过采样技术

### 3.5.2.1　卷积神经网络

卷积神经网络是一类包含卷积计算且具有深度结构的前馈神经网络,是深度学习的代表算法之一(LeCun et al.,2015)。该模型由四部分组成:卷积层、池化层、全连接层和 SoftMax 分类层,如图 3.16 所示。卷积神经网络提供了一种端到端的学习模型,模型中的参数可以通过传统的梯度下降方法进行训练,经过训练的卷积神经网络能够学习影像中的特征,并且完成对影像特征的提取和分类(李彦冬 等,2016)。卷积神经网络常用于影像分类、姿态估计、影像分割、人脸识别等领域(付秀丽 等,2017;李辉 等,2017;秦丰 等,2017;韩贵金,2018)。

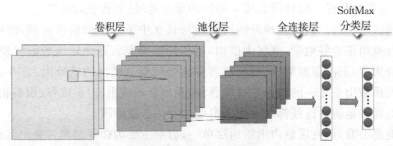

图 3.16　CNN 基本结构

（1）卷积层是卷积神经网络模型的核心。卷积是对输入数据的每个位置进行线性变换映射成新值的过程，该过程可以提取输入数据的特征。卷积核对输入的数据进行卷积计算，得到输入图层的特征图。卷积核具有局部性和权值共享的属性。局部性指它只关注局部特征，局部程度取决于卷积核的大小。权值共享指用一个相同的卷积核去卷积整幅图像，相当于对图像做一个全图滤波。在卷积层中要学习的主要是权重矩阵和偏置（Won et al.，1997）。

如果因为卷积核移动的步长，卷积核无法计算边缘数值，可以在矩阵外围补零。特征图矩阵都是方阵，这里设输入矩阵大小为 $x$，卷积核大小为 $k$，步幅为 $s$，补零层数为 $p$，则卷积后产生的特征图大小计算方法为 $[(x+2p-k)/s]+1$。

（2）池化又叫下采样，其具体操作与卷积层的操作基本相同。池化层通常放在卷积层后面使用，主要的池化方式有最大池化和平均池化。池化层旨在通过降低特征图的分辨率获得具有空间不变性的特征，它能够在保持特征图数目一致的情况下起到二次提取特征的作用，在保留主要特征的同时减少参数，防止过拟合，提高模型泛化能力。

（3）全连接层将学到的"分布式特征表示"映射到样本标记空间。全连接层中的每个神经元与前一层的所有神经元完全连接，可以对特征进行精炼和优化。由于最后一个卷积层提取出的特征数量较大，分类器难以进行分类，经过全连接层可以减少特征的数量。

（4）将全连接层的输出结果输入分类器中，即可得到输入数据属于各类别的概率，其中概率值最大的就是卷积神经网络所得到的最终分类结果。常用的分类器为 SoftMax 分类器。SoftMax 可以完成多分类任务，例如 SoftMax 可将 $N$ 个实数映射为 $N$ 个 $(0,1)$ 的实数或概率，同时保证它们之和为 1。假设 $V_a$ 是包含 $b$ 个元素数组 $V$ 中的第 $a$ 个元素，元素 $V_a$ 的 SoftMax 值为

$$S_a = \frac{\mathrm{e}^{V_a}}{\sum_{k=1}^{b} \mathrm{e}^{V_k}} \tag{3.28}$$

式中，$k=1,2,\cdots,b$；e 为自然对数的底；$S_a$ 为 SoftMax 函数值，表示当前元素的指

数与所有元素指数和的比值。

经典的手写字体识别模型 LeNet-5 是最早的卷积神经网络之一。LeNet-5 模型通过巧妙设计,利用卷积、参数共享、池化等操作提取特征,避免了大量的计算,最后再使用全连接神经网络进行分类识别,其模型结构如图 3.17 所示:第一层卷积层卷积核尺寸为 5×5,深度为 6;第二层池化层采用 2×2 最大池化;第三层卷积层采用深度为 16 的 5×5 卷积核;第四层池化层采用 2×2 最大池化;第五、第六层都是全连接层,节点数分别为 160 和 84;最后通过 SoftMax 分类输出滑坡单元(1)和非滑坡单元(0)的概率。

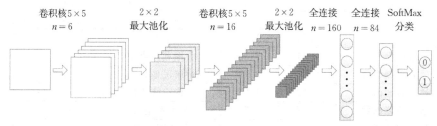

图 3.17　LeNet-5 模型结构

### 3.5.2.2　合成少数类过采样技术

样本的不均衡会影响模型精度,通常使用过采样、欠采样等方法实现样本比例均衡。SMOTE 是基于随机过采样算法的一种改进方案,其基本思想是对少数类别样本进行分析和模拟,并将模拟的新样本添加到数据集中,进而改善原始数据类别比例失衡的问题,从而降低模型过拟合的可能性且避免了信息的丢失。SMOTE 算法的模拟过程采用 $K$ 最近邻(k-nearest neighbor, KNN)分类算法,模拟生成新样本的步骤如下:①对少数类中每一个样本 $X_i$,计算它到少数类样本集中所有样本的距离,得其 $K$ 个近邻;② 根据样本之间的比例确定采样倍率 $\eta$,对每个少数类样本 $X_i$ 从其 $K$ 个近邻中随机选取 $\eta$ 个样本;③对这 $\eta$ 个样本进行随机线性插值,构造新样本数据,将新合成的样本与原样本组合成比例均衡的样本。

## 3.5.3　评价因子

将研究区域所有栅格单元进行重采样后,评价单元大小统一为 25 m×25 m,共计 5 723 716 个栅格。选取 701 个滑坡点作为滑坡基础样本数据,以滑坡点为缓冲对象,滑坡面积半径为缓冲半径,生成滑坡面,共计 75 708 个滑坡栅格单元。滑坡形成主要受基础地形地质条件和诱发因素影响。在已有研究成果基础上,结合现有资料,选取 22 个评价因子:高程、坡向、坡度、坡长、坡高、中坡位置、地形汇聚指数、地表粗糙指数、地形表面凸率、地形位置指数、地形湿度指数、流宽、流路长度、河谷深度、流域坡度、降水量、地层、土地利用类型、距居民地距离、距构造线距离、距水系距离和距道路距离,然后采用方差扩大因子(variance influence factor,

VIF)指标对评价因子进行多重共线检验。通常情况下,当 $VIF<10$ 时,数据间多重共线性较低;当 $10\leqslant VIF<100$ 时,存在较强多重共线性;当 $VIF\geqslant100$ 时,存在严重多重共线性。共线检验结果表明各因子的共线检验合格,如表3.46所示。

表 3.46　评价因子多重共线检验结果

| 评价因子 | 容差 | VIF | 评价因子 | 容差 | VIF |
|---|---|---|---|---|---|
| 高程 | 0.47 | 2.15 | 流宽 | 0.96 | 1.04 |
| 坡向 | 0.96 | 1.05 | 流路长度 | 0.64 | 1.56 |
| 坡度 | 0.20 | 5.06 | 河谷深度 | 0.41 | 2.45 |
| 坡长 | 0.79 | 1.26 | 流域坡度 | 0.24 | 4.15 |
| 坡高 | 0.54 | 1.85 | 降水量 | 0.65 | 1.55 |
| 中坡位置 | 0.78 | 1.28 | 地层 | 0.58 | 1.72 |
| 地形汇聚指数 | 0.41 | 2.45 | 土地利用类型 | 0.97 | 1.04 |
| 地表粗糙指数 | 0.26 | 3.79 | 距居民地距离 | 0.89 | 1.12 |
| 地形表面凸率 | 0.62 | 1.61 | 距构造线距离 | 0.87 | 1.15 |
| 地形位置指数 | 0.57 | 1.76 | 距水系距离 | 0.63 | 1.59 |
| 地形湿度指数 | 0.31 | 3.20 | 距道路距离 | 0.87 | 1.14 |

各分级因子的栅格数量与占比、各分级中的滑坡栅格数量与占比,以及后者与前者的滑坡单元频率比值如表3.47所示。其中,高程和土地利用类型是两个最明显的影响因素。高程在[200,400)m 和[400,600)m 的滑坡单元占滑坡单元总数60%以上,但从滑坡频率比来看,200 m 以下高程对滑坡影响最明显,滑坡频率比为4.42。土地利用类型中,60.56%的滑坡单元位于耕地,但是人工建筑与滑坡的相关性最强,滑坡频率比为5.81。

表 3.47　评价因子频率分析

| 评价因子 | 类别 | 类别单元 /个 | 类别单元 占比/% | 滑坡单元 /个 | 滑坡单元 占比/% | 频率比 |
|---|---|---|---|---|---|---|
| 高程 | <200 m | 210 171 | 3.67 | 12 285 | 16.23 | 4.42 |
| | [200 m,400 m) | 985 645 | 17.22 | 25 900 | 34.21 | 1.99 |
| | [400 m,600 m) | 1 833 772 | 32.04 | 22 881 | 30.22 | 0.94 |
| | [600 m,800 m) | 1 417 042 | 24.76 | 9 029 | 11.93 | 0.48 |
| | [800 m,1 000 m) | 725 099 | 12.67 | 3 101 | 4.10 | 0.32 |
| | [1 000 m,1 200 m) | 383 666 | 6.70 | 1 503 | 1.99 | 0.30 |
| | ≥1 200 m | 168 321 | 2.94 | 1 009 | 1.33 | 0.45 |
| 坡向 | 平地 | 53 002 | 0.93 | 414 | 0.55 | 0.59 |
| | 北向 | 784 181 | 13.70 | 9 119 | 12.04 | 0.88 |
| | 东北 | 620 656 | 10.84 | 9 817 | 12.97 | 1.20 |
| | 东向 | 638 721 | 11.16 | 9 593 | 12.67 | 1.14 |

续表

| 评价因子 | 类别 | 类别单元/个 | 类别单元占比/% | 滑坡单元/个 | 滑坡单元占比/% | 频率比 |
|---|---|---|---|---|---|---|
| 坡向 | 东南 | 732 617 | 12.80 | 8 078 | 10.67 | 0.83 |
| | 南向 | 717 408 | 12.53 | 7 724 | 10.20 | 0.81 |
| | 西南 | 622 643 | 10.88 | 8 810 | 11.64 | 1.07 |
| | 西向 | 674 014 | 11.78 | 10 359 | 13.68 | 1.16 |
| | 西北 | 880 474 | 15.38 | 11 794 | 15.58 | 1.01 |
| 坡度 | <10° | 1 481 065 | 25.88 | 20 473 | 27.04 | 1.04 |
| | [10°,20°) | 2 061 873 | 36.02 | 29 226 | 38.60 | 1.07 |
| | [20°,30°) | 1 482 759 | 25.91 | 18 247 | 24.10 | 0.93 |
| | [30°,40°) | 578 725 | 10.11 | 6 377 | 8.42 | 0.83 |
| | ≥40° | 119 294 | 2.08 | 1 385 | 1.83 | 0.88 |
| 坡长 | [0 m,50 m) | 3 225 506 | 56.35 | 40 692 | 53.75 | 0.95 |
| | [50 m,100 m) | 858 320 | 15.00 | 10 849 | 14.33 | 0.96 |
| | [100 m,150 m) | 503 452 | 8.80 | 6 810 | 9.00 | 1.02 |
| | [150 m,200 m) | 322 552 | 5.64 | 4 475 | 5.91 | 1.05 |
| | ≥200 m | 813 886 | 14.22 | 12 882 | 17.02 | 1.20 |
| 坡高 | <40 m | 3 202 454 | 55.95 | 36 978 | 48.84 | 0.87 |
| | [40 m,80 m) | 1 290 701 | 22.55 | 17 790 | 23.50 | 1.04 |
| | [80 m,120 m) | 603 197 | 10.54 | 9 899 | 13.08 | 1.24 |
| | [120 m,160 m) | 304 902 | 5.33 | 5 359 | 7.08 | 1.33 |
| | [160 m,200 m) | 162 110 | 2.83 | 2 972 | 3.93 | 1.39 |
| | ≥200 m | 160 352 | 2.80 | 2 710 | 3.58 | 1.28 |
| 中坡位置 | <0.2 | 1 052 569 | 18.39 | 13 807 | 18.24 | 0.99 |
| | [0.2,0.4) | 1 086 324 | 18.98 | 14 390 | 19.01 | 1.00 |
| | [0.4,0.6) | 1 137 727 | 19.88 | 14 384 | 19.00 | 0.96 |
| | [0.6,0.8) | 1 285 981 | 22.47 | 15 705 | 20.74 | 0.92 |
| | [0.8,1) | 1 161 115 | 20.29 | 17 422 | 23.01 | 1.13 |
| 地形汇聚指数 | <−60 | 12 289 | 0.21 | 43 | 0.06 | 0.29 |
| | [−60,−40) | 323 111 | 5.65 | 3 721 | 4.91 | 0.87 |
| | [−40,−20) | 1 030 642 | 18.01 | 12 608 | 16.65 | 0.92 |
| | [−20,0) | 1 514 797 | 26.47 | 20 044 | 26.48 | 1.00 |
| | [0,20) | 1 534 944 | 26.82 | 22 799 | 30.11 | 1.12 |
| | [20,40) | 944 613 | 16.50 | 11 443 | 15.11 | 0.92 |
| | [40,60) | 334 954 | 5.85 | 4 591 | 6.06 | 1.04 |
| | ≥60 | 28 366 | 0.50 | 459 | 0.61 | 1.22 |
| 地表粗糙指数 | [0,5) | 2 698 756 | 47.15 | 38 354 | 50.66 | 1.07 |
| | [5,10) | 2 296 963 | 40.13 | 29 118 | 38.46 | 0.96 |
| | [10,15) | 617 722 | 10.79 | 6 935 | 9.16 | 0.85 |

| 评价因子 | 类别 | 类别单元/个 | 类别单元占比/% | 滑坡单元/个 | 滑坡单元占比/% | 频率比 |
|---|---|---|---|---|---|---|
| 地表粗糙指数 | [15,20) | 92 250 | 1.61 | 1 061 | 1.40 | 0.87 |
| | [20,25) | 13 693 | 0.24 | 199 | 0.26 | 1.08 |
| | ≥25 | 4 332 | 0.08 | 41 | 0.05 | 0.63 |
| 地形表面凸率 | <30 | 41 306 | 0.72 | 165 | 0.22 | 0.31 |
| | [30,40) | 141 710 | 2.48 | 2 600 | 3.43 | 1.38 |
| | [40,50) | 3 094 012 | 54.06 | 39 820 | 52.60 | 0.97 |
| | [50,60) | 2 421 210 | 42.30 | 32 330 | 42.70 | 1.01 |
| | ≥60 | 25 478 | 0.45 | 793 | 1.05 | 2.33 |
| 地形位置指数 | <−10 | 222 943 | 3.90 | 1 906 | 2.52 | 0.65 |
| | [−10,−5) | 714 465 | 12.48 | 7 889 | 10.42 | 0.83 |
| | [−5,0) | 2 002 342 | 34.98 | 28 924 | 38.20 | 1.09 |
| | [0,5) | 1 829 996 | 31.97 | 26 440 | 34.92 | 1.09 |
| | [5,10) | 700 867 | 12.24 | 8 212 | 10.85 | 0.89 |
| | ≥10 | 253 103 | 4.42 | 2 337 | 3.09 | 0.70 |
| 地形湿度指数 | <3 | 716 853 | 12.52 | 6 522 | 8.61 | 0.69 |
| | [3,4) | 2 811 938 | 49.13 | 37 078 | 48.98 | 1.00 |
| | [4,5) | 1 606 362 | 28.07 | 22 600 | 29.85 | 1.06 |
| | [5,6) | 444 668 | 7.77 | 7 016 | 9.27 | 1.19 |
| | ≥6 | 143 895 | 2.51 | 2 492 | 3.29 | 1.31 |
| 流宽 | <26 m | 472 167 | 8.25 | 5 516 | 7.29 | 0.88 |
| | [26 m,28 m) | 518 584 | 9.06 | 7 187 | 9.49 | 1.05 |
| | [28 m,30 m) | 656 061 | 11.46 | 8 799 | 11.62 | 1.01 |
| | [30 m,32 m) | 832 404 | 14.54 | 10 815 | 14.29 | 0.98 |
| | [32 m,34 m) | 1 156 929 | 20.21 | 15 172 | 20.04 | 0.99 |
| | ≥34 m | 2 087 571 | 36.47 | 28 219 | 37.27 | 1.02 |
| 流路长度 | <250 m | 1 498 499 | 26.18 | 14 785 | 19.53 | 0.75 |
| | [250 m,500 m) | 1 647 270 | 28.78 | 18 739 | 24.75 | 0.86 |
| | [500 m,750 m) | 1 085 580 | 18.97 | 15 119 | 19.97 | 1.05 |
| | [750 m,1 000 m) | 663 686 | 11.60 | 9 900 | 13.08 | 1.13 |
| | [1 000 m,1 250 m) | 385 678 | 6.74 | 6 720 | 8.88 | 1.32 |
| | [1 250 m,1 500 m) | 216 861 | 3.79 | 4 540 | 6.00 | 1.58 |
| | ≥1 500 m | 226 142 | 3.95 | 5 905 | 7.80 | 1.97 |
| 河谷深度 | [0 m,40 m) | 2 910 570 | 50.85 | 31 051 | 41.01 | 0.81 |
| | [40 m,80 m) | 1 425 418 | 24.90 | 21 502 | 28.40 | 1.14 |
| | [80 m,120 m) | 706 605 | 12.35 | 12 508 | 16.52 | 1.34 |
| | [120 m,160 m) | 352 845 | 6.16 | 6 228 | 8.23 | 1.34 |

| 评价因子 | 类别 | 类别单元/个 | 类别单元占比/% | 滑坡单元/个 | 滑坡单元占比/% | 频率比 |
|---|---|---|---|---|---|---|
| 河谷深度 | [160 m,200 m) | 171 574 | 3.00 | 2 676 | 3.53 | 1.18 |
| | ≥200 m | 156 704 | 2.74 | 1 743 | 2.30 | 0.84 |
| 流域坡度 | [0 rad,0.15 rad) | 814 738 | 14.23 | 9 017 | 11.91 | 0.84 |
| | [0.15 rad,0.3 rad) | 2 012 948 | 35.17 | 31 550 | 41.67 | 1.18 |
| | [0.3 rad,0.45 rad) | 2 023 976 | 35.36 | 26 131 | 34.52 | 0.98 |
| | [0.45 rad,0.6 rad) | 791 897 | 13.84 | 8 226 | 10.87 | 0.79 |
| | ≥0.6 rad | 80 157 | 1.40 | 784 | 1.04 | 0.74 |
| 降水量 | 1 100 mm | 355 040 | 6.20 | 11 236 | 14.84 | 2.39 |
| | 1 150 mm | 4 343 147 | 75.88 | 57 426 | 75.85 | 1.00 |
| | 1 200 mm | 531 480 | 9.29 | 3 381 | 4.47 | 0.48 |
| | 1 300 mm | 494 049 | 8.63 | 3 665 | 4.84 | 0.56 |
| 地层 | $T_2b$ | 843 901 | 14.74 | 5 781 | 7.64 | 0.52 |
| | $T_3xj$ | 426 710 | 7.46 | 3 147 | 4.16 | 0.56 |
| | $J_2s$ | 3 060 670 | 53.47 | 61 587 | 81.35 | 1.52 |
| | $J_2xs$ | 62 245 | 1.09 | 335 | 0.44 | 0.40 |
| | $J_2x$ | 20 363 | 0.36 | 91 | 0.12 | 0.33 |
| | $J_1z$ | 1 102 284 | 19.26 | 4 767 | 6.30 | 0.33 |
| | $T_1j$ | 207 543 | 3.63 | 0 | 0 | 0 |
| 土地利用类型 | 耕地 | 3 281 304 | 57.33 | 45 846 | 60.56 | 1.06 |
| | 林区 | 1 887 393 | 32.97 | 14 484 | 19.13 | 0.58 |
| | 草地 | 338 394 | 5.91 | 3 798 | 5.02 | 0.85 |
| | 水域 | 121 526 | 2.12 | 6 219 | 8.21 | 3.87 |
| | 苔原 | 27 903 | 0.49 | 212 | 0.28 | 0.57 |
| | 人工建筑 | 67 196 | 1.17 | 5 149 | 6.80 | 5.81 |
| 距居民地距离 | 500 m | 1 529 346 | 26.72 | 22 326 | 29.49 | 1.10 |
| | [500 m,1 000 m) | 999 738 | 17.47 | 12 908 | 17.05 | 0.98 |
| | [1 000 m,1 500 m) | 834 419 | 14.58 | 8 846 | 11.68 | 0.80 |
| | [1 500 m,2 000 m) | 655 968 | 11.46 | 10 186 | 13.45 | 1.17 |
| | [2 000 m,2 500 m) | 506 076 | 8.84 | 6 634 | 8.76 | 0.99 |
| | ≥2 500 m | 1 198 169 | 20.93 | 14 808 | 19.56 | 0.93 |
| 距构造线距离 | <500 m | 562 237 | 9.82 | 5 657 | 7.47 | 0.76 |
| | [500 m,1 500 m) | 1 061 409 | 18.54 | 11 306 | 14.93 | 0.81 |
| | [1 500 m,2 500 m) | 988 994 | 17.28 | 9 836 | 12.99 | 0.75 |
| | [2 500 m,3 500 m) | 752 560 | 13.15 | 11 076 | 14.63 | 1.11 |
| | [3 500 m,4 500 m) | 650 104 | 11.36 | 10 196 | 13.47 | 1.19 |
| | ≥4 500 m | 1 708 412 | 29.85 | 27 637 | 36.50 | 1.22 |

| 评价因子 | 类别 | 类别单元/个 | 类别单元占比/% | 滑坡单元/个 | 滑坡单元占比/% | 频率比 |
|---|---|---|---|---|---|---|
| 距水系距离 | <500 m | 694 411 | 12.13 | 17 283 | 22.83 | 1.88 |
| | [500 m, 1 500 m) | 1 021 585 | 17.85 | 25 373 | 33.51 | 1.88 |
| | [1 500 m, 2 500 m) | 913 542 | 15.96 | 12 019 | 15.88 | 0.99 |
| | [2 500 m, 3 500 m) | 805 309 | 14.07 | 7 176 | 9.48 | 0.67 |
| | [3 500 m, 4 500 m) | 690 641 | 12.07 | 4 113 | 5.43 | 0.45 |
| | ≥4 500 m | 1 598 228 | 27.92 | 9 744 | 12.87 | 0.46 |
| 距道路距离 | <500 m | 1 507 269 | 26.33 | 17 974 | 23.74 | 0.90 |
| | [500 m, 1 500 m) | 1 966 574 | 34.36 | 30 511 | 40.30 | 1.17 |
| | [1 500 m, 2 500 m) | 1 199 634 | 20.96 | 19 225 | 25.39 | 1.21 |
| | [2 500 m, 3 500 m) | 636 071 | 11.11 | 6 031 | 7.97 | 0.72 |
| | ≥3 500 m | 414 168 | 7.24 | 1 967 | 2.60 | 0.36 |

注：表中 $T_2b$ 为三叠系中统巴东组，$T_3xj$ 为三叠系上统须家河组，$J_2s$ 为侏罗系中统上沙溪庙组，$J_2xs$ 为侏罗系中统下沙溪庙组，$J_2x$ 为侏罗系中统新田沟组，$J_1z$ 为侏罗系下统珍珠冲组，$T_1j$ 为三叠系下统嘉陵江组。

### 3.5.4 易发性评价结果与分析

采用 22 个评价因子作为条件属性，与对应的滑坡属性组成初始数据集，将数据集分为两类：随机选取 70% 滑坡和非滑坡数据构建数据集 $A$，包含 4 005 546 份数据；其余的 30% 数据作为测试集，共计 1 718 170 份数据。然后使用 imlbearn 库中上采样方法中的 SMOTE 接口对数据集 $A$ 进行过采样处理，构建数据集 $B$，使得数据集 $B$ 中滑坡与非滑坡数据比例为 1 : 1，达到平衡样本比例的目的。在数据集 $B$ 中随机抽取 10% 作为验证集，共计 790 464 份，其余作为训练集，训练集样本数量达到 7 114 177 份。使用独热编码以及补零等方法将测试集、验证集和训练集中每行一维数据转变为 22×22 的二维矩阵数据导入模型。训练集用于训练模型参数；测试集用于估计模型对样本的泛化误差，检验模型是否过拟合；验证集用于选择调整模型的超参数。LeNet-5 模型各项参数设置如表 3.48 所示。

表 3.48 LeNet-5 模型参数设置表

| 各参数项 | 参数值 |
|---|---|
| 卷积核大小 | 5×5 |
| 最大池化 | 2×2 |
| 激活函数 | 线性整流函数 |
| 优化器 | 自适应矩估计 |
| 批量数据大小 | 1 000 |
| 学习率 | 0.01 |

将训练集导入模型进行训练，用训练好的模型分别对验证集和测试集进行运

算。模型对于验证集的准确率为 87.50%,测试集数据预测值的 ROC 曲线如图 3.18 所示,曲线下面积为 0.895,即测试集数据的预测准确率为 89.5%。经过 SMOTE 过采样后的验证集数据精度与未经过样本比例处理的测试集数据精度相差不大,表明该模型有着较好的泛化能力,可以排除模型过拟合的情况。

将全部数据导入模型得到研究区域的滑坡发生概率,根据自然断点法将[0~1]的滑坡发生概率划分为五级:极低易发区[0,0.09)、低易发区[0.09,0.28)、中易发区[0.28,0.50)、高易发区[0.50,0.74)和极高易发区[0.74,1]。总体来说,极高易发区主要集中在长江沿岸,特别是万州区长江段中北部一侧的人工建筑区域和南段的低海拔地区,北部行政边界处的铁峰山一侧以及西部和东南部靠近行政边界的主要山脉河流附近,极高易发区分布与实际滑坡的位置相符。

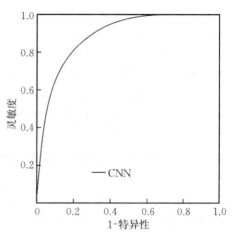

图 3.18　测试集数据的 ROC 曲线

由各易发性分区统计可以看出(表 3.49),78.31% 的滑坡数据被分入极高和高易发区,75.62% 的非滑坡栅格被划入极低和低易发区。滑坡点数据被分入极高至极低易发区的数量及占比逐渐减小,非滑坡数据则刚好相反,这符合滑坡易发性评价原则。极高至极低易发区面积同样是逐渐减少的,极低易发区占比甚至超过 61%,如果在实际滑坡灾害防范工作中,可以直接将大多数区域排除出风险区域,这对各项工作的开展具有一定的积极意义。实验结果表明经过训练的 LeNet-5 模型有着较强的预测能力,通过学习训练具有比较准确的分辨能力。如果以 0.5 作为全体预测值的阈值,将模型的预测结果划分为 0 和 1,通过与真实值进行对比,模型的总体精度为 84.59%。

表 3.49　滑坡易发性分区统计

| 分区 | 滑坡栅格 | | 非滑坡栅格 | | 合计 | |
|---|---|---|---|---|---|---|
| | 数量 | 占比/% | 数量 | 占比/% | 数量 | 占比/% |
| 极低易发区 | 3 062 | 4.04 | 3 448 375 | 61.05 | 3 451 437 | 60.30 |
| 低易发区 | 5 238 | 6.92 | 823 150 | 14.57 | 828 388 | 14.47 |
| 中易发区 | 8 122 | 10.73 | 544 748 | 9.64 | 552 870 | 9.66 |
| 高易发区 | 14 189 | 18.74 | 443 790 | 7.86 | 457 979 | 8.00 |
| 极高易发区 | 45 097 | 59.57 | 387 945 | 6.87 | 433 042 | 7.57 |

基于 LeNet-5 模型的滑坡易发性评价方法表现出了较好的适应性:对滑坡和非滑坡具有较高的分辨效率,总体精度较高(84.59%),占研究区域总面积

15.57%的极高和高易发区中78.31%的滑坡数据被预测为极高和高易发区,占研究区域总面积74.77%的极低和低易发区中75.62%的非滑坡数据被预测为极低和低易发区,结果表明易发性分区图与研究区域实际情况比较一致,能够为滑坡监测预警研究工作提供参考。此外,卷积神经网络具有一些传统技术所没有的优点,如自学习能力,能够学习大量输入数据与输出数据之间的映射关系,而不需要任何输入与输出数据之间的精确数学表达式,具有极强的适应性,善于挖掘数据局部特征,提取全局训练特征和分类。但是卷积神经网络模型的物理含义不明确,且处理大量数据时耗时较长,依赖图形处理单元硬件加速。因此,为了能将卷积神经网络广泛应用于区域滑坡预警,需要从超参优化组合、模型结构调整、适用性分析等方面开展进一步研究,以提高模型的精度和鲁棒性。

## 3.6　基于旋转森林方法的滑坡易发性评价

滑坡易发性评价研究大多针对大尺度研究区域,针对小尺度单体滑坡易发性评价研究相对较少。单体滑坡易发性研究结果可为滑坡监测及治理工作提供重要的参考依据。

区域滑坡易发性评价是预测滑坡发生空间位置的过程,但是单体滑坡的空间位置是已经确定的,因此单体滑坡易发性评价是预测单体滑坡内部某一区域发生变形破坏的空间概率。根据滑坡环境因素权重取值的不同,单体滑坡易发性评价方法分为知识驱动模型和数据驱动模型。知识驱动模型是通过分析单体滑坡的成因机制和发育规律,利用领域专家经验知识进行单体滑坡易发性评价指标的选取及其权重的计算,如模糊逻辑、层次分析法和专家系统法等;而数据驱动模型是以单体滑坡和其周围非滑坡区的孕灾环境信息为基础,通过数理统计、概率分析或人工智能等模型选取环境因素并计算权重,建立滑坡与其环境因素之间的定量函数关系,其中主要采用的方法有逻辑回归、支持向量机和人工神经网络等,最终实现单体滑坡易发性评价。和知识驱动模型相比,数据驱动模型不仅需要滑坡的孕灾信息,同时还需要滑坡周围非滑坡区的环境影响因素。数据驱动模型在区域滑坡易发性评价研究中已经被证明具有一定的实用性和可靠性,但如何将其扩展到单体尺度上,仍存在以下亟待解决的问题:①评价指标体系。滑坡是一个独立、非确定性的自然地质现象,不同单体滑坡其形成机理和影响因素也不尽相同,相同类型单体滑坡在不同区域受不同环境因素的影响程度也大相径庭。因此,结合前人研究成果、滑坡具体特征和现有资料,建立合理的评价指标体系对提高评价精度至关重要。②评价模型。随着多源滑坡信息获取手段的不断改进,滑坡监测数据愈加复杂、多样,针对单体滑坡系统的不确定性和非线性特征,亟须选取一种定量预测模型从这些复杂、庞大且具有干扰信息的数据中分析挖掘隐含其中的重要规律性知识。

针对上述问题,本节在深入分析三峡库区巴东县赵树岭滑坡特征的基础上,利用地理信息系统和遥感技术提取赵树岭滑坡地形地貌、基础地质、水文条件和地表覆盖等滑坡的孕灾环境和人类工程活动等诱发因素,构建旋转森林模型预测赵树岭滑坡内部某一区域发生变形破坏的空间概率。

## 3.6.1   研究区域

斜坡单元是滑坡等地质灾害发育的基本单元。采用基于幼年期沟谷划分的赵树岭滑坡斜坡单元作为滑坡易发性评价区域。其一可以综合反映各评价因子对滑坡发生的作用;其二斜坡单元内滑坡单元和非滑坡单元可以作为数据驱动模型二分类的决策属性,使评价结果更贴近于实际。采用斜坡单元作为评价区域,其划分流程如图 3.19 所示(武雪玲 等,2013b),首先由 1∶1 万数字化地形图生成数字高程模型,然后采用基于数字高程模型的水文分析模型划分斜坡单元,关键步骤包括数字高程模型和反向数字高程模型洼地填充、水流方向提取、汇流累积量计算、河网提取、正反流域多边形合并等。为保证数据的精度,生成的初始斜坡单元需经过人工修编才能满足滑坡易发性评价的实际需要。

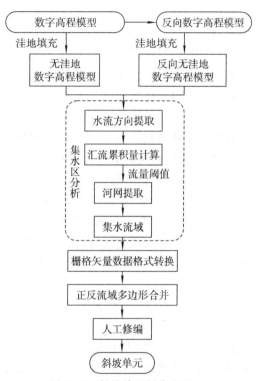

图 3.19   斜坡单元划分流程

## 3.6.2   评价因子

### 3.6.2.1   评价因子提取

通过分析赵树岭滑坡的发育特征,发现影响赵树岭滑坡发育的因素主要有地形地貌、基础地质、水文条件、地表覆盖、降水、地震,以及人类工程活动等。由于部分环境因素的影响范围较广,在整个斜坡单元内并没有数值上的变化,如降水、地震等因子,所以对这类评价因子不予考虑。本节基于基础地形图、地质图、高分一号遥感影像等数据资料,利用地理信息系统和遥感等技术提取控制因素和影响因素共 27 个单体滑坡易发性评价因子,其中典型评价因子的提取过程及其与斜坡单元内滑坡的相关性统计分析结果如下所述。

　　1. 地形地貌

　　选用1∶1万栅格地形图通过矢量化获取研究区域等高线、交通等基础地理信息,然后基于等高线数据生成不规则三角网(triangulated irregular network, TIN),再将三角网转为数字高程模型,最后通过 ArcGIS 软件的空间分析功能提取高程、坡度、坡向等地形地貌信息。赵树岭滑坡高程差异较大,相对高差达374 m。滑坡呈阶梯状,坡体上可见二级缓坡平台,滑坡地形坡度变化较大,从小于15°的平缓坡到大于45°的陡倾坡均有分布,但坡度主要集中在10°~30°,正北坡向和西北坡向为主要坡向,斜坡形态呈内凹坡(V/V)和外凸坡(X/X)。地表粗糙指数反映了地表起伏变化和斜坡表面侵蚀程度,一般用地表单元的实际面积与水平面投影面积的比值来表示,是衡量斜坡表面侵蚀程度的重要量化指标。利用 SAGA GIS 软件对研究区域的地表粗糙指数信息进行提取,并统计赵树岭滑坡与地表粗糙指数的相关性,结果表明:赵树岭滑坡地表粗糙指数较低,主要集中在0.5~1.4,说明赵树岭滑坡与地表粗糙指数相关性较大。坡长是反映地形地貌条件的重要指标,是指坡面上任何一点沿着水流方向到其流向起点间的最大地面距离投影在水平面上的长度。坡面的侵蚀程度与坡长有着密切的联系,而坡面侵蚀又是引起滑坡的重要因素,因此坡长对斜坡的稳定性有着间接的影响。利用 SAGA GIS 软件对研究区域的坡长信息进行提取,统计赵树岭滑坡与坡长的相关性,结果表明:赵树岭滑坡的坡长主要集中在0~55 m,其他坡长范围内的滑坡栅格数量相对较少。

　　此外,通过 SAGA GIS 和 ArcGIS 软件基于数字高程模型提取的其他地形地貌指标还包括坡高、一般曲率、平面曲率、剖面曲率、最大曲率、最小曲率、总曲率、地形表面纹理、地形表面凸率。在了解每一个指标如何影响滑坡产生的基础上,分析各个指标与滑坡之间的相关性,结果表明:这9个指标都与滑坡存在不同程度的相关性。

　　2. 基础地质

　　基础地质数据来源于1∶1万灾害地质图,从该地质图获得了地层界线、岩性、产状等信息。赵树岭滑坡所属的斜坡单元岩性大部分为软硬相间岩,仅有少量的软岩,而软硬相间岩是最容易发生滑坡的岩性。斜坡类型对地质灾害的分布具有很大的影响,曾忠平等(2006)的研究表明改进的太阳辐射地形因子计算模型(topographic/bedding-plane intersection angle,TOBIA)与斜坡类型密切相关。TOBIA 指数起源于太阳日照辐射能量的相关计算,由于坡度和坡向使太阳光的入射角不同导致坡面上接收的太阳辐射能量不同,所以地表太阳辐射能量可以表示为太阳高度角、方位角、斜坡的坡度和坡向的某种函数,而岩层产状与太阳光束和地形的空间几何排列关系模型极为相似,因此可以把岩层倾角和岩层倾向假设为太阳光高度角和方位角,提取 TOBIA 指数的步骤为:首先通过数字高程模型提取研究区域内坡度和坡向,然后将研究区域地层产状点利用克里金插值生成地层倾向和倾角栅格图层,最后利用 SAGA GIS 软件计算求得 TOBIA 指数。统计赵树岭滑坡上栅格单元与 TOBIA 指数的相关性,发现赵树岭滑坡的 TOBIA 指数主要分布在 0.91~0.99。

3. 水文条件

水在滑坡的发育过程中一直扮演着重要的作用。以三峡库区为例,库水位的周期性波动、地表水侵蚀与搬运,以及地下水的补给、径流、排泄是新生型滑坡诱发和老滑坡复活的重要原因之一。因此,提取表达河流沟谷形态和地下水分布等特征的水文条件对单体滑坡易发性评价具有重要作用。基于数字高程模型利用 SAGA GIS 软件可提取水文条件并分析其与滑坡的相关性。分水岭所包围的区域(即河流流域范围)的面积称为流域面积,又可称为汇水面积或集水面积。流域面积是表征河流流量的主要指标,而且它还影响着径流的形成。对赵树岭滑坡与流域面积之间的相关性进行统计分析,结果表明赵树岭滑坡上各个栅格单元的流域面积主要分布在 220 m² 范围内。LS 因子中 L 代表坡长,S 代表坡度,其主要指坡长和坡度对土壤侵蚀作用的影响,是通用土壤流失方程中四个因子之一。对赵树岭滑坡栅格单元与 LS 因子的相关性进行统计分析,结果表明滑坡上 LS 因子主要集中在 1.6~7.5。梅尔顿强度(Melton ruggedness number,MRN)是一个与累积流量相关的简单指数,通过集水区内最大高程差与流域面积平方根之商计算得到。统计赵树岭滑坡上栅格单元与梅尔顿强度的相关性,发现赵树岭滑坡的梅尔顿强度主要分布在 0~3.1。地形湿度指数用于定量模拟流域内土壤水分的干湿状况,而土壤水分直接影响了斜坡的稳定性,所以地形湿度指数是滑坡易发性分析的重要因素之一。基于数字高程模型提取研究区地形湿度指数,统计分析赵树岭滑坡内栅格单元与地形湿度指数的相关性,发现滑坡内地形湿度指数主要为 0~175。

此外,还可基于数字高程模型和 SAGA GIS 软件中水文模块提取流域坡度、距河网垂直距离、河流强度指数、低地地形分类指数指标,并统计赵树岭滑坡与每一个指标之间的关系,进而得到赵树岭滑坡与这几个指标之间都存在不同程度的相关性。

4. 其他因子

随着社会经济的快速发展,人类活动的频次、强度都在增加,巴东新城的搬迁、扩张等对赵树岭滑坡斜坡单元的地质环境有着很大的影响,直接威胁到了斜坡的稳定性。但是由于人类工程活动的形式多样,很难直接表达,因而采用土地利用类型表示人类工程活动的强度,一般情况下建筑物、道路等建设用地的人类工程活动最强,而植被覆盖区的人类工程活动最弱。统计赵树岭滑坡与土地利用类型之间的相关性,结果表明:赵树岭滑坡主要为植被覆盖,其次为建设用地,建设用地主要分布在滑坡的前缘至中间一带,后缘大多为林地,所以造成滑坡前缘的不稳定,由此可见人类工程活动对斜坡的稳定性具有非常重要的影响。此外,基于遥感数据提取归一化植被指数,统计赵树岭滑坡与归一化植被指数的相关性,结果表明:赵树岭滑坡上的归一化植被指数主要分布在 0.44~0.62。

#### 3.6.2.2　评价因子量化

滑坡易发性评价因子包括定量评价因子和定性评价因子,定量评价因子(如高程、坡度等)用实数来表示,定性评价因子(如工程岩组、土地利用类型等)用类别来表示。对定性评价因子很难进行实数域运算,因此根据定性评价因子不同类别对滑坡易发性的"贡献"程度,将其转换为有等级之分的数值量表。根据经验知识及前人研究成果,结合统计分析结果,对定性评价因子进行量化,结果如表 3.50 所示。

表 3.50　定性评价因子量化

| 评价因子 | 评价标准 | 危险性 | 评分值 |
|---|---|---|---|
| 斜坡形态 | GE/GR | 不危险 | 1 |
| | GE/V | 轻度危险 | 2 |
| | GE/X | 轻度危险 | 3 |
| | V/GR | 轻度危险 | 4 |
| | X/GR | 轻度危险 | 5 |
| | X/V | 重度危险 | 6 |
| | V/X | 重度危险 | 7 |
| | X/X | 极度危险 | 8 |
| | V/V | 极度危险 | 9 |
| 工程岩组 | 硬岩 | 不危险 | 1 |
| | 软岩 | 轻度危险 | 2 |
| | 软硬相间岩 | 重度危险 | 3 |
| 土地利用类型 | 林地 | 不危险 | 1 |
| | 裸地 | 轻度危险 | 2 |
| | 耕地 | 重度危险 | 3 |
| | 建设用地 | 极度危险 | 4 |

## 3.6.3　易发性评价

### 3.6.3.1　评价单元划分

模型单元的选取是滑坡灾害空间预测的前提,其影响预测变量的处理和预测模型的构建,是滑坡易发性评价的基本绘图单元。滑坡灾害分析中常用的模型单元有格网单元、地域单元、均一化单元、子流域单元和斜坡单元等(兰恒星 等,

2002)。格网单元采用矩阵的形式存储数据,便于数据采集、管理和计算,但其与滑坡孕灾环境因子的相关性较差,容易产生冗余数据;以地形、地质界线为边界划分的地域单元一般作为资源调查的基本单元,其划分标准依赖于研究者的主观分析,很难用于分析滑坡与评价因子之间的关系;均一化单元没有考虑不同区域的地形、地质条件差异;按照地形特征(山谷线和山脊线)和水系信息,可以将整个区域划分为子流域单元,其适用于泥石流灾害分析。国内外学者通常利用栅格单元和斜坡单元进行滑坡易发性评价。单体滑坡面积较小而且本身存在于一个斜坡单元内,因此本实验采用栅格单元进行单体滑坡易发性评价。数据尺度对评价因子的量化存在较大的影响,为保证最终的易发性结果质量,利用 ArcGIS 软件将所有数据重采样为 5 m×5 m 的栅格单元。

### 3.6.3.2　训练样本集选择

为了提高易发性评价结果的精度,如何降低样本之间的空间自相关对滑坡易发性研究具有重要意义(Huang et al.,2009)。采用窗口采样规则,主要思想为:在样本区不重叠移动采样窗口,将中心点作为样本。窗口太小,不能有效去除样本之间的空间自相关;窗口太大,又不能保证采集到足够样本点。因此,统计分析窗口大小与样本数量之间的关系,选择 3×3 采样窗口,即采样距离为 15 m,共采集到 3 460 个滑坡样本点,占滑坡总面积的 11%。为消除训练样本集中滑坡样本和非滑坡样本数量不平衡对模型产生的影响,利用相同大小的窗口在滑坡样本点 100 m 缓冲区外采集相同数量的非滑坡样本数据,形成训练样本集。

### 3.6.3.3　评价模型及结果

科学合理的评价模型能够挖掘单体滑坡与其评价指标之间隐含的信息。通过构建、组合多个单分类器来提高正确率和泛化能力的旋转森林模型实现赵树岭滑坡易发性评价。基于旋转森林模型实现单体滑坡易发性评价主要包括以下步骤(刘渊博,2017)。

(1)数据处理。将 27 个评价指标和是否滑坡单元(1 代表滑坡单元,0 代表非滑坡单元)分别作为条件属性和决策属性形成一张二维表,该二维表包含 93 843 行和 28 列,每一行描述一个评价单元,每一列描述对应评价单元的某种评价因子。

(2)参数选择。旋转森林模型参数选择主要包括特征集随机分割后每个子集包含的特征数 $M$ 和分类器个数 $L$。实验发现,当 $M=1$ 或者 $n$ 时,所得到的效果最差,因为当 $M=1$ 时,经过旋转变换和重组后,所有基分类器数据集都是相同的,不属于集成分类器;当 $M=n$ 时,没有对属性集进行分割;其他取值时变化不大,而对于分类器的个数,已有研究表明,当 $L=10$ 时,即可达到很好的分类效果(Kuncheva et al.,2007)。因此,本实验选择 $M=3$、$L=10$ 进行旋转森林模型训练。

(3)构建旋转森林模型。将所有栅格单元数据输入旋转森林模型中,计算得到每个栅格单元基于旋转森林模型的预测类别（滑坡和非滑坡）及属于相应类别的概率，然后将预测结果属于滑坡的概率作为每个栅格单元的属性信息导入 ArcGIS 软件中，即可生成单体滑坡易发性指数图，其敏感性值越大则代表此栅格单元内发生破坏变形或失稳的概率相对较大。

在赵树岭滑坡斜坡单元上，滑坡体上易发性指数较高，滑坡西侧次之，主要是由于滑坡西侧与滑坡体具有相似的地形地貌、地质条件，以及水文和地表覆盖等条件，因此滑坡西侧易发性程度较高，但明显低于滑坡体；滑坡南部易发性程度很低，被大面积植被覆盖。旋转森林模型预测结果与实地情况基本吻合，旋转森林模型和 C4.5 决策树预测结果的 ROC 曲线如图 3.20 和表 3.51 所示，旋转森林模型的 AUC 值为 0.931，其预测精度为 93.1%，而 C4.5 模型的 AUC 值为 0.831，其预测精度为 83.1%，旋转森林模型整体预测精度高于 C4.5 模型。

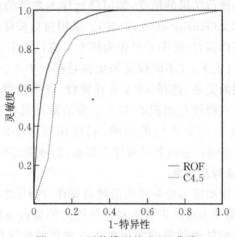

图 3.20　两种模型的 ROC 曲线

表 3.51　曲线下的面积

| 评价模型 | AUC 值 | 标准误差[①] | 渐进显著性水平[②] | 渐近 95%置信区间 | |
|---|---|---|---|---|---|
| | | | | 下限 | 上限 |
| ROF | 0.931 | 0.001 | 0 | 0.930 | 0.933 |
| C4.5 | 0.831 | 0.001 | 0 | 0.828 | 0.833 |

①在非参数假设下；②零假设，实际面积为 0.5。

# 第4章   滑坡变形判据挖掘

滑坡综合预报是在前兆异常识别的基础上，综合地质调查、勘探及滑坡变形演化数据，分析滑坡体结构、成因，评价滑坡稳定性，从而做出正确的预报。滑坡变形判据挖掘是滑坡综合预报的一个重要环节，旨在探索滑坡位移的变形规律和影响滑坡发生条件之间的内在联系，属于数据挖掘中的分类规则挖掘。其利用机器学习方法分析大量滑坡数据的特征，构建分类器，生成关于滑坡发生状态的分类规则的精确描述，为滑坡预警和防治决策提供理论支持。例如，在多数情况下，滑坡变形速率的增大是由诱发因素的突然叠加变化而导致的（贺可强 等，2005；许强 等，2008）。因此，滑坡变形判据挖掘必须从位移演化数据出发，考虑诱发因素对滑坡的影响和作用过程。由于滑坡预报在时间尺度上存在难度差异，随着滑坡预报时间的拉长，其预报误差会变得越来越大，滑坡的中长期预报很难准确预测滑坡破坏时间，因此，可以分析滑坡变形演化趋势，挖掘预报判据因子，评估影响滑坡稳定性的条件阈值，从而达到提前预警的目的。本章在分析三峡库区堆积层滑坡的时空演化特征的基础上，利用数据挖掘技术分析不同诱发因素对应的滑坡变形模式和发育规律。

## 4.1   滑坡变形时空演化特征

### 4.1.1   滑坡变形演化阶段

滑坡孕灾环境是滑坡变形演化的基础条件，不同孕灾环境中的滑坡通常表现出不同的形态和特征。如今国内外针对滑坡类型的划分方法主要可以归纳为按滑动面与层面的关系分类、按滑坡时代分类、按滑坡岩土体类型分类和按滑坡力学性质分类等。

斜坡的状态并非一成不变，其稳定程度和所处的变形阶段密切相关，对滑坡的变化情况进行预测和预警，需要准确判断滑坡所处的变形演化阶段。总结分析多种成因的土质斜坡与岩质斜坡，滑坡的变形过程一般分为三个阶段：初始变形阶段、等速变形阶段和加速变形阶段（许强 等，2009）。

如图4.1所示，初始变形阶段影响变形的综合因素从突然加剧到减弱或消失，滑坡的变形加速度为负值，其变形速率会逐渐降低；等速变形阶段滑坡大体上匀速缓慢变形，变形加速度值可以近似地看作0，这一阶段滑坡的变形速率通常相对较低，甚至于停止变形；加速变形阶段则需要特别关注，这一阶段滑坡体的变形加速度为正值，呈逐渐上升趋势，时间-位移曲线往往非常陡峭，滑坡岩土体变形速率不断增加，直至累积位移量超过临界值，使滑坡进入失稳临滑状态，最终发生滑动成为残坡堆积体（许强 等，2009）。

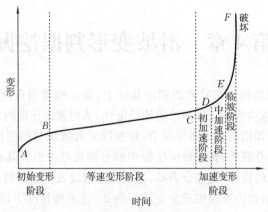

图 4.1　斜坡变形的三阶段演化图示

## 4.1.2　宏观变形监测

地质灾害体发生变形时总会在地表留下一些宏观痕迹,例如地表裂缝、树木和房屋倾斜、泉水动态等。滑坡的失稳破坏是变形达到一定程度时发生的,是一个渐进发展的过程。变形的各个阶段也会出现不同的宏观地质表现,可以据此来判断斜坡变形所处的变形阶段。因此,有必要对伴随滑坡体发展而出现的宏观变形迹象进行调查。

### 4.1.2.1　滑坡宏观变形迹象

滑坡的宏观变形迹象包括地表变形(裂缝、隆起、塌陷)、地表水、地下水、地热、地声及动物异常等情况。通过分析三峡库区每月报告中人工宏观地质巡查获取的滑坡宏观变形迹象,判断滑坡变形情况,对定量变形阶段判定进行印证和补充。滑坡宏观变形迹象总结如表 4.1 所示(许强 等,2008)。

表 4.1　滑坡体不同发育阶段的宏观变形迹象总结❶

| 滑坡体部位 | 初始变形阶段 | 等速变形阶段 | 加速变形阶段 | 失稳后停滑阶段 |
|---|---|---|---|---|
| 滑动面 | 主滑段蠕动变形,滑坡体未沿滑动带位移 | 主滑段大部分已形成,部分探井及钻孔发现滑动并带有镜面、擦痕及搓揉现象,滑坡体局部沿滑动带位移 | 滑动面整体已全面形成,滑带土特征明显且新鲜,多数探井及钻孔发现滑动并带有镜面、擦痕及搓揉现象,滑带土含水量常较高 | 滑坡体不再沿滑动带位移,滑带土含水量降低,进入固结阶段 |

❶　根据《滑坡时空演化规律及预警预报研究》(许强 等,2008)及《地质灾害防治工程勘察规范》(DB50 143—2016)附表 B.1.9 修改而得。

续表

| 滑坡体部位 | 初始变形阶段 | 等速变形阶段 | 加速变形阶段 | 失稳后停滑阶段 |
|---|---|---|---|---|
| 滑坡前缘 | 无明显变化，未出现新泉点 | 常有隆起，有放射状裂缝或大体垂直等高线的压致张裂，时有局部坍塌现象，或出现湿地，或有泉水溢出 | 出现明显剪出口且经常错出，剪出口附近湿地明显，有一个或多个泉点，有时滑坡舌形成且明显伸出，鼓丘及放射状裂缝加剧并常伴有坍塌 | 滑坡舌伸出，覆盖于原地表面上或抵达前方阻挡体而壅高，前缘湿地明显，鼓丘不再发展 |
| 滑坡后缘 | 地表或建筑物出现与等高线大体平行的拉张裂缝，裂缝断续分布 | 地表或建筑物拉张裂缝多而宽且贯通，外侧向下错动 | 张裂缝与滑坡两侧羽状裂缝连通，常出现多个阶坎或地堑式沉陷带，滑坡壁常较明显 | 裂缝不再增多，不再扩大，滑坡壁明显 |
| 滑坡两侧 | 无明显裂缝，边界不明显 | 出现雁行羽状剪切裂缝 | 羽状裂缝与滑坡后缘张裂裂缝连通，滑坡周界明显 | 羽状裂缝不再扩大，不再增多甚至闭合 |
| 滑坡体 | 无明显异常，偶见"醉汉林" | 有裂缝及少量沉陷现象，可见"醉汉林" | 有差异运动形成的纵向裂缝，中后部水塘、水沟或水田渗漏，不少树木成"醉汉林"，滑坡体整体位移 | 滑坡变形不再发展，原始地形总体坡度显著变小，裂缝不再扩大，不再增多甚至闭合 |

#### 4.1.2.2　滑坡宏观变形分析

树坪滑坡形成历史久远，1996 年滑坡体存在局部变形，前缘形成 100°走向的弧形裂缝，造成 15 栋房屋变形，使 60 多人被迫搬迁。多年来，受降水、库水位升降、工程活动的影响，宏观变形迹象一直存在，尤其在三峡水库试运行后，树坪滑坡宏观变形加剧，破坏迹象十分明显。2003 年至 2010 年，树坪滑坡的宏观变形迹象主要包括以下几个方面。

（1）自 2003 年 6 月以来，特别是 2003 年 10 月至 2004 年 1 月，滑坡变形主要以滑坡体前缘地面局部塌岸为主（如东侧滑坡体前缘东侧湿地坍滑形成塌岸）。

（2）2004 年上半年，宏观变形迹象以地面裂缝和房屋开裂为主，滑坡体下段东侧边界发育一条近南北向剪切裂缝，长约 100 m，该裂缝沿滑带剪出 6～10 cm；地面裂缝位于滑坡体上部沙黄公路一线（高程约 355 m），从滑坡体东侧后部断续向西延伸，直至滑坡西侧上树坪村北东部，走向由北东东向逐渐转变为北西向，总长约 350 m，缝宽 1～5 cm，具有拉张性质；沿地面裂缝带位于滑坡体东部水田湾村村民房屋以及滑坡西侧上树坪村，村民房屋均有不同程度的墙体和地面开裂，缝宽 0.1～2 cm。2004 年下半年，滑坡变形以坍滑和新增一系列细小横向裂缝为主，尤其是 7 月

20日,沿江公路滑坡体西部,原渗水坍滑处产生新的崩滑,长约20 m,宽近10 m,厚度约5 m,体积近1 000 m³,崩滑碎石超越挡土墙堆积在公路上,阻断了沿江公路。

(3)2005年至2006年,滑坡持续变形,地面宏观变形迹象多发生在强降雨之后,主要表现为:滑坡东侧中下部沿江公路(高程200~220 m)坡面有小坍塌,体积2~3 m³,原有裂缝有扩展迹象;滑坡中部田里出现拉张裂缝、田坎坍塌。2006年5月,滑坡中部监测点处(高程约200 m)发生约200 m³的土石体坍塌,以致监测点坍落。

(4)2007年1月至3月,地面宏观变形不明显;4月至6月,随着三峡库水位的持续下降,地表宏观变形迹象增多,以地表新增裂缝与小范围塌方为主。3月滑坡体后缘公路上新增一横向拉裂缝,长约5 m,缝宽1~2 mm;5月至6月在东侧滑坡体后缘及沙黄公路多处新增横向弧形拉裂缝,长20~40 m,缝宽5~8 cm,向下错动10~20 cm;坍塌体位于滑坡体前缘和后缘公路南侧。

(5)2008年8月中上旬,滑坡体整体上的宏观变形不明显。但8月下旬,受强降雨的影响,滑坡体内出现了多处变形,且多集中于滑坡的东侧,同时坡体内的裂缝有贯通趋势,局部有较大规模的坍塌。在滑坡的东侧靠近边界部位,沙黄公路出现多处沉降裂缝,路基下沉,该裂缝基本沿滑坡东侧边界一直延伸至正下方的村级公路上,总长度约100 m,宽0.5~3 cm,并且多条裂缝共同发育,与沙黄公路上的裂缝已经贯通为一体;滑坡上部的ZG87监测点附近,发育出一条长约80 m,宽度1~3 cm的裂缝;在滑坡后缘,原来已经发育的裂缝贯通形成新的地表裂缝,长约230 m,宽0.5~2 cm,裂缝的整体走向大致与此处的滑坡边界走向一致,并且又有一条裂缝分支沿西北方向延伸发育,长约90 m,裂缝宽度不等,一般为1~2 cm,多处裂缝同时具有垂直位移的发育特征,垂直位移5~10 cm;在滑坡体中部居民点的东侧发育一处局部滑塌,滑塌长约80 m,宽2~30 m,均宽为5 m,厚1~3 m,体积近1 000 m³,并且滑塌体表面有水渗出,基本呈软-流塑状态,在其东侧橘林间的陡坎有多处小规模的塌方,体积20~50 m³;在ZG88监测点的正南方(村级公路的南侧)高程190~225 m区域出现一处小规模滑塌,长约50 m,宽约30 m,体积大于1 000 m³,阻断了村级公路。

(6)2009年,树坪滑坡受库水位大幅度持续下降和降水量偏多的影响,5月滑坡主滑区形成,在主滑区东侧边界及其后缘公路出现明显的变形,东侧边界主要表现为剪切下沉裂缝,多闭合,后缘则为张裂下沉裂缝。6月12日,宏观调查发现主滑区西侧边界发育一系列羽状剪张拉裂缝,除局部未联通外,总体延伸性较好,裂缝一般下沉20~50 cm,张开2~20 cm,走向为300°~360°,穿越坡体下部沿江公路至自然冲沟。2009年7月,主滑区东侧中后部(高程约260 m)的原裂缝(走向70°、宽约10 cm、下沉约30 cm、长约150 m)扩张明显,新增下沉5 cm;主滑区西侧滑体中后部原裂缝(走向330°、宽约6 cm、下沉约10 cm、长约50 m)新拉张2 cm。

(7)2010年,滑坡主滑区宏观变形以拉张裂缝为主,沿缝有部分坍塌现象。滑坡宏观变形主要发生在 6 月至 7 月;滑坡中后部高程约 300 m 处发现拉张裂缝,裂缝长约 30 m、宽约 3 cm、向下错动约 5 cm;滑坡东侧(高程约 250 m)裂缝构成东侧边界,断续延伸 120 m,宽 1～2 cm,为原有裂缝拉张所致;强降雨作用下坡面出现多处坍塌现象,规模 0.5～10 m³,前缘坍塌加剧。

分析以上宏观变形迹象可知,树坪滑坡变形特征表现为部分新增裂缝和已有裂缝的扩张,其中部分变形剧烈区域产生坍塌和塌滑现象。同时,主滑坡体除发生整体变形,还具有局部不均匀变形的特征:由变形程度来看,滑坡东部变形明显大于西部;由变形部位来看,滑坡中后部变形迹象多于滑坡前部;从变形形式来看,滑坡变形具有由前向后扩展的趋势;从局部垮塌的影响因素来看,前缘塌滑主要受库水位影响,中后部的垮塌主要受地表裂缝扩张错动和强降雨的影响。

## 4.2 滑坡变形阶段划分

### 4.2.1 数据预处理

从各种传感器获得的滑坡监测数据是分析滑坡变形情况的重要资料。然而由监测仪器传回的数据,受环境变化干扰、仪器故障等影响,不可避免地会产生误差,如果不经筛查就使用监测数据进行建模分析,会严重影响建模的精度。因此,在建立研究模型前,需要对数据进行预处理,剔除数据中的奇异值。对于滑坡数据,通常采用逻辑判断和统计分析的方法剔除奇异值。

实际中,通常根据岩土体产生变形的一致性和同步性对滑坡监测数据进行逻辑判断(陈志坚 等,2003)。一致性指在同样的岩土结构以及影响条件近似的情况下,滑坡同一部位不同监测点的观测值应具有一致的变形趋势。同步性指在某种特殊荷载作用下,在同一部位同一段时间内的变形和应力增量均应同步变化。对滑坡监测数据进行逻辑分析实际上就是检验某个监测点的异常信息与相近监测点的相关性,从空间上判断其变形异常是因操作不当或仪器故障造成的需要剔除的粗差还是滑坡变形的真实情况。为了避免判断失误,应结合滑坡监测点的点位分布情况、影响因子的分布变化情况等进行综合判断。

统计分析即利用数学方法检验数据的粗差。对于具体变形监测数据,比较简便的方法是用"3σ 准则"检验(朱爱玺,2012)。滑坡监测数据集合 $\{x_1, x_2, \cdots, x_N\}$,第 $j$ 项数据的变化特征 $d_j$ 可以表示为

$$d_j = 2x_j - (x_{j+1} + x_{j-1}) \tag{4.1}$$

式中,$j = 2, 3, \cdots, N-1$。由 $d_j$ 可得变化特征的统计均值 $\bar{d}$ 和均方差 $\bar{\sigma}_d$ 分别为

$$\bar{d} = \sum_{j=2}^{N-1} \frac{d_j}{N-2} \tag{4.2}$$

$$\bar{\sigma}_d = \sqrt{\sum_{j=2}^{N-1} \frac{(d_j - \bar{d})^2}{N-3}} \qquad (4.3)$$

从而得到 $d_j$ 和均值偏差的绝对值与数据变化均方差的比值为

$$q_j = \frac{|d_j - \bar{d}|}{\bar{\sigma}_d} \qquad (4.4)$$

通常当 $q_j > 3$ 时,认为 $x_j$ 是可以剔除的奇异值。

## 4.2.2 划分变形阶段

### 4.2.2.1 统计方法

通过统计方法可以判断某一时间段内滑坡是否进入加速变形阶段。假设变形初始值为 $\varepsilon_0$,总变形量为 $D$;将这一时间段细分为 $n$ 个时间段作观测,每次观测到的监测点位移数值为 $\varepsilon_1, \varepsilon_2, \cdots, \varepsilon_n$,其均值为 $\bar{\varepsilon}$;再设 $D_i$ 为初始时刻 0 到观测时刻 $i$ 对应时间长度 $i$ 内的总变形量,$\bar{D}$ 为 $n$ 个 $D_i(i=1,2,\cdots,n)$ 的平均值。因此

$$\left. \begin{array}{l} \varepsilon_i = \varepsilon_0 + D_i \\[2mm] \bar{D} = \dfrac{\sum\limits_{i=1}^{n} D_i}{n} \end{array} \right\} \qquad (4.5)$$

则由式(4.5)可推出 $n$ 个监测点位移数值的平均值为

$$\bar{\varepsilon} = \frac{1}{n}(\varepsilon_1 + \varepsilon_2 + \cdots + \varepsilon_n) = \varepsilon_0 + \bar{D} \qquad (4.6)$$

计算各观测时段内测量值与均值的差方总和,并将式(4.5)和式(4.6)代入,可得

$$\sum_{i=1}^{n}(\varepsilon_i - \bar{\varepsilon})^2 = (D_1^2 + D_2^2 + \cdots + D_n^2) - n\bar{D}^2 \qquad (4.7)$$

设第 $j$ 个时间段内发生的变形量为 $d_j$,若滑坡体处于等速变形阶段,则每个时间段内的变形量均为 $d$,于是 $d_j = d$。由于 $D_i$ 为初始时刻 0 到观测时刻 $i$ 对应的时间长度 $i$ 内的总变形量,即 $D_i = \sum_{j=1}^{i} d_j$,因此可推出 $D_i = id$,$D = D_n = nd$。

此时,将式(4.7)代入样本标准差公式后进一步展开,则有

$$\begin{aligned} S &= \sqrt{\frac{1}{n-1}\sum_{i=1}^{n}(\varepsilon_i - \bar{\varepsilon})^2} \\[2mm] &= \sqrt{\frac{1}{n-1}\left[(1^2 + 2^2 + \cdots + n^2)d^2 - n\left(\frac{D_1 + D_2 + \cdots + D_n}{n}\right)^2\right]} \\[2mm] &= \sqrt{\frac{1}{n-1}\left[\frac{n(n+1)(2n+1)}{6}d^2 - \frac{(1+2+\cdots+n)^2 d^2}{n}\right]} \\[2mm] &= \sqrt{\frac{n(n+1)}{12}d^2} = \sqrt{\frac{(n+1)}{12n}D^2} \end{aligned} \qquad (4.8)$$

如果将测量精度 $\sigma$ 对样本标准差的影响考虑在内,那么重新定义的样本标准差 $S_d$ 可以作为变形趋势监控指标,则有

$$S_{\mathrm{d}} \stackrel{\text{def}}{=\!=} \sqrt{\frac{n^2\sigma^2}{n-1} + \frac{n(n+1)}{12}d^2} \approx \sqrt{n\sigma^2 + \frac{(n+1)}{12n}D^2} \tag{4.9}$$

可以通过比较滑坡监测数据的标准差 $S$ 与监控指标 $S_d$ 的关系判断滑坡是否进入加速变形阶段。当 $S \leqslant S_d$ 时,滑坡变形情况较为稳定;当 $S > S_d$ 时,滑坡进入加速变形阶段(赵志峰,2009)。

#### 4.2.2.2　聚类分析方法

机器学习方法通过聚类分析得到滑坡监测点位移变化的整体分布特征,从而判断某一时间段内滑坡点所处的变形阶段。聚类分析能够将一批样本数据,在没有先验知识的前提下,根据数据特征,按照其在性质上的亲疏程度进行自动分组,将数据集划分为若干组或类,且使组内个体的结构特征具有较大相似性,组间个体的特征相似性较小。主要的聚类分析方法包括划分聚类算法、层次聚类算法、基于密度的聚类算法、网络聚类算法、基于模型聚类算法以及基于模糊聚类算法等(李芝峰 等,2019)。

$K$ 均值聚类也称快速聚类,是最典型的划分聚类算法(McQueen,1967)。它采用划分原理进行聚类,得到每个样本点唯一属于一个类的聚类结果,聚类变量为数值型。其基本思路是:将数据集划分为 $k$ 个簇,通过反复移动簇中心使簇内样本之间的相似度最高,簇与簇之间的相似性则较低,如图 4.2 所示。

$K$ 均值聚类算法的计算步骤如下(梁循,2006)。

(1)通常两组样本 $\{x_1, x_2, \cdots, x_n\}$ 和 $\{y_1, y_2, \cdots, y_n\}$ 间的相似度可以使用欧氏距离来计算,即

$$d(x,y) = \sqrt{\sum_{i=1}^{n}(x_i - y_i)^2} \tag{4.10}$$

(2)从样本集中随机选择或者指定一组初始聚类中心 $c_k(k=1,2,\cdots,K)$,对每个样本 $X_i(i=1, 2,\cdots,N)$,找出距离其最近的中心点(簇)为

$$k = \min_{k \in \{1,2,\cdots,K\}}(d(c_k, X_i)) \quad (k=1,2,\cdots,K) \tag{4.11}$$

(3)由每个簇中样本的均值,计算可得这个均值向量作为簇的新中心为

$$c_k = \frac{1}{n_k}\sum_{j=1}^{n_k}X_j^{(k)} \quad (k=1,2,\cdots,K) \tag{4.12}$$

式中,$n_k$ 为第 $k$ 簇中的样本数。

重复以上步骤,直到没有样本或很少的样本被

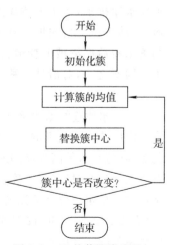

图 4.2　$K$ 均值聚类流程

重新分配。

# 4.3　滑坡变形影响因素

## 4.3.1　影响因素提取

　　滑坡变形影响因素监测指标很多,通常包括地下水动态监测指标、地表水监测指标、气象监测指标和其他监测指标等。监测指标不同得到的预报判据结果也会不同。地下水动态监测指标包括水位深浅、饱水程度、升降等;地表水监测主要指对滑坡体有影响的库水位、水量波动速度及其泥沙含量等的监测;气象监测主要针对降水量、气温、蒸发量等内容,降水量监测有时可以成为预警的直接指标;其他监测指标包括地声监测、地应力监测、人类活动监测等(周平根,2004)。

### 4.3.1.1　库水位监测指标

　　根据与库水位的关系,三峡库区滑坡可分为涉水滑坡和不涉水滑坡。作用于涉水滑坡的荷载有:灾害体的自重及地面荷载,库水位和库水位变动产生的静水压力,降雨入渗形成的地下水动水压力和静水压力等。作用于不涉水滑坡的荷载有:灾害体的自重及地面荷载,降雨入渗形成的地下水动水压力和静水压力等。涉水滑坡的荷载组合主要涉及水库运行工况和暴雨工况。水库运行工况分为静止水位工况和水位降落工况。

　　库区堆积层滑坡物质为含砾石黏土,渗透性差。水库蓄水时,水向坡体内渗透缓慢,水位以下的岩土体在水的软化作用下强度会迅速降低,淹没部分就会产生浮托力作用,土体有效重量减少,进而降低滑坡体抗滑力;水库退水时,地下水向水库排水,由于坡体渗透性差,地下水排除缓慢,形成地下水与库水位的正落差,动水压力指向坡体外侧,不利于滑坡稳定,在水位下降速度较大时,表现出弱透水滞后型滑坡的变形特征。因此,库水位变化是导致库区涉水滑坡变形的主要因素之一,对滑坡位移速率波动性演化具有重要影响(刘新喜 等,2005;彭令 等,2011)。

　　三峡水库连续蓄水会在岸坡形成新的消落带,容易打破滑坡原有的平衡,对岸坡稳定性造成很大影响。再加上三峡库区河道狭窄,相比于宽广河谷,水位幅度变化更为剧烈,这种高强度的库水位变幅极有可能引起近岸地段地下水位大幅度的升降,影响滑坡稳定性。库区水位数据一般单位为 m。预报判据挖掘研究中,通常按照卫星定位位移监测的时间跨度,对库水位进行分割处理,选取适当的评价因子(表 4.2)。2006 年 12 月至 2010 年 11 月,三峡水库的部分库水指标随时间变化的关系如图 4.3 所示。

表 4.2　滑坡变形判据挖掘常用的库水位评价因子

| 评价因子/m | 指标说明 |
| --- | --- |
| 累积库水位波动量 | 相邻两个监测时间段的水位差 |
| 当期库水位累积上升量 | 相邻两个监测时间段库水位累积上升量总和 |
| 当期库水位累积下降量 | 相邻两个监测时间段库水位累积下降量总和 |
| 当期库水位最大上升量 | 相邻两个监测时间段期间库水位单日最大的上升量 |
| 当期库水位最大下降量 | 相邻两个监测时间段期间库水位单日最大的下降量 |
| 当期库水位平均值 | 相邻两个监测时间段期间库水位的平均值 |
| 当期库水位 | 获取卫星定位数据时的库水位 |

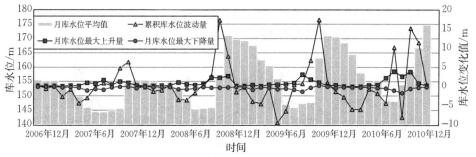

图 4.3　库水位升降量-时间相关性

### 4.3.1.2　降水量监测指标

降雨是诱发滑坡变形的主要因子之一,其对滑坡的影响具有区域性、群发性、同步性等。在斜坡地质环境条件具备时,暴雨对滑坡失稳的作用十分突出(张倬元 等,1994)。

降雨对滑坡的影响主要表现在以下四个方面:①对边坡岩土体降雨起加载作用,降雨渗入坡体后,造成滑坡土体饱水,滑坡的重度变为饱和重度,增加了滑坡体总重量,使其下滑力增大,产生变形;②雨水渗入,弱化岩土体,会软化滑坡体物质,尤其是滑带土,造成其抗剪强度降低,使岩体结构遭到破坏,发生崩解泥化现象,由此改变边坡力学性能;③降雨会使裂隙充水并承受静水压力作用,造成坡体受到一个向着临空面的侧向推力,产生变形;④降雨补充地下水,导致地下水位普遍抬高,地下水渗流时由于水力梯度作用,会对坡体产生动水压力,其方向与渗流方向一致,指向临空面,使其产生变形。

降雨对滑坡的影响通常具有一定的滞后作用。滞后期长短与众多因素有关,这些因素包括:滑坡所处的地质环境特征、降水量总量、日降水强度和降雨前滑坡体本身的稳定状况等。三峡库区降水量以日为时间间隔进行记录存储,单位为mm。预报判据挖掘中,按照位移监测的时间跨度,针对各单体滑坡的变形特点,对降水量进行分割处理,选取适当的评价因子(表 4.3)。2006 年 12 月至 2010 年11 月,部分降水指标随时间变化情况如图 4.4 所示。

表 4.3　部分常用的降水量评价因子

| 评价因子 | 指标说明 |
|---|---|
| 区段降水量/mm | 相邻两个监测时间段内降水量总和 |
| 月降水量/mm | 当月监测日向前 30 日降水量总和 |
| 最大日降水量/mm | 相邻两个监测时间段内最大日降水量 |
| 一次最大连续降水量/mm | 相邻两个监测时间段内最大连续降水量 |
| 最长降水连续天数/d | 相邻两个监测时间段内最长降水连续天数 |
| 滞后三天累积降水量/mm | 本月监测日向前三天的降水量总和 |
| 滞后一周累积降水量/mm | 本月监测日向前一周的降水量总和 |
| 滞后两周累积降水量/mm | 本月监测日向前两周的降水量总和 |

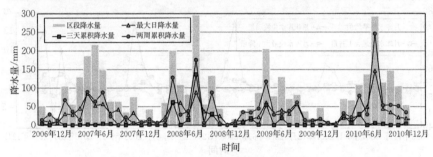

图 4.4　降水-时间相关性

### 4.3.1.3　地下水监测指标

地下水的赋存和运移是对滑坡稳定性产生影响的主要自然因素之一。地下水位升高会降低滑坡体的有效荷载,地下水的长期浸泡也会引起滑坡体及滑带上的力学变化。这两方面的作用均直接降低滑坡稳定性,导致其位移速率变化(易武等,2011)。地下水对滑坡的作用主要表现为三种方式:①赋存在滑动带的地下水对滑动面的润滑和软化作用,会降低滑动面的抗剪强度;②地下水对滑坡产生的浮力(静水压力),会减少滑坡体的有效自重和作用面上的有效应力;③流动的地下水对滑坡体的渗透(动水压力)作用,会增加滑坡体的下滑力。

库区滑坡地下水位监测以地下水位动态变化监测为主,能对地下水的水位和水温的动态变化进行连续、长期、自动监测。通过监测数据可以了解滑坡地下水的变化特征。自动水位记录仪根据探头埋深,减去水柱高度,测得水位深度。库区地下水位动态监测通常为每日一次,单位为 m。预报判据挖掘中,按照卫星定位位移监测的时间跨度,对地下水位进行分割处理,选取适当的评价因子,如表 4.4 所示。

表 4.4　部分常用的地下水位评价因子

| 评价因子/m | 指标说明 |
|---|---|
| 地下水位差 | 相邻两个监测时间段地下水位变化值 |
| 地下水位与库水位差 | 同一时间点地下水位与库水位差 |
| 地下水标高 | 地下水的水位高程 |

　　地下水位变化比库水位变化波动性更强,即地下水位变化更为复杂,其主要原因是地下水位变化受库水位和降雨的综合作用。当库水位下降而降水量增大时,如果降水量较大足够抵消库水位的影响,则地下水位也会抬高,相反,则地下水位随库水位的下降而降低。当库水位上升而降水量减少时,如果库水位上升幅度较小而降水量剧减,则地下水位相应也会降低,相反,则地下水位仍然抬高。当库水位下降或上升,而降水量同时也减少或增加时,相应的地下水位降低或抬高,而且其变化幅度很大。三峡库区的地下水以降水就地补给为主,水动态特征随季节而变化。滑坡区地下水位随库水位的涨落而变化,并保持密切的水力联系。

　　以三峡库区白家包滑坡为例,2006 年 12 月至 2010 年 11 月,部分地下水指标随时间变化的关系如图 4.5 所示。从图中可以发现地下水位主要随库水位的波动而波动,库水位下降则地下水位下降,库水位上升则地下水位上升。但当库水位下降且降水量很大时,地下水位会出现相应抬高,但是具有一定滞后性,如 2007 年 5 月、2008 年 5 月和 2009 年 5 月(石爱红 等,2013)。

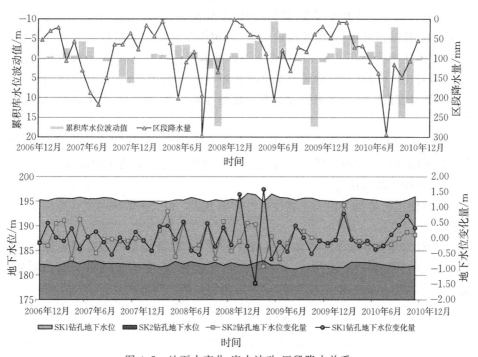

图 4.5　地下水变化-库水波动-区段降水关系

## 4.3.2　影响因素约简

　　滑坡是一个开放的系统。自然环境能对斜坡产生影响,诱发形变的因素存在多种潜在可能性,通过监测得到的数据及其衍生的统计数据具有多维且冗杂的特点。对数据挖掘模型来说,变量的选择一般遵循两个原则:一方面,输入变量之间尽量不要有强关联,否则就有共线性的干扰,相互强关联的输入变量对于预测模型来说是多余且无益的,将使模型预测效果大大降低;另一方面,输入变量与目标变量之间应该是强关联。

剔除那些在物理意义上近似且高度线性相关的冗余变量,可以在一定程度上控制规则集的规模,是滑坡变形判据挖掘的重要工作。滑坡的影响因素约简相当于机器学习的特征选择,根据选择形式可以将影响因素约简方法分为过滤式、包裹式和嵌入式三种。

过滤式方法一般使用评价准则来增强属性与目标变量的相关性,削减属性之间的相关性。在建模进行规则挖掘前的数据处理过程中,主要利用数理统计中的某些指标数值对指标进行筛选。常用的评价函数有四类:距离度量、信息度量、依赖性度量以及一致性度量。常用的方法有方差筛选、相关系数法、卡方检验、粗糙集方法等。

包裹式方法是将影像因素约简作为学习算法的一个组成部分,每次选择若干指标,或者排除若干指标,反复构建模型,采用模型性能作为指标重要性的评价标准,选出最佳指标组合。其使用机器学习性能来评价特征的好坏,必须通过多次计算,从而对比得出佳结果,时间复杂度相比过滤式方法更高,且其求出来的结果可能是一个局部最优解。常用的方法有拉斯维加斯方法、蒙特卡洛法和递归特征消除法等。

嵌入式方法是将影像因素约简过程加入模型训练过程的机器学习算法,各个影响因素的权重系数通过模型训练得到。这类算法包括正则化的逻辑回归算法、树算法、神经网络算法等。

本章使用的是基于相关系数计算的约简方法。相关系数法需要计算以下三个步骤。

(1)计算相关系数 $\gamma$。样本相关系数反映了两特征变量间线性相关程度的强弱。常见的计算方法有皮尔逊(Pearson)相关系数、斯皮尔曼(Spearman)相关系数和肯德尔(Kendall)相关系数等,皮尔逊相关系数计算公式为

$$\gamma = \frac{\sum_{i=1}^{n}(x_i - \bar{x})(y_i - \bar{y})}{\sqrt{\sum_{i=1}^{n}(x_i - \bar{x})^2}\sqrt{\sum_{i=1}^{n}(y_i - \bar{y})^2}} \tag{4.13}$$

式中,$n$ 为样本数,$x_i$ 和 $y_i$ 为两个变量的值。当 $\gamma$ 大于一定自由度 $f$ 下的相关系数临界值时,认为变量之间在统计上存在相关关系。否则,不存在相关关系。

(2)对相关系数进行显著性检验。常用检验方法包括 $u$ 检验、$t$ 检验和 $F$ 检验等。

仅相关性系数还不足以说明样本来自的两个总体是否具有显著线性相关,只有当显著性水平显著时,相关系数才是可信的。经常采用假设性检验判断两个样本是否具有显著性线性关系进行判断(贾俊平 等,2015):首先给出零假设($H_0$),即两总体样本零线性相关,然后计算皮尔逊相关系数的检验统计量,根据统计量的值查表可以得到假设样本为真时的样本观察结果的出现概率 $P$ 值。如使用 $t$ 统计量,其定义为

$$t = \frac{\gamma\sqrt{n-2}}{\sqrt{1-\gamma^2}} \tag{4.14}$$

式中,$\gamma$ 为相关系数,$n$ 为样本数。比较 99%、95% 和 90% 的置信区间水平下的 $t$ 临界值,查表得到 $P$ 值,与显著性水平 $\alpha$ 作比较。当 $P < \alpha$ 时,则应拒绝假设,那么两总体存在显著的线性关系;反之,当 $P > \alpha$ 时,则不能拒绝零假设,不能说明两总体存在显著的线性关系;如果 $P = \alpha$,则应重新抽样检验。

(3)对相关性强的变量进行剔除,完成影响因素约简。

## 4.4　白家包滑坡变形判据挖掘

### 4.4.1　滑坡监测概况

白家包滑坡位于秭归县归州镇,前缘直抵香溪河,剪出口高程为 135 m,滑坡后缘以基岩为界,高程为 275 m。深层滑坡体平均厚度 45 m,前缘厚 20~30 m,中部厚 47 m,后缘厚 10~40 m,滑坡体体积为 $990 \times 10^4$ $m^3$。浅层滑坡体体积为 $660 \times 10^4$ $m^3$,平均厚度 30 m,前缘厚 10~20 m,中部厚 35 m,后缘厚 10~40 m,滑坡坡面坡度 10°~15°,滑坡体前缘临江段坡度 20°,中部平缓,坡度 10°~12°,滑坡平均坡度约 15°。

滑坡体物质主要为碎块石粉质黏土和碎石土,碎块石粉质黏土和碎石土多呈不规则状交替出现。碎块石岩性以长石砂岩为主,成分为强—中风化砂岩、泥岩,碎块石含量为 5%~50%,粒径变化大,为 0.2~60 cm,呈棱角状至次棱角状,风化程度为中等—微风化。碎石土呈稍密—密实质地,块石含量为 50%~90%,这里的细粒土为粉质黏土、黏土及角砾。白家包滑坡由于其地形及组成物质的特殊性,使得地下水容易存储,且与降雨、库水位关系紧密,其滑床相对于滑坡体的物质组成来说是一个隔水层,影响着地下水的运移。

滑坡体上布设了 4 个卫星定位监测点,监控整个滑坡体变形,监测点编号为 ZG323~ZG326,各监测点累积位移数据比较完整。监测数据包括监测点坐标(含坐标系及参数说明)、月位移量、累积位移量、位移方向等。监测频率通常为每月一次,如遇汛期或滑坡出现变形加剧的情况,会对该滑坡进行加密监测。

### 4.4.2　C5.0 规则挖掘算法

决策树是一种十分常用的分类和回归算法,采用自顶向下的递归方式来构造模型,具有泛化性好、可读性强、分类速度快等优点。随着决策树逐层构建,训练样本集将层层递进被划分为几个较小的子集。在判据挖掘研究中,树根与各节点之间的路径都对应着一条规则,因此整个决策树也就对应着一组完整的规则。分裂属性的选择是构建决策树的关键因素之一。经典的决策树模型生成算法有 Quinlan(1993)提出的 ID3 算法和 C4.5 算法。其中,C5.0 决策树算法是 C4.5 的商业版本,以信息增益率作为节点的划分标准。

信息增益表示信息复杂度减少的程度,可以根据它判断输入特征的重要性。假设用属性 $a$ 来分割数据集 $D$,产生 $V$ 个分支,用 $Ent(D)$ 表示数据集 $D$ 的信息熵,则信息增益的计算方式为 $Ent(D)$ 减去属性 $a$ 给定条件下 $D$ 的经验条件熵,即

$$Gain(D,a) = Ent(D) - \sum_{v=1}^{V} \frac{|D^v|}{|D|} Ent(D^v) \qquad (4.15)$$

由于信息增益倾向于选择类别值多的属性,因此 C5.0 通过计算信息增益率来改善这个问题。信息增益率的计算公式为

$$Gain\_ratio(D,a) = \frac{Gain(D,a)}{Ent(a)} \qquad (4.16)$$

决策树的生长过程会不断计算信息增益率:如果属性是离散型变量,则按类别形成树的分支;如果属性是连续型变量,则以分箱法将数据离散化后形成二叉树。决策树生成后需要通过剪枝技术来避免过度拟合。C5.0 主要采用后剪枝技术自底向上进行裁剪。比起预剪枝技术,后剪枝技术会保留更多的分支,因此泛化性能往往更好,且不容易欠拟合。

### 4.4.3　滑坡变形模式划分

对 2006 年 12 月至 2010 年 11 月的白家包滑坡地表位移数据进行粗差检验分析,$\Delta F$ 表示累积位移,如表 4.5 所示。分别计算 ZG323～ZG326 监测点的 $q_j$,均没有发现奇异值。

表 4.5　监测点位移的 $d_j$、$\hat{\sigma}$　　　　　　　单位:mm

| 参数 | ZG323$\Delta F$ | ZG324$\Delta F$ | ZG325$\Delta F$ | ZG326$\Delta F$ |
|---|---|---|---|---|
| $d_j$ | −0.028 | −0.095 | −0.038 | −0.054 |
| $\hat{\sigma}$ | 224.941 | 194.545 | 138.035 | 235.787 |

此外,通过计算相关系数对 4 个监测点的累积位移和月速率进行一致性与同步性分析,4 个监测点的累积位移和月速率分别高度相关,一致性和同步性均符合实际情况,如表 4.6、表 4.7 所示。

表 4.6　监测点累积位移相关性分析

| 监测点编号 | ZG323 | ZG324 | ZG325 | ZG326 |
|---|---|---|---|---|
| ZG323 | 1.000 | | | |
| ZG324 | 0.999 | 1.000 | | |
| ZG325 | 0.999 | 1.000 | 1.000 | |
| ZG326 | 0.999 | 1.000 | 1.000 | 1.000 |

表 4.7　监测点月速率相关性分析

| 监测点编号 | ZG323 | ZG324 | ZG325 | ZG326 |
|---|---|---|---|---|
| ZG323 | 1.000 | | | |
| ZG324 | 0.958 | 1.000 | | |
| ZG325 | 0.958 | 0.991 | 1.000 | |
| ZG326 | 0.952 | 0.993 | 0.991 | 1.000 |

#### 4.4.3.1　基于统计的划分方法

通过分析监测点观测值的标准差 $S$，可以判断滑坡所处的变形阶段；分析变形趋势监控指标 $S_d$，可以判断滑坡是否处在变形阶段明显期。当监测点的 $S \geqslant S_d$ 时，说明滑坡变形很明显。$S_d$ 是基于一定假定做出的推导，是实际情况的一种近似。而实际观测受到很多因素的影响，因此在分析监测数据时，要根据具体情况确定参数的取值并合理利用。

整理 4 个监测点的累积位移，对 8 个时间区间内的数据，分别求出标准差 $S$ 和变形趋势监控指标 $S_d$，其中观测精度 $\sigma$ 取 0.1 mm(吴婷，2011)。根据累计标准差进行分析，各时间段内各监测点的位移标准差相差较大，4 个监测点每年 12 月至次年 5 月的标准差均比次年 6 月至 11 月的标准差小很多，说明滑坡下半年的变形大于同年上半年的变形。2006 年 12 月至次年 5 月，除 ZG324 外，监测点位移标准差均小于 $S_d$，ZG324 的标准差较小且与 $S_d$ 相差不大，说明此段时间各监测点处于变形稳定阶段；2007 年 6 月至 11 月，ZG323 仍处于变形稳定阶段，ZG324、ZG325、ZG326 的标准差均大于等速变形阶段的下限值 $S_d$，说明此阶段 ZG324、ZG325、ZG326 监测部位变形明显；2007 年 12 月至次年 5 月，4 个监测点处于变形稳定阶段；2008 年 6 月至11 月，ZG323、ZG324、ZG325 处于变形稳定阶段，ZG326 变形明显；2008 年 12 月至次年 5 月，4 个监测点处于变形稳定阶段；2009 年 6 月至 11 月，4 个监测点的标准差比 $S_d$ 大很多，说明此段时间各监测点变形明显，处于加速变形阶段；2009 年 12 月至次年 5 月，4 个监测点变形减缓，处于变形稳定阶段；2010 年 6 月至 11 月，ZG326 时效变形明显，虽然 ZG323、ZG324、ZG325 的标准差均小于 $S_d$，但其标准差很大，说明虽然其整体时效变形不明显，但在此阶段仍在明显变形，如表 4.8 所示。

讨论标准差虽然能够提供滑坡变形的分析和推理依据，但仍只是一定假设下对可能情况的一种近似，实际观测中由于很多因素的影响，理论推导的限值与实际情况会存在着出入。因此,在从定量到定性的分析过程中,应该同时结合具体变形迹象和其他类型监测数据,做到全面客观。

**表 4.8　累积位移标准差分析**　　　　　　　　单位:mm

| 时间 | 指标 | ZG323$\Delta F$ | ZG324$\Delta F$ | ZG325$\Delta F$ | ZG326$\Delta F$ |
|---|---|---|---|---|---|
| 2006 年 12 月—2007 年 5 月 | $S$ | 3.778 | 4.924 | 4.198 | 4.484 |
| | $S_d$ | 4.843 | 4.843 | 4.843 | 4.843 |
| 2007 年 6 月—2007 年 11 月 | $S$ | 11.983 | 14.749 | 15.599 | 19.219 |
| | $S_d$ | 14.314 | 14.314 | 14.314 | 14.314 |
| 2007 年 12 月—2008 年 5 月 | $S$ | 5.643 | 5.709 | 4.242 | 4.244 |
| | $S_d$ | 5.720 | 5.720 | 5.720 | 5.720 |
| 2008 年 6 月—2008 年 11 月 | $S$ | 9.202 | 9.632 | 9.309 | 13.277 |
| | $S_d$ | 9.669 | 9.669 | 9.669 | 9.669 |
| 2008 年 12 月—2009 年 5 月 | $S$ | 2.944 | 3.440 | 3.363 | 3.609 |
| | $S_d$ | 4.041 | 4.041 | 4.041 | 4.041 |
| 2009 年 6 月—2009 年 11 月 | $S$ | 45.055 | 50.549 | 46.981 | 58.958 |
| | $S_d$ | 45.007 | 45.007 | 45.007 | 45.007 |
| 2009 年 12 月—2010 年 5 月 | $S$ | 4.314 | 4.380 | 3.673 | 4.266 |
| | $S_d$ | 4.817 | 4.817 | 4.817 | 4.817 |
| 2010 年 6 月—2010 年 11 月 | $S$ | 22.014 | 21.876 | 21.053 | 28.588 |
| | $S_d$ | 27.553 | 27.553 | 27.553 | 27.553 |

### 4.4.3.2　基于聚类的划分方法

2006 年 12 月至 2010 年 11 月,监测点累积位移曲线如图 4.6 所示,滑坡累积位移呈现阶跃型变化特征。

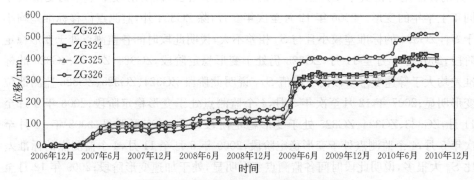

图 4.6　白家包滑坡监测点累积位移曲线

垂直于库岸的 A—A′剖面处于主滑区,分析这条剖面的变形特征有利于了解滑坡变形的整体情况。这条剖面上有两个监测点 ZG324 和 ZG325,附近有 SK2 和 SK1 两个地下水位监测孔。从两个监测点的月位移监测数据在主滑方向的投影可以看出,两个监测点变形的趋势大体是一致的,且在每年 5 月至 9 月变化较为剧烈。其中,ZG324 监测点位于滑坡中前部,对库水位涨落和降雨影响的敏感性较强,如图 4.7 所示。

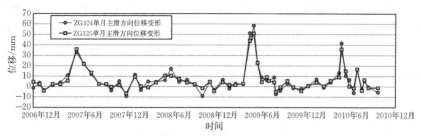

图 4.7 A—A′剖面监测点主滑方向水平位移

两点的累积位移差在主滑水平方向的趋势可以用 ZG324 和 ZG325 的水平速率变形差代表(图 4.8),然后选择合适的分类数目,利用 $K$ 均值聚类法聚类,将相似类别合并,最终呈现的 5 类变形模式能够较好地划分监测剖面水平变形情况(图 4.9)(王朋伟,2012)。当两者变形速率基本相同时,即速率差在 0 附近小幅波动时,可以认为滑坡在水平方向的变形模式是基本同步变形的,从而推断此时滑坡变形动力为混合型,推力与牵引力持平。当两者速率差过大时,说明滑坡所受的推力与牵引力平衡渐渐被破坏,根据速率差的正负关系,将此时的变形阶段分为牵引变形缓慢和推移变形缓慢;当推力与牵引力有一项处于主导地位时,滑坡受力平衡彻底被打破,根据速率差我们把此阶段分为牵引变形快速和推移变形快速阶段。

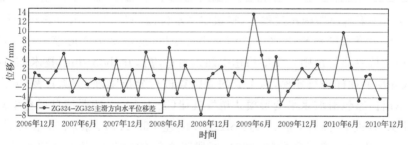

图 4.8 水平位移差-时间相关性

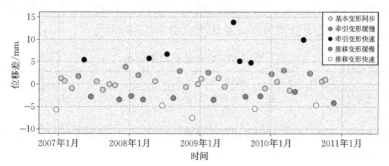

图 4.9 白家包滑坡水平变形模式分类

### 4.4.4　滑坡变形模式挖掘

由原始监测数据计算分析得到可选变量,根据变量相关性以及显著性检验,选择累积库水位波动量、月库水位累积升量、SK1 水位差、区段降水量和 SK2 水位差 5 个参与变量(表 4.9)。从所选变量相关性可以看出,库水、降水、地下水联合作用于滑坡,使得滑坡呈现不同的受力模式,从而表现出不同的变形模式。其中,累积库水位波动量主要对应在库水蓄水与下降阶段,是阶段库水升降的综合反映,间接影响滑坡的地下水分布;月库水位累积升量是变形阶段库水位上升量,库水位上升形成库水位不同高度分布,对滑坡浸润面造成影响,进而影响滑坡变形;区段降水量具有季节波动性,对滑坡中后缘变形起很大作用;SK1 水位差与 SK2 水位差表示地下水标高与库水位之差,SK1 水位差越大,滑坡整体动水压力越强;SK2 水位差越大,滑坡前缘动水压力越强。

**表 4.9　变形模式-变量显著性统计**

| 序列 | 字段 | 重要性 | 相关性 |
|------|------|--------|--------|
| 1 | 累积库水位波动量 | 重要 | 0.996 |
| 2 | 月库水位累积升量 | 重要 | 0.962 |
| 3 | SK1 水位差 | 重要 | 0.961 |
| 4 | 区段降水量 | 重要 | 0.959 |
| 5 | SK2 水位差 | 重要 | 0.958 |

C5.0 决策树模型构建过程中,将累积库水位波动量、月库水位累积升量、SK1 水位差、区段降水量和 SK2 水位差作为输入变量,滑坡水平变形模式作为目标变量,挖掘滑坡变形的规则。模型构建中加入自适应提升(boosting)技术,对现有样本加权并反复抽样进行建模,对生成的规则集进行分析整理,消除重复、冗余的规则,归纳出白家包滑坡水平变形模式诱发规律(表 4.10)。按照信息增益率对变量重要性大小进行排序,依次为:SK2 水位差(0.244)、累积库水位波动量(0.222)、月库水位累积升量(0.200)、区段降水量(0.178)、SK1 水位差(0.156)。从变量重要性可以看出,距离库岸较近的地下水位与库水位之差是影响滑坡滑动模式的主要因素,说明白家包滑坡总体上以牵引变形为主。

**表 4.10　变形模式因子分析**

| 规则 | 变形模式 |
|------|----------|
| ①SK2 水位差≤28.76 m,累积库水位波动量≤12.93 m,区段降水量≤15.00 mm;<br>②SK2 水位差≤28.76 m,累积库水位波动量≤12.93 m,区段降水量＞30.70 mm,SK1 水位差＞39.19 m;<br>…… | 基本变形同步 |

续表

| 规则 | 变形模式 |
|---|---|
| ①SK2 水位差＞28.76 m,累积库水位波动量＜−3.87 m,区段降水量≤149.80 mm;<br>②SK2 水位差≤28.76 m,月库水位累积升量＞16.00 m;<br>…… | 推移变形快速 |
| ①SK2 水位差≤28.76 m,−1.00 m＜累积库水位波动量≤12.93 m,15.40 mm＜区段降水量＜30.70 mm;<br>②SK2 水位差＞28.76 m,累积库水位波动量＞−3.87 m,1.40 m＜月库水位累积升量＜2.10 m;<br>…… | 推移变形缓慢 |
| ①SK2 水位差＞28.76 m,累积库水位波动量≤−3.87 m,区段降水量＞149.80 mm;<br>②SK2 水位差＞28.76 m,累积库水位波动量＞−3.87 m,0.80 m＜月库水位累积升量＜1.40 m,区段降水量≤83.40 mm;<br>③SK2 水位差＞28.76 m,累积库水位波动量＞−3.87 m,月库水位累积升量＞1.40 m,49.93 m＜SK1 水位差＜50.32 m;<br>…… | 牵引变形快速 |
| ①SK2 水位差≤28.76 m,累积库水位波动量≤−1.00 m,15.40 mm＜区段降水量＜30.70 mm;<br>②SK2 水位差＞28.76 m,累积库水位波动量＞−3.87 m,月库水位累积升量＜0.80 m,区段降水量≤83.40 mm;<br>…… | 牵引变形缓慢 |

# 4.5　树坪滑坡变形判据挖掘

## 4.5.1　滑坡监测概况

树坪滑坡共有 9 个监测点,滑坡前缘有 ZG88 和 SP-1 两个监测点,滑坡中部有 SP-2 和 SP-6 两个监测点,ZG85、ZG86 和 ZG87 监测点分布在东侧剖面线上,7 个监测点位于预警区内;ZG89、ZG90 和 ZG88 位于西侧剖面线上,ZG89 和 ZG90 位于影响区内。监测周期为每月一次,汛期和雨季监测次数加密。

由树坪滑坡监测点累积位移曲线图(图 4.10)可以看出:ZG89 和 ZG90 监测点的变形量相对较小且变形速率较慢,没有明显突变,这说明滑坡影响区基本处于稳定状态,变形缓慢;预警区内的 7 个监测点呈阶跃式变形,在汛期出现陡坎,变形突然增长阶段各监测点累积位移均在 1 000 mm 以上。对比各监测点变形曲线,不难发现滑坡东部变形区前缘监测点比后缘监测点的变形大,中部监测点的位移变化也具有相似特征。

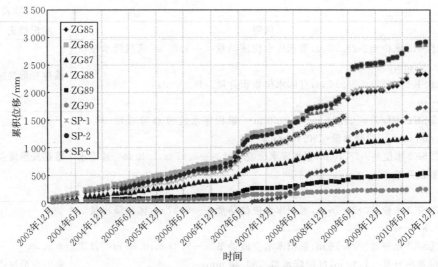

图 4.10　监测点累积位移曲线

利用 $K$ 均值聚类法,对滑坡预警区内中部和东部的 ZG85、ZG86 和 ZG87 监测点位移数据进行聚类,划分滑坡变形阶段,每年 5 月至 9 月基本为快速变形阶段,前后 3 个月多为累进变形阶段,如图 4.11 所示。滑坡预警区内东部前缘监测点的累积位移增长速率整体明显大于后缘监测点,这与树坪滑坡的宏观变形迹象所呈现出的变形强度吻合。因此,这一时期树坪滑坡的主要变形区为预警区中前部。

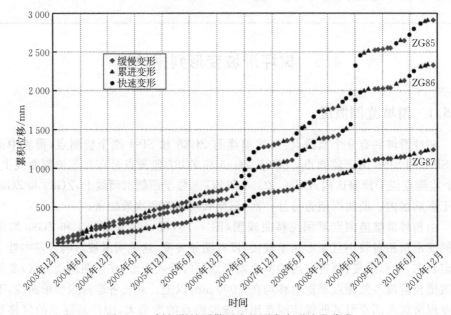

图 4.11　树坪滑坡预警区内监测点变形阶段分类

### 4.5.2　广义规则归纳算法

关联规则算法是数据挖掘方法中用来挖掘数据间潜在规律的常用算法（Agrawal et al.，1993），最初被用于研究超市中顾客购买商品组合的内在倾向，经过不断完善和发展，关联规则算法已被广泛应用于众多领域的数据挖掘。关联规则算法是一种非监督学习方法，能够有效揭示数据隐含的关联特征。利用关联规则进行数据挖掘称为关联分析，关联分析以挖掘隐藏在数据间的相互关系为目的，可以探测隐藏模式。关联规则算法主要描述数据之间的亲密度，其规则使用最小置信度等来描述，置信度级别表示关联规则的强度。如图 4.12 所示，数据库通过算法 1 生成频繁项集，然后由算法 2 生成关联规则，通过与用户的交互，提取满足最小支持度与最小置信度的规则，并对其进行解释。

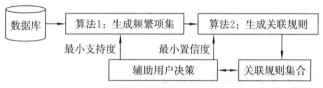

图 4.12　关联规则算法流程

关联规则算法的改进算法可分为两类：一类以 Apriori 算法为代表，侧重于提高分析效率；另一类则注重于提高模型的泛化性，使模型能够运用更广泛，更好地表现事物的内在规律，如广义规则归纳算法（generalized rule induction，GRI 算法）（薛薇 等，2012），GRI 算法中数值型数据可以作为输入变量。GRI 算法使用"If $Y = y$, then $X = x$ with probability $p$"的方式表达规则。$X$ 和 $Y$ 表示两个变量，如果 $\{x_1, x_2, \cdots, x_n\}$ 和 $\{y_1, y_2, \cdots, y_n\}$ 分别表示两个变量值的集合，那么按照深度优先搜索策略，逐个分析满足 $X = x_1$ 的所有规则，再分析满足 $X = x_2$ 的所有规则，直至分析完 $X = x_n$ 的规则。同时在后项一定时，如果前项不止一个条件变量，则逐个分析每个条件变量的所有值，分析完一个条件变量后再分析下一个条件，如图 4.13 所示（张潇月 等，2014）。

条件较多时生成的关联规则集通常十分庞大，从实际角度难以理

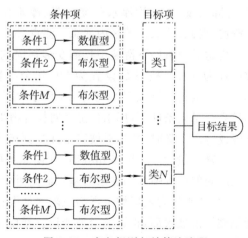

图 4.13　广义规则归纳算法流程

解和解释的规则、冗余规则和适用范围较小的规则应该排除。一条规则是否值得信任可以用以下三个统计量判断。

(1)规则置信度：置信度反映的是在给定 $X$ 情况下 $Y$ 出现的可能性，表示了规则的可靠程度，公式为

$$C_{X \to Y} = P(Y \mid X) \tag{4.17}$$

(2)规则支持度：支持度计算了既有 $X$ 又有 $Y$ 的概率，可以代表规则的普适性，公式为

$$S_{X \to Y} = P(XY) \tag{4.18}$$

(3)规则提升度：提升度可以体现出 $X$ 对 $Y$ 的出现是否具有促进作用，用规则置信度与后项支持度的比值表示，公式为

$$L_{X \to Y} = \frac{C_{X \to Y}}{P(Y)} = \frac{P(XY)}{P(X)P(Y)} \tag{4.19}$$

规则提升度越大越好，如果提升度小于1，说明规则对于 $Y$ 的出现作用很小，可以排除。

### 4.5.3 降雨作用下滑坡变形判据挖掘

降雨是树坪滑坡变形的重要诱发因素，为细化分析降雨影响下树坪滑坡的响应机制，选择每月最大日降水量作为分级因子，将降雨条件分为暴雨（$>50$ mm）、大雨（$25\sim50$ mm）和中小雨（$<25$ mm）三种，然后对三种降雨条件下滑坡的变形规律进行分析（石爱红，2013），并以降雨因子和库水因子作为输入变量，变形阶段作为输出变量，构建C5.0决策树模型挖掘滑坡变形规律。

暴雨条件下，按照显著性和相关性分析选取三个因子参与后续决策树模型构建：月降水量、月平均库水位变化量、库水位最大日下降量。树坪滑坡属于牵引式滑坡，因此，选取预警区内前缘监测点 ZG85 分析其变形特征，基于C5.0决策树算法构建暴雨条件下滑坡中长期变形判据挖掘模型。通过交叉验证，模型推进参数设置为 10、剪枝参数设置为 20，其余参数设为默认值，生成决策树，精度为95％。决策树分类规则如规则 4.1 所示，括号内为规则置信度，各分类规则置信度均较高。暴雨条件下，库水位涨落对树坪滑坡变形具有重要影响，尤其库水位快速下降或持续下降时，叠加滑坡稳定性受到极大威胁，致使滑坡处于加速变形阶段；而当月降水量大于 220.6 mm 时，即使库水位变动不大，滑坡也极易失稳，这是因为长时间的持续强降雨在滑坡基岩面附近经常形成大量积水，使边坡负重大幅度增加，孔隙水压力及岸坡下滑力也随之加大；此外，降雨在坡面容易形成地表径流，冲刷破坏滑坡表面，也影响滑坡变形。暴雨条件下影响因子按照重要性从大到小依次为：库水位最大日下降量、月平均库水位变化量、月降水量，这与强降雨情况下库水因子对滑坡变形起关键作用这一实际情况一致。

### 规则 4.1　暴雨条件下决策树模型规则拟合

月平均库水位变化量≤−2.25 m[模式:加速变形] => 加速变形(100%)
月平均库水位变化量>−2.25 m[模式:累进变形](64%)
　库水位最大日下降量≤−0.30 m[模式:累进变形] => 累进变形(90%)
　库水位最大日下降量>−0.30 m[模式:缓慢蠕动](57%)
　　月降水量≤220.60 mm[模式:缓慢蠕动](66%)
　　　月平均库水位变化量≤−0.63 m[模式:累进变形] => 累进变形(100%)
　　　月平均库水位变化量>−0.63 m[模式:缓慢蠕动] => 缓慢蠕动(100%)
　　月降水量>220.60 mm[模式:加速变形] => 加速变形(100%)

　　大雨条件下,按照显著性和相关性分析选取库水位最大日下降量、库水位最大持续下降量、月平均库水位变化量和最大连续降水量四个因子参与构建大雨条件下滑坡 ZG85 监测点中长期变形判据挖掘模型。通过交叉验证,最优模型的参数设置为:推进参数设置为 20,剪枝参数设置为 20,其余参数设为默认值,精度为100%,生成的最优决策树分类规则如规则 4.2 所示。大雨条件下,滑坡变形情况由最大连续降水量和库水位最大持续下降量及库水位最大日下降量决定,库水位骤然下降或快速变动时,由于滑坡渗透系数低、透水性差,在库水位作用下滑坡体地下水位滞后于库水位的涨落,地下水运动模式表现为退水滞后型,导致坡体内产生超孔隙水压力,顺坡向的动态扩张力。库水位最大日下降量不大于−0.56 m,且月平均库水位变化量大于−1.40 m 时,滑坡处于加速变形;库水位最大日下降量大于−0.56 m 时,如果最大连续降水量在 64.50 mm 以上或库水位最大持续下降量不大于−0.8 m,滑坡处于累进变形,其他情况影响下,滑坡处于缓慢蠕动变形。大雨条件下影响因子按照重要性从大到小依次为:库水位最大日下降量、库水位最大持续下降量、最大连续降水量、月平均库水位变化量。

### 规则 4.2　大雨条件下决策树模型规则拟合

库水位最大日下降量≤−0.56 m[模式:加速变形](83%)
　月平均库水位变化量≤−1.40 m[模式:累进变形] => 累进变形(100%)
　月平均库水位变化量>−1.40 m[模式:加速变形] => 加速变形(100%)
库水位最大日下降量>−0.56 m[模式:缓慢蠕动](71%)
　最大连续降水量≤64.50 mm[模式:缓慢蠕动](83%)
　　库水位最大持续下降量≤−0.80 m[模式:累进变形] => 累进变形(100%)
　　库水位最大持续下降量>−0.80 m[模式:缓慢蠕动] => 缓慢蠕动(100%)
　最大连续降水量>64.50 mm[模式:累进变形] => 累进变形(100%)

　　中小雨条件下,按照显著性和相关性分析选取库水位最大日下降量、库水位最大持续下降量、月降水量、月平均库水位变化量和最大连续降水量五个因子参与构建中小雨条件下滑坡 ZG85 监测点中长期变形判据挖掘模型。通过交叉验证,最优模型推进参数设置为 10,剪枝参数设置为 10,其余参数设为默认值,精度为

100%,生成的最优决策树分类规则如规则 4.3 所示。在中小雨条件下,树坪滑坡
基本处于缓慢蠕动变形,只有当库水位最大持续下降量不大于-2.9 m,且库水位
最大日下降量不大于-0.70 m 或最大连续降水量大于 34.10 mm 时,滑坡处于加
速变形;当库水位最大持续下降量为小于-2.9 m 且不大于-0.6 m、库水位最
大日下降量不大于-0.24 m,且月降水量大于 35.7 mm 时,滑坡处于累进变形。
降水量不大时,库水位变动对滑坡变形的影响程度有所增大,尤其是持续性水位下
降,会影响岩土体的有效应力,降低滑坡体的强度;此外,库水位涨落引起的动水作
用会对岩土体产生剪应力,使岩土体的抗剪强度降低,进而加速滑坡变形。中小雨
条件下影响因子按照重要性从大到小依次为:库水位最大持续下降量、月平均库水
位变化量、月降水量、最大连续降水量、库水位最大日下降量。

**规则 4.3　中小雨条件下决策树模型规则拟合**

库水位最大持续下降量≤-2.90 m[模式:加速变形](50%)
　库水位最大日下降量≤-0.70 m[模式:加速变形]=> 加速变形(100%)
　库水位最大日下降量>-0.70 m[模式:累进变形](75%)
　　最大连续降水量≤34.10 mm[模式:累进变形]=> 累进变形(100%)
　　最大连续降水量>34.10 mm[模式:加速变形]=> 加速变形(100%)
库水位最大持续下降量>-2.90 m[模式:缓慢蠕动](89%)
　库水位最大持续下降量≤-0.60 m[模式:缓慢蠕动](71%)
　　库水位最大日下降量≤-0.24 m[模式:缓慢蠕动](83%)
　　　月平均库水位变化量≤0.51 m[模式:缓慢蠕动]=> 缓慢蠕动(100%)
　　　月平均库水位变化量>0.51 m[模式:累进变形](67%)
　　　　月降水量≤35.70 mm[模式:缓慢蠕动]=> 缓慢蠕动(100%)
　　　　月降水量>35.70 mm[模式:累进变形]=> 累进变形(100%)
　　库水位最大日下降量>-0.24 m[模式:累进变形]=> 累进变形(100%)
　库水位最大持续下降量>-0.60 m[模式:缓慢蠕动]=> 缓慢蠕动(100%)

### 4.5.4　库水作用下滑坡变形判据挖掘

自 2003 年以来,三峡水库经历了三个蓄水期:①三峡大坝施工初期,2003 年
6 月水库首次蓄水,坝前水位 135 m,此后库水位波动幅度为 5 m;②后期导流期,
2006 年 10 月,坝前水位首次涨到 156 m,库水位高程在 145~156 m 波动,库水位
波动幅度为 11 m;③大坝建成后,进入正常蓄水期,2008 年 10 月实行 175 m 蓄水
方案,汛期库水位为 145 m,以便防洪;洪峰过后,坝前水位上升到 175 m,库水位波
动幅度为 30 m。三个蓄水期滑带的淹没程度不同,岩土体受影响程度不一,稳定
性条件也将发生变化。因此,根据坝前水位和库水位波动范围,将库水位波动范围
分为三个阶段:低水位(135~140 m)、中水位(145~156 m)和高水位(145~
175 m)(图 4.14),对三个库水波动阶段的滑坡变形规律进行分析(王朋伟,2012;

石爱红,2013)。将降水因子和库水位因子作为输入变量,变形阶段作为输出变量,运用关联规则算法挖掘滑坡变形规律。

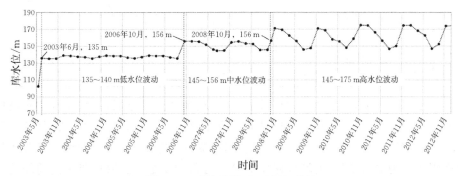

图 4.14 库水位波动-时间相关性

低水位条件下,库水位变动对滑坡变形的影响不显著,而强降雨才是控制滑坡变形的关键原因。按照显著性和相关性分析选取月降水量、最大日降水量、降雨天数和月平均库水位变化量四个因子作为输入变量,滑坡位移变形阶段为目标变量。选取预警区内前缘监测点 ZG85 分析其变形特征,构建 GRI 模型,挖掘低水位条件下的滑坡变形阶段规则,生成初始关联规则集,对其进行归纳和总结,以消除重叠和冗余规则,得到低水位条件下具有高置信度和提升度的关联规则(表 4.11)。低水位条件下滑坡总体处于稳定状态,突降暴雨或强降雨可加大滑坡变形,但未出现加速变形状态;月平均库水位下降量加大,即在水库退水时,因坡体渗透性差,岩土体排水不畅,地下水与库水位存在正落差,由此产生滞后动水压力,对滑坡有一定的拉动作用,进而造成变形加剧,同时强降雨地表入渗较缓慢,增加滑体负重,也容易造成变形增大。

表 4.11 低水位条件下滑坡变形与影响因素关联规则

| 后项 | 前项 | 置信度/% | 支持度/% | 提升度 |
|---|---|---|---|---|
| 累进变形 | 月平均库水位变化量<−0.605 m,月降水量>95.25 mm | 100 | 12.12 | 4.13 |
| 累进变形 | 最大日降水量>50 mm,降雨天数>0.5 d,月平均库水位变化量<−0.605 m | 100 | 12.12 | 4.13 |
| 累进变形 | 月降水量>161.30 mm | 100 | 9.09 | 4.13 |
| 累进变形 | 最大日降水量>53.25 mm,大雨天数>1.5 d | 100 | 12.12 | 4.13 |
| 缓慢蠕动 | 最大日降水量<45.30 mm,月降水量>28.50 mm | 100 | 51.52 | 1.32 |
| 缓慢蠕动 | 最大日降水量>50 mm,降雨天数<0.5 d,月平均库水位变化量>−0.095 m | 100 | 45.45 | 1.32 |

| 后项 | 前项 | 置信度/% | 支持度/% | 提升度 |
|---|---|---|---|---|
| 缓慢蠕动 | 最大日降水量>50 mm,降雨天数<0.5 d,最大日降水量<28.30 mm,月平均库水位变化量>−0.420 m | 100 | 45.45 | 1.32 |
| 缓慢蠕动 | 最大日降水量>50 mm,降雨天数<0.5 d,月降水量<90.95 mm,月平均库水位变化量>−0.420 m | 100 | 45.45 | 1.32 |

中水位条件下,库水位波动相对中等,滑坡前缘淹没范围扩大,库水位对坡体存在一定的浮力减重作用。按照显著性和相关性分析选取库水位最大日下降量、月降水量、大雨天数、最大日降水量、库水位最大持续下降量和最大连续降水量六个因子作为输入变量,滑坡位移变形阶段为目标变量。选取预警区内前缘监测点 ZG85 分析其变形特征,构建 GRI 模型,生成中水位条件下滑坡变形阶段初始关联规则集,对其进行归纳和总结得到具有高置信度和提升度的关联规则(表 4.12)。中水位条件下,受强降雨及持续性降雨影响,叠加较大幅度库水位下降作用、降雨入渗、库水悬浮减重及动水压力效应,滑坡平衡状态发生改变,进入加速变形阶段;库水下降幅度为中等时,滑坡进入累进变形阶段,此阶段降雨和库水位下降对滑坡影响均不显著。

表 4.12　中水位条件下滑坡变形与影响因素关联规则

| 后项 | 前项 | 置信度/% | 支持度/% | 提升度 |
|---|---|---|---|---|
| 加速变形 | 月降水量>95.75 mm,库水位最大日下降量<−0.55 m | 100 | 24 | 3.57 |
| 加速变形 | 57.00 mm<最大连续降水量<123.75 mm,最大日降水量>45.15 mm | 100 | 20 | 3.57 |
| 加速变形 | 大雨天数>1.5 d,库水位最大日下降量<−0.55 m | 100 | 16 | 3.57 |
| 加速变形 | 大雨天数>1.5 d,最大日降水量>45.15 mm,最大连续降水量<113.60 mm | 100 | 16 | 3.57 |
| 累进变形 | 最大日降水量>48.95 mm,库水位最大持续下降量>−0.85 m,月降水量<158.70 mm | 100 | 8 | 3.57 |
| 累进变形 | 最大日降水量>48.95 mm,库水位最大日下降量>−0.40 m,月降水量<158.70 mm | 100 | 8 | 3.57 |
| 缓慢蠕动 | 库水位最大日下降量>−0.15 m | 100 | 28 | 2.27 |
| 缓慢蠕动 | 最大日降水量<25.70 mm 或大雨天数<0.5 d,21.35 mm<月降水量<57.70 mm | 100 | 24 | 2.27 |

高水位条件下,滑坡前缘淹没范围大幅度增大,库水位变动对坡体的影响将有所提高。按照显著性和相关性分析选取月降水量、库水位最大持续下降量、库水位

最大日下降量和月平均库水位变化量四个因子作为输入变量,滑坡位移变形阶段为目标变量。选取预警区内前缘监测点 ZG85 分析其变形特征,构建 GRI 模型生成高水位条件下滑坡变形阶段初始关联规则集,对其进行归纳与总结得到具有高置信度和提升度的关联规则(表 4.13)。库水位快速下降时,滑坡在动水压力作用下,稳定性状态大幅度下降,引发滑坡整体滑移,叠加强降雨作用,会更进一步地打破树坪滑坡稳定的平衡状态;库水位持续下降条件下,滑坡在地下水与库水位之间产生的水力梯度作用下,牵引滑坡滑动,给滑坡整体稳定性造成一定的影响,使树坪滑坡变形情况加剧;库水位变动和降雨强度中等条件下,树坪滑坡处于累进变形阶段,未出现明显的滑移或剧烈的变形。

表 4.13　高水位条件下滑坡变形与影响因素关联规则

| 后项 | 前项 | 置信度/% | 支持度/% | 提升度 |
|---|---|---|---|---|
| 加速变形 | 库水位最大日下降量<−0.45 m,月降水量<152.55 mm,月平均库水位变化量<−0.835 m | 100 | 24 | 4.17 |
| 加速变形 | 库水位最大日下降量<−0.45 m,库水位最大持续下降量<−3.81 m,月降水量<152.55 mm | 100 | 20 | 4.17 |
| 加速变形 | 月平均库水位变化量<−4.73 m,库水位最大日下降量<−0.75 m | 100 | 16 | 4.17 |
| 加速变形 | 库水位最大持续下降量<−3.81 m,月平均库水位变化量<−0.835 m,月降水量>54.00 mm | 100 | 16 | 4.17 |
| 加速变形 | −1.17 m<库水位最大日下降量<−0.45 m,月降水量>84.60 mm | 100 | 16 | 4.17 |
| 加速变形 | 月平均库水位变化量<−4.73 m,月降水量>84.60 mm | 100 | 12 | 4.17 |
| 加速变形 | 月平均库水位变化量>0.425 m,月降水量>59.95 mm,库水位最大持续下降量<−1.05 m | 100 | 20 | 3.13 |
| 累进变形 | 月平均库水位变化量>0.425 m,库水位最大日下降量<−0.63 m | 100 | 16 | 3.13 |

# 第5章　滑坡变形位移预测

在变形演化过程中,滑坡变形位移将在控制因素和影响因素的共同影响下呈现出与之对应的阶梯状变化特征。在实际的滑坡预测预警中,直接根据滑坡累计位移曲线分析和预测滑坡变形,容易做出错误判断。因此,按照不同的影响因素采用时间序列分析方法将滑坡位移分解为不同部分,并采用综合的复合模型来进行滑坡位移预测,是准确预测滑坡位移变化的有效手段,也是目前主流的滑坡变形位移预测研究思路。

## 5.1　滑坡位移时间序列分析

### 5.1.1　滑坡位移预测的研究现状

滑坡的孕育与发生具有复杂性,因此滑坡变形表现出强烈的非线性和随机性。作为一种地质灾害,滑坡灾害的发生对人民的生命财产造成的损失程度仅次于地震。因此,开展滑坡时间预测预报研究已经成为滑坡灾害防灾减灾工作中亟待解决的问题。自20世纪60年代以来,国内外在滑坡预测预报方面已取得不少成果,总体来讲,集中表现为以下几大类。

#### 5.1.1.1　经验预测模型

经验预测模型是以蠕变理论为基础的滑坡位移预测方法。该类模型常为滑坡流变特征函数,以滑坡位移速度或位移值为函数变量。该类模型适用于滑坡临滑阶段。代表性的模型为斋藤模型、Hayashi模型、Voight模型、蠕变模型的一般表达式等。日本学者斋藤-迪孝提出的斋藤模型可以看作滑坡预测预报的先驱代表,该模型的核心是将滑坡的整个发展过程归为三个变形阶段,并在此基础上构建了加速蠕变微分方程,并成功预报日本高场山滑坡(Saito, 1965)。Hayashi等(1998)在蠕变理论的基础上,提出了位移、速度间的经验关系式。Fukuzono(1990)和Voight(1988;1989)以滑坡加速蠕滑阶段的加速度和速度特征研究为依据,提出了滑坡加速度和位移速度呈指数关系的经验方程,并在滑坡、地震、火山活动预报中取得了很好的应用效果。此后经过不断发展,Federico(2004)提出了考虑位移、速率和加速度的蠕变模型的一般表达式。

#### 5.1.1.2　统计分析预测模型

采用统计方法对数据进行解析和处理的预测方法,常表现为对滑坡位移—时间序列的拟合和优化。主要有灰色模型、时间序列预测模型、Verhulst 生物模型、灰色位移矢量角模型、Pearl 生长模型、指数平滑法等。陈明东等（1988）利用灰色模型 GM(1,1)对新滩滑坡展开预报研究。徐峰等（2011）应用灰色模型 GM(1,1)和自回归时间序列分析方法建立三峡库区八字门滑坡位移预报模型。晏同珍等（1988）在研究中引入了 Verhulst 生物模型，指出滑坡发育与生物生长过程类似，具有发生、发展、成熟和消亡的过程，滑坡的短期预测可通过加入滑坡某特征因素建立趋势方程来进行。阳吉宝等（1995）通过对新滩滑坡灰色位移矢量角进行特征分析，发现灰色位移矢量角具有与滑体稳定状态相一致的动态特征，因此将灰色位移矢量角运用于堆积层滑坡预报。孙景恒等（1993）根据有机体的生长规律提出了 Pearl 生长模型，并用新滩滑坡和意大利瓦依昂（Vaiont）滑坡进行了验证。尹光志等（2007）将滑坡变形值与变形速率作为判据，通过耦合指数平滑法与非线性回归分析法，实现滑坡时间失稳的动态跟踪预报。

### 5.1.1.3　非线性预测模型

非线性预测模型是将突变理论、分形理论、混沌理论、自组织、协同学、神经网络理论、模糊理论、非线性动力学等理论应用于滑坡变形演化特征研究的预测方法。秦四清（2000）通过采用突变理论方法，对快速滑坡与慢速滑坡发生的判据进行了研究，并由此提出了刚度效应失稳新理论，以非线性动力学模型为依据，就斜坡平面滑动失稳问题中的外界影响因素与斜坡系统间的非线性关系进行了探讨。易顺民等（1996）基于非线性科学理论，利用 R/S(rescaled range analysis)时间序列分析法对西藏扎美拉山滑坡和友谊桥滑坡的分形特征和时间分形预测进行了研究。唐璐等（2003）根据滑坡体运动的非线性动力学特性，将混沌理论与神经网络相结合建立滑坡预测的混沌模型，并在清江茅坪滑坡预测应用中取得了良好的效果。黄润秋等（1997）认为斜坡岩体由小到大直至滑坡发生的变形过程实质上是由组成斜坡的各子系统协同作用的结果，由此提出适用于短期或临滑预报的协同预测模型，并在实例检验中取得了较好的结果。朱惠群等（2013）在传统的灰色模型 GM(1,1)基础上，运用模糊数学思维，利用 GM(1,1)-Fuzzy-Markov 模型对相对误差开展二次预测，通过将其应用于云阳凉水井滑坡研究，对该模型的滑坡变形预测能力进行了证明。秦四清等（1993）提出了如何利用观测资料反演非线性动力学方程，并将之应用于滑坡灾害预测的思想。此后，龙辉等（2001）通过将自治梯度系统与突变模型间的等价性引入滑坡非线性演化特征研究，把非线性动力学模型转化为尖点突变开展分析，并在黄茨及卧龙寺滑坡应用中取得了理想的预测效果。

### 5.1.1.4　综合预测模型

综合预测模型是一种将多因素、多模型与定性、定量相结合的新的预测方法。该方法已成为现在滑坡时间预测预报新发展方向，有许多学者开展了相关研究。钟荫乾（1995）以黄腊石滑坡为例，提出建立在多因子评价基础上的综合信息预报方法,并结合其他数学预报模型进行滑坡时间预报研究。万全等(2005)认为单一模型难以准确开展滑坡预测预报研究,提出应用多个模型开展预测预报研究并综合评判的研究方法。Calvello等(2008)通过引入基于物理过程简化而得到的经验关系,建立地下水模型和滑坡运动学模型,实现对意大利中部某降雨型滑坡沿滑面的变形位移预测。李东山等(2003)在将多种滑坡预报模型集成并构建滑坡预报库的基础上,采用专家系统实现定性与定量相结合的综合预报,并在监测资料实时更新的基础上,不断修正和完善预报参数和预报结果,从而实现滑坡的动态追踪预报。

### 5.1.2　时间序列分析模型

随着现代科学技术的发展,时间序列分析方法被广泛应用于自然科学、工程技术以及社会科学等领域。时间序列分析是一种用于动态数据处理的统计方法,最常用于解决时间序列监测数据提取。在时间序列分析理论中,可将变形观测数据视为一组相互关联的时间序列数据,利用这些数据的相关性建立时间序列分析模型,通过某一段时间的观测数据来对另一段时间的发展情况进行预测(郝小员 等,1999)。

在滑坡变形位移预测中,最常采用的时间序列分析模型主要有自回归模型(autoregressive model,AR 模型)、移动平均模型(moving average model,MA 模型)和差分自回归移动平均模型(autoregressive integrated moving average model,ARIMA 模型)。

自回归模型是一种线性回归模型,可用于描述各变量之间的线性相关关系,可表示为

$$X_i = \varphi_1 X_{i-1} + \varphi_2 X_{i-2} + \cdots + \varphi_p X_{i-p} + \beta_i \tag{5.1}$$

式中,$X_i$ 为时间序列第 $i$ 期观测数据;$\varphi_1,\varphi_2,\cdots,\varphi_p$ 为第 $i$ 期观测数据的自相关系数;$\beta_i$ 为误差项,一般为随机因素的影响或者环境噪声。在自回归模型中,观测数据 $X_i$ 的变化受到其之前若干期观测值的影响,$p$ 作为自相关模型阶数,表示观测数据 $X_i$ 仅与其之前的 $p$ 期观测数据相关。

移动平均模型是根据平均前期预测误差的原则来建立时间序列模型,使用预测误差值来不断修正前期预测值,其公式为

$$X_i = e_i - \omega_1 e_{i-1} - \omega_2 e_{i-2} - \cdots - \omega_q e_{i-q} \tag{5.2}$$

式中,$\omega_1,\omega_2,\cdots,\omega_q$ 为第 $i$ 期观测数据的自相关系数;$e_i$ 为第 $i$ 期观测数据;$q$ 为自相关模型阶数。

差分自回归移动平均模型是建立在自回归模型和移动平均模型基础之上的,是两个模型的有效组合,可表示为

$$X_i = \varphi_1 X_{i-1} + \varphi_2 X_{i-2} + \cdots + \varphi_p X_{i-p} + e_i - \omega_1 e_{i-1} - \omega_2 e_{i-2} - \cdots - \omega_q e_{i-q}$$

$$\tag{5.3}$$

### 5.1.3    滑坡位移时间序列分析

滑坡的位移变化在大时间尺度上呈趋势性增长,但在小的时间尺度上却表现出很明显的周期性波动。这种特征在位移速率-时间曲线上,表现为一定的周期内出现明显的随机波动,但是周期之间却具有一定的关联相似性,在累积位移-时间曲线上就表现为多台阶的增长。

滑坡位移变化之所以出现这种特征,其原因是滑坡的内在和外在影响因素的共同作用的结果(姚林林 等,2006)。国内外学者主要将滑坡位移响应信号分解为四种成分,并用模型表示为

$$S_t^{obs} = \omega_t + y_t + c_t + r_t \tag{5.4}$$

式中,$S_t^{obs}$ 为滑坡监测位移数据;$\omega_t$、$y_t$、$c_t$、$r_t$ 分别为具有确定性的趋势项、周期项、突变项位移和具有不确定性的随机项位移;$t$ 为观测时间序列,$t = 1, 2, \cdots, n$。趋势项是滑坡的主体发展趋势,一般由滑坡体内在势能、自身岩土性质和抗滑阻力共同决定;周期项反映滑坡体位移在自然环境的周期变化影响下产生的位移波动,如降水量、库水位等的周期性波动;突变项是指滑坡体受到突然加载、库水涨落、地震和人类工程活动等突发事件作用时产生的响应,当突变项因素体现较好的周期性特征时,可作为周期性因子考虑;由于随机项存在不确定性,在进行滑坡位移分解时可不考虑随机项。

## 5.2    滑坡变形监测数据预处理

### 5.2.1    滑坡变形位移分解

滑坡位移序列是一个随时间体现出一定增长趋势的非稳定时间序列,其分析基础是几种位移成分的分解。为了提高滑坡位移预测的精度,需要选取合适的滑坡位移分解方法,常用的位移分解方法包括移动平均法、指数平滑法、最小二乘法、小波变换法、经验模态分解法等。

#### 5.2.1.1    移动平均法

移动平均法的优点在于计算量少,并能较好地反映时间序列的趋势及其变化。然而计算移动平均必须具有 $N$ 个历史观察值,当需要预测大量的数值时,就必须存储大量数据;同时,$N$ 个历史观察值中每一个权数都相等,早于 $(t-N+1)$ 期的观察值的权数等于0,而实际往往是最新观察值包含更多信息,应具有更大权重。

1. 一次移动平均法

一次移动平均法是收集一组观察值,计算这组观察值的均值,利用这一均值作为下一期的预测值。设时间序列为 $x_i$,一次移动平均法的通式为

$$F_{t+1} = (x_t + x_{t-1} + \cdots + x_{t-N+1})/N = \frac{1}{N}\sum_{i=t-N+1}^{t} x_i \tag{5.5}$$

式中，$x_t$ 为最新观察值；$F_{t+1}$ 为下一期预测值；$i = t - N + 1, \cdots, t$。

由一次移动平均法计算公式可以看出，每一个新预测值是对前一个移动平均预测值的修正，$N$ 越大平滑效果越好。

**2. 二次移动平均法**

为了避免利用移动平均法预测有趋势的数据时产生系统误差，发展了二次移动平均法。这种方法的基础是计算二次移动平均，即在对实际值进行一次移动平均的基础上，再进行一次移动平均。

二次移动平均法的通式为

$$S'_t = \frac{x_t + x_{t-1} + x_{t-2} + \cdots + x_{t-N+1}}{N} \tag{5.6}$$

$$S''_t = \frac{S'_t + S'_{t-1} + S'_{t-2} + \cdots + S'_{t-N+1}}{N} \tag{5.7}$$

$$a_t = 2S'_t - S''_t \tag{5.8}$$

$$b_t = \frac{2}{N-1}(S'_t - S''_t) \tag{5.9}$$

$$F_{t+m} = a_t + b_t m \tag{5.10}$$

式中，$m$ 为预测超前期数。式(5.6)用于计算一次移动平均值；式(5.7)用于计算二次移动平均值；式(5.8)用于对预测（最新值）的初始点进行基本修正，使得预测值与实际值之间不存在滞后现象；式(5.9)中用 $(S'_t - S''_t)$ 除以 $(N-1)/2$，这是因为移动平均值是对 $N$ 个点求平均值，这一平均值应落在 $N$ 个点的中点。

### 5.2.1.2 指数平滑法

**1. 一次指数平滑法**

一次指数平滑法是利用前一期的预测值 $F_t$ 代替 $x_{t-n}$ 得到预测值的，其通式为

$$F_{t+1} = \alpha x_t + (1 - \alpha)F_t \tag{5.11}$$

一次指数平滑法是一种加权预测，权数为 $\alpha$。它既不需要存储全部历史数据，也不需要存储一组数据，从而可以大大减少数据存储，甚至有时只需一个最新观察值、最新预测值和 $\alpha$ 值，就可以进行预测。它提供的预测值是前一期预测值加上前期预测值中产生的误差的修正值。

**2. 二次指数平滑法**

其基本原理与二次移动平均法相似。当趋势存在时，一次和二次平滑值都滞后于实际值，将一次和二次平滑值之差加在一次平滑值上，即可对趋势进行修正，其通式为

$$S'_t = \alpha x_t + (1 - \alpha)S'_{t-1} \tag{5.12}$$

$$S''_t = \alpha S'_t + (1-\alpha) S''_{t-1} \tag{5.13}$$

$$\alpha_t = 2S'_t - S''_t \tag{5.14}$$

$$b_t = \frac{\alpha}{1-\alpha}(S'_t - S''_t) \tag{5.15}$$

$$F_{t+m} = \alpha_t + b_t m \tag{5.16}$$

式中，$S'_t$ 为一次指数平滑值；$S''_t$ 为二次指数平滑值；$m$ 为预测超前期数。

### 5.2.1.3　最小二乘法

最小二乘法是一种数学优化技术，它通过最小化误差的平方和寻找数据的最佳函数匹配。利用最小二乘法可以简便地求得未知的数据，并使这些求得的数据与实际数据之间误差的平方和为最小。

最小二乘法的数学描述如下：对于给定的数据点 $(x_i, y_i)$，$1 \leqslant i \leqslant n$，可用下面的 $n$ 阶多项式进行拟合，即

$$f(x) = a_0 + a_1 x + a_2 x^2 + \cdots = \sum_{k=0}^{n} a_k x^k \tag{5.17}$$

为了使拟合出的近似曲线能尽量反映所给数据的变化趋势，要求在所有数据点上的残差 $|\delta_i| = |f(x_i) - y_i|$ 都较小。为达到上述目标，可以令上述偏差的平方和最小，即

$$\sum_{i=1}^{n} (\delta_i)^2 = \sum_{i=1}^{n} [f(x_i) - y_i]^2 = \min \tag{5.18}$$

利用这一原则确定拟合多项式 $f(x)$ 的方法即为最小二乘法多项式拟合。

### 5.2.1.4　小波变换法

与传统傅里叶变换相比，小波变换作为一种时间（空间）频率的局部化分析，较好地解决了时间和频率的矛盾，继承和发展了加博（Gabor）加窗傅里叶变换的局部化思想（李贤彬 等，1999；王新洲 等，2008；Hafez et al.，2012）。通过伸缩平移运算，小波变换利用可调节的窗口对信号（函数）进行多尺度细化，在高频时使用短窗口，在低频时使用长窗口，即以不同的尺度观察数据，在不同的分辨率尺度上分析数据，最终实现高低频处时间频率细分的目的（陈隽 等，2005；朱学锋 等，2012；李慧浩 等，2013）。

滑坡位移趋势项作为滑坡位移变形序列的总体发展方向，主要由内在势能和岩土性质等因素共同决定，它的波动频率必然在所有位移项中最低；而在将突变项并入周期项一起考虑后，由于周期项受到来自自然环境的周期性变化影响，它的波动频率会呈周期性波动。若将趋势项作为低频信号处理，将周期项作为高频信号处理，通过小波变换，将非平稳时间序列信号进行分解和重构，可以获得趋势项序列和剔除趋势项后的周期项信号，不需要先验知识。小波函数 $\Phi(t)$ 指的是具有振荡特性、能够迅速衰减到零的一类函数，即 $\int_{-\infty}^{+\infty} \Phi(t)\mathrm{d}t = 0$，它是一个低通滤波器。常用的小波函数有哈尔（Haar）函数、莫奈特（Morlet）函数、墨西哥草帽（Mexican hat)函数、多贝西(Daubechies)函数等。以多贝西函数为例,将小波函数 $\Phi(t)$ 进行伸缩和平移构成一簇函数系,表达式为

$$\Phi(t) = \frac{1}{\sqrt{\alpha}} \Phi\left(\frac{t-\lambda}{\alpha}\right) \quad (\alpha > 0, \lambda \in \mathbf{R}) \tag{5.19}$$

式中,$\Phi(t)$ 为小波函数;$\alpha$ 为伸缩因子(或尺度因子);$\lambda$ 为平移因子。在式(5.19)中改变 $\alpha$ 值,对函数 $\Phi(t)$ 具有伸展或收缩的作用;改变 $\lambda$,则会影响 $\Phi(t)$ 围绕 $\lambda$ 点的分析结果。

小波变换是一个平方可积函数 $\varphi(t)$ 与一个在时频域上均具有良好局部性质的小波函数 $\Phi(t)$ 的内积

$$W_\varphi(\alpha, \lambda) = <\varphi(t), \Phi(t)> = \frac{1}{\sqrt{\alpha}} \int_{-\infty}^{+\infty} \varphi(t) \Phi^*\left(\frac{t-\lambda}{\alpha}\right) dt \quad (\alpha > 0, \lambda \in \mathbf{R})$$

$$\tag{5.20}$$

式中,$<\cdot, \cdot>$ 表示内积;$\alpha$ 为伸缩因子;$\lambda$ 为平移因子;$*$ 表示复数共轭;$\Phi(t)$ 为小波函数。

由式(5.20)的表达式可见,小波变换中伸缩因子 $\alpha$ 的变化不仅改变小波的频谱结构,同时也改变其窗口大小和形状。伸缩因子 $\alpha$ 的值较大时对应于频率分辨率高、时间分辨率低的低频端;反之,尺度因子小时对应于频率分辨率低、时间分辨率高的高频端。小波变换像显微镜一样,实现时间序列的时频局部化。

### 5.2.1.5 经验模态分解法

经验模态分解(empirical mode decomposition, EMD)是 Huang 等(2003)提出的一种信号分解算法。该方法依据数据自身的时间尺度特征来进行信号分解,无须预先设定任何基函数。这一点与建立在先验性的谐波基函数和小波基函数上的傅里叶分解与小波分解方法具有本质性的差别。该方法可以应用于任何类型信号的分解,因而在处理非平稳及非线性数据上,具有非常明显的优势,适合于分析非线性、非平稳信号序列,具有很高的信噪比。经验模态分解表示为

$$y(t) = \sum_{i=1}^{n} f_i + c(t) \tag{5.21}$$

式中,$y(t)$ 表示原始数据;$f_i$ 表示固有模态函数在不同的尺度上的特征;$c(t)$ 代表残余函数,反映原数据序列的总体变化趋势。

在物理上,如果瞬时频率有意义,那么函数必须是对称的,局部均值为零,并且具有相同的过零点和极值点数目。在此基础上,Huang 等(2003)提出固有模态函数(intrinsic mode function, IMF)的概念。固有模态函数任意一点的瞬时频率都是有意义的。Huang 等(2003)认为任何信号都是由若干固有模态函数组成,任何时候,一个信号都可以包含若干固有模态函数,如果固有模态函数之间相互重叠,便形成复合信号。经验模态分解的目的就是获取固有模态函数,然后再对各固有

模态函数进行希尔伯特变换(Hilbert transform),得到希尔伯特谱。

经验模态分解法是基于以下假设条件:①数据至少有两个极值,一个最大值和一个最小值;②数据的局部时域特性是由极值点间的时间尺度唯一确定;③如果数据没有极值点但有拐点,则可以通过对数据微分一次或多次求得极值,然后再通过积分来获得分解结果。这种方法的本质是通过数据的特征时间尺度来获得本征波动模式,然后分解数据。这种分解过程可以形象地称为"筛选"过程,即由原数据减去包络平均后的新数据,若还存在负的局部极大值和正的局部极小值,说明这还不是一个固有模态函数,需要继续进行"筛选"。

## 5.2.2　滑坡变形预测因子选取

滑坡位移时间序列数据可被分解为具有确定性的趋势项、周期项、突变项位移和具有不确定性的随机项位移这四种成分。滑坡的趋势项是由于滑坡内在因素的作用产生的那部分位移,它可以用时间相对于滑坡的累积位移的函数关系式表示。滑坡的周期项是受到滑坡外界的周期性影响因素的作用所产生的那部分位移,所以它必定与外界的周期性影响因素有关。通常在进行滑坡位移预测时,主要考虑降雨、库水位变化和地下水变化这三者与滑坡位移的周期项部分之间的关系。

### 5.2.2.1　降雨因子

降雨是影响滑坡稳定性的一个重要因素。刘传正(2003)指出降雨是诱发突发性地质灾害的主要因素之一,其具有区域性、群发性、同步性等特点。张倬元等(1994)经过统计分析得出在斜坡地质环境条件具备时,降雨是最主要的诱发因素,滑坡发生往往都集中在暴雨期。众多学者通过对滑坡的长期研究发现降雨是诱发滑坡变形的主要因子,降雨主要通过下面四个方面对滑坡变形进行作用:①大量降雨入渗到滑坡体中,使得土壤吸收水分,重量增加,下滑势能增加,并且雨水对岩土体的软化、侵蚀同样导致其抗滑能力降低;②降雨渗入滑坡体内使岩土孔隙水压力升高,那么滑动面上的有效应力就会降低,阻力减小;③降雨使得岩土体处于饱和与非饱和交替状态,岩土容易破裂,裂隙增大,更多水更容易入渗,加速滑坡滑移;④降雨导致地下水升高,使得岩土体浮力增强,阻滑减小,不利于滑坡稳定。

降雨对滑坡的影响通常具有滞后作用,滞后期的长短与众多因素有关,这些因素包括:滑坡所处的地质环境特征、降雨总量、日降雨强度和降雨前滑坡体本身的稳定状况,在考虑这些影响因素的基础上,再考虑降雨对滑坡变形的影响来判断滑坡发生的大致时间(张玉成 等,2007)。根据降雨对滑坡变形的影响,按照滑坡变形监测数据的时间跨度,常用的降雨因子包括:区段降水量、滞后三天降水量、最大日降水量、月降水量、滞后一星期降水量、滞后两星期降水量、累积两月降水量。区段降水量是指相邻两个监测时间段的降水量;滞后三天降水量是指区段降水量滞后三天的降水量总和;最大日降水量是指在两个相邻监测时间段的最大日降水

量;月降水量是指监测时间段向前 30 天内的降水量;滞后一星期降水量是指滞后
一星期开始计算的月降水量;滞后两星期降水量是指滞后两星期开始计算的月降
水量;累积两月降水量是指两个相邻区段月降水量总和,如图 5.1 所示。

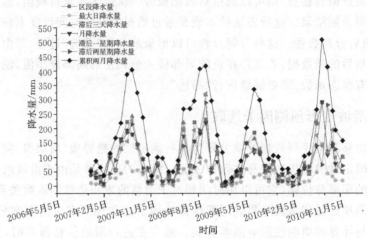

图 5.1　三峡库区降雨因子-时间相关性折线

除此之外,可以利用的降雨因子主要分为两种类型:①当期降雨因子——短时
降水强度、日降水量等,这种类型的降雨因子直观简便,成果便于利用,在全世界范
围应用频繁;②前期降雨因子——前 3 天、前 5 天、前 10 天、前 15 天降水量,这种
类型的降雨因子及其时间跨度的选择是一个难题,然而前期降雨可以使斜坡岩土
体中含水量增加,地下水水位线升高,孔隙水压力增加,从而降低斜坡稳定性。不
同地区,按照其不同要求,学者们提出了不同的降雨参数来描述降雨过程,从而尽
可能达到精确描述影响滑坡位移变形的各种降雨因子,如表 5.1 所示。

表 5.1　文献中定义引发滑坡的降雨阈值关系时采用的降雨和气候变量

| 变量 | 描述 | 单位 | 首次提出者及年份 |
| --- | --- | --- | --- |
| $D$ | 降水历时,指一次降水时间或降水期的持续时间 | h、d | Caine,1980 |
| $D_c$ | 临界降水事件的持续时间 | h | Aleotti,2004 |
| $E_{(h),(d)}$ | 降水事件的累积降水量,指对一次降水事件,从降水开始到滑坡发生时观测的累积降水量。(h)表示所考虑的时间段,以 h 为单位;(d)表示所考虑的时间段,以 d 为单位 | mm | Innes,1983 |
| $MAP$ | 平均年降水量,根据降水量观测站长期历史记录得到的年平均降水量,是反映一个地方气候条件的指数 | mm | Guidicini et al.,1997 |
| $E_{MAP}$ | 经规格化的降水量事件的累积降水量。以 $MAP$ 除降水事件的累积降水量($E_{MAP} = E/MAP$),也称规格化的累积降水量 | 1 | Guidicini et al.,1997 |

续表

| 变量 | 描述 | 单位 | 首次提出者及年份 |
|---|---|---|---|
| $C$ | 临界降水量,是从降水强度明显增加开始($t_0$)到滑坡发生($t_1$)时的总降水量 | mm | Govi et al.,1980 |
| $C_{MAP}$ | 经规格化的临界降水量。以 MAP 除临界降水量($C_{MAP} = C/MAP$) | 1 | Govi et al.,1980 |
| $R$ | 日降水量,指滑坡发生当日总降水量 | mm | Crozier et al.,1980 |
| $R_{MAP}$ | 经规格化的日降水量。以 MAP 除滑坡发生当日总降水量($R_{MAP} = R/MAP$) | 1 | Terlien,1980 |
| $I$ | 降水强度,为给定时间段的降水速率。按所考虑的历时长短,降水强度观测可分为峰值强度或平均强度 | mm/h | Caine,1980 |
| $I_{MAP}$ | 经规格化的降水强度。以 MAP 除降水强度($I_{MAP} = I/MAP$) | 1/h | Cannon,1988 |
| $I_{max}$ | 最大小时降水强度 | mm/h | Onodera,1974 |
| $I_P$ | 峰值降水强度,一次降水事件的最大降水强度(降水速率)。从详细降水记录中获得 | mm/h | Wilson et al.,1992 |
| $I_{(h)}$ | 对一场降水的平均强度。(h)表示所考虑的时间段,以 h 为单位,考虑的时间段一般为 3~24 h | mm/h | Govi et al.,1980 |
| $I_c$ | 临界小时降水强度 | mm/h | Heyerdahl et al.,2003 |
| $I_f$ | 滑坡发生时的降水强度。从详细降水记录中获得 | mm/h | Aleotti,2004 |
| $I_{fMAP}$ | 经规格化的滑坡发生时的降水强度。以 MAP 除滑坡发生时的降水强度($I_{fMAP} = I_f/MAP$) | 1 | Aleotti,2004 |
| $A_{(d)}$ | 前期降水,引发滑坡的降水事件之前的累积降水量。(d)表示所考虑的时间段,以 d 为单位时间 | mm | Govi,1980 |
| $A_{MAP}$ | 经规格化的前期降水。以 MAP 除前期降水($A_{MAP} = A/MAP$) | 1 | Aleotti,2004 |
| $A_{(y)}$ | 前期年降水量,引发滑坡的降水事件之前这一年的累积降水量 | mm | Guidicini et al.,1997 |
| $RDS$ | 平均年降水天数。根据水量观测站长期历史记录得到的平均年降水(或有降水)天数,是反映一个地方气候条件的指数 | d | Wilson et al.,1997 |
| $RDN$ | 经规格化的平均年降水量。MAP 与 RDS 的比值($RDN = MAP/RDS$) | mm/d | Wilson et al.,1997 |
| $N$ | 两个不同(相隔)地区 MAP 比值 | 1 | Barbero et al.,2004 |
| $F_c$ | 经规格化的前期年降水与降水事件的累积降水量之和($F_c = A_{(y)MAP} + E_{MAP}$),也称最终系数 | 1 | Guidicini et al.,1997 |
| $A_{(y)MAP}$ | 经规格化的前期年降水。以 MAP 除 $A_{(y)}$($A_{(y)MAP} = A_{(y)}/MAP$) | 1 | Guidicini et al.,1997 |

### 5.2.2.2　库水因子

水库蓄水期或正常运营期,库水位的变动将会导致坡体内地下水位的变动,并由此影响斜坡的稳定性。由于库水位变动和降雨对斜坡稳定性的影响,基本都是转化为坡体内地下水对斜坡稳定性施加作用,因此库水位的变动对斜坡稳定性的影响也主要表现为物理化学效应、饱水加载效应、静水压力效应、动水压力效应等几个方面。

一般而言,在水库蓄水期,库水位上升,自然会导致坡体内地下水位面跟着上升,同时还会使坡脚部分坡体完全处于地表水体以下,也即处于重力水饱和状态。如果从力的角度分析,处于库水位以下的坡体重度将由原来的天然重度转化为浮重度,相当于重力减小,坡脚坡体总重量减轻。如果从应力的角度分析,当岩土孔隙为重力水饱和时,水对固体骨架产生一种正应力,即孔隙水压力,其矢量指向孔隙壁面。由于重力水服从静水压力分布规律,故孔隙水压力值是由水头所决定的,地下某点孔隙水压力 $p_w$ 之值为

$$p_w = \rho_w g h \tag{5.22}$$

式中,$\rho_w$ 为水的密度;$g$ 为重力加速度;$h$ 为水头高度。

孔隙水压力对岩土骨架起了浮托作用(悬浮减重),从而削减了通过骨架起作用的有效应力,其关系式为

$$\sigma' = \sigma - p_w \tag{5.23}$$

式中,$\sigma'$、$\sigma$ 分别为有效应力和总应力。

显然在饱和岩土体中,当总应力一致时,孔隙水压力的增减,势必相应地减增有效应力,从而影响岩土体的强度和稳定性,这就是有效应力原理。

孔隙水压力对岩土体强度的影响,可以采用莫尔-库仑破坏准则来描述,即

$$\tau_f = (\sigma_n - p_w)\tan\phi + c \tag{5.24}$$

式中,$\tau_f$ 为抗剪强度;$\sigma_n$ 为正应力;$\phi$ 为土的内摩擦角;$c$ 为土的黏聚力。由于孔隙水压力的存在削减了有效正应力,使潜在滑面上抗剪强度降低,以致失稳滑动。

另外,在水库蓄水期间,由于库水位的上升"带动"坡体内地下水位面跟着上升,导致坡体内地下水动力场发生变化,打破原来的平衡状态,在上述几个效应的作用下,也会使坡体整体稳定性降低,产生局部滑动甚至整体蠕滑变形。这种现象在松散堆积体内表现尤为明显。

### 5.2.2.3　地下水因子

地下水在滑坡中的赋存特征对滑坡的时空演变具有决定性的作用,同时决定着滑坡变形模式和作用强度。由于介质的渗透性差异,必然导致含水形式的不同,在每个特定的滑坡中其水文地质结构都会有所差异。根据地下水在地下埋藏的地质条件,通常将地下水划分为包气带水、潜水和承压水。根据含水层的孔隙性质特征进一步可以把地下水分为孔隙水、裂隙水、喀斯特水三种类型,与上述三种类

结合起来形成 9 种不同类型的地下水,如表 5.2 所示(工程地质编委会,2018)。

表 5.2　地下水的划分

| 地下水的分类 | 孔隙水 | 裂隙水 | 喀斯特水 |
|---|---|---|---|
| 包气带水 | 土壤水-土壤中未饱和的水<br>上层滞水-局部隔水层以上的重力水 | 地表裂隙岩体中季节性存在的地下水 | 可溶性岩层中季节性存在的悬挂毛细水 |
| 潜水 | 各种松散沉积物中的地下水 | 基岩上部裂隙中的地下水 | 裸露的可溶性岩层中的地下水 |
| 承压水 | 松散沉积物构成的承压盆地和承压斜地中的水 | 构造盆地及单斜岩层中的层状裂隙水,断层破碎带中的深部水 | 构造盆地、单斜或向外构造可溶性岩层中的地下水 |

地下水参与工程地质作用,并在岩土工程问题中发挥着重要的作用。在滑坡变形的各个阶段均有地下水的影子存在,随着降雨与库水对地下水的直接补给,引起地下水上升,进而引起渗流场的变化,滑坡体非饱和区范围缩小,渗透力增强;当滑坡启动后,由于土壤的饱和作用,土体的有效应力和抗剪强度被消减,滑坡面的抗滑力降低,再加上含水层流通的通道破坏,造成流路堵塞,从而在滑坡体内产生巨大的动水、静水压力,促进滑坡的发育(王智磊 等,2011)。张作辰(1996)指出,我国大多数滑坡的变形是地下水状态变化直接引起的,地下水又是由降雨下渗引起。

地下水位监测采用一种地下水动态自动监测仪器,能对地下水的水位和水温的动态变化进行连续、长期、自动监测。通过监测数据可以了解滑坡地下水的变化特征。自动水位记录仪根据探头埋深,减去水柱高度,从而测得水位埋深。地下水与滑坡变形有着非常直接的关系,国内外学者已经从数值模拟(吴李泉 等,2009;Apip,et al.,2010)和模型试验(Ling et al.,2009)等方面揭示地下水对滑坡变形的作用机制,并通过对地质参数进行反演,为实际工程预测提供依据(Cascini et al.,2010)。

数值模拟和模型实验往往是在理想地质环境参数固定情况下反演出的地下水位线,而实际情况是由于滑坡地质条件复杂、各部位参数时空分布不均、滑坡变动等原因,采用数值模拟和模型实验很难探索出滑坡地下水以及滑坡变形特征(Uchida,2004)。因此,研究对滑坡岩土力学参数依赖程度低的分析预测方法是十分有必要的。地下水监测数据正好可以弥补上述方法的缺点,对滑坡变形研究非常有利。地下水对滑坡变形的作用主要表现在两个方面:一个是地下水的力学作用,分别为静水、动水压力;二是地下水对滑坡岩土体的所产生的物理化学作用,改变滑坡自身岩土力学性质降低滑坡稳定性。

常用的地下水因子包括:地下水标高、地下水变形率、地下水位差、地下水监测孔水位差。其中,地下水标高是指地下水的水位高程;地下水变形率是指两个相邻监测周期的地下水位差,也就是相对上个时期地下水的变形率;地下水位差是指同一时间点地下水位与库水位差;地下水监测孔水位差是指任意两个地下水监测孔的水位差。

## 5.3　滑坡位移预测方法

### 5.3.1　趋势项位移预测

经过分解得到的滑坡位移各个分量,其频率变化最低的分解项属于受到滑坡内部性质影响的趋势项部分。这部分位移分量通常具有显式的数学方程,如经验模型、斋藤模型,或具有确定性的数学关系模型,如黄金分割模型。除此之外,可以用于趋势项位移预测的模型还包括多项式函数、逻辑回归函数、灰色模型、差分自回归移动平均模型等。

#### 5.3.1.1　多项式函数

多项式函数的表达式为

$$W_t(P) = a_0 + a_1 t + a_2 t^2 + \cdots \tag{5.25}$$

式中,$W_t(P)$ 为由多项式函数拟合的趋势项位移分解值;$a_0$,$a_1$,$a_2$,$\cdots$ 为多项式的系数;$t$ 为观测时间序列。

采用最小二乘法确定拟合曲线的系数之后,通过对拟合曲线拟合趋势项位移的效果进行比较与分析,选择拟合效果较好的拟合曲线作为趋势项位移的预测函数。

#### 5.3.1.2　逻辑回归函数

逻辑回归函数的表达式为

$$W_t(S) = \frac{1}{1/h + \alpha\beta^t} \tag{5.26}$$

式中,$W_t(S)$ 为由 $S$ 曲线拟合的趋势项位移分解值;$h$、$\alpha$、$\beta$ 为 $S$ 曲线的系数;$t$ 为观测时间序列。

采用最小二乘法确定拟合曲线的系数之后,通过对拟合曲线拟合趋势项位移的效果进行比较与分析,选择拟合效果较好的拟合曲线作为趋势项位移的预测函数。

#### 5.3.1.3　灰色模型

根据灰色系统理论,无论客观系统看起来多么复杂,其内在总会蕴含着某种规律。因此,选取适当的方法,对一组离散的、看似随机的系统行为特征序列进行处理、组合,总能弱化其随机性,使之变得较有规律,这一过程叫作灰色序列生成。利用生成的灰色序列建立灰色模型,计算行为特征量在未来某一时刻的数值即为灰度数列预测。

GM(1,1)是灰色模型中应用最普遍的核心模型,它是一阶、一个变量的灰色模型,代表一个白化形式的微分方程(王忠桃,2008),其表达式为

$$\frac{\mathrm{d}x^{(1)}}{\mathrm{d}t} + ax^{(1)} = u \tag{5.27}$$

式中,$x^{(1)}$ 为由原始序列 $x^{(0)}$ 生成的灰色序列;$a$ 和 $u$ 为模型的参数。其建模步骤包括以下四步。

1. 灰色序列生成

在灰色模型中,并不直接用原始序列建模,而是将原始序列组合变换成一组新的灰色序列。生成灰色序列的方法有很多种,包括均值法、累加法、累减法等,其中累加法较为常用。设原始数列为

$$X^{(0)} = (x^{(0)}(1), x^{(0)}(2), \cdots, x^{(0)}(n)) \tag{5.28}$$

式中,$n$ 为维数。那么对原始数列进行累加处理生成的灰色序列 $X^{(1)}$ 为

$$X^{(1)}(k) = \sum_{i=1}^{k} x^{(0)}(i) \tag{5.29}$$

式中,$k = 1, 2, \cdots, n$。新灰色序列的第 $k$ 个元素的值为原始序列前 $k$ 个元素之和。

2. 求解模型参数

通过最小二乘法,求解模型参数值,假设

$$\boldsymbol{A} = [a \quad u]^{\mathrm{T}} = (\boldsymbol{B}^{\mathrm{T}}\boldsymbol{B})^{-1}\boldsymbol{B}^{\mathrm{T}}\boldsymbol{Y}_n \tag{5.30}$$

式中,数据矩阵 $\boldsymbol{B}$ 为

$$\boldsymbol{B} = \begin{bmatrix} -\frac{1}{2}\left[x^{(1)}(1) + x^{(1)}(2)\right] & 1 \\ -\frac{1}{2}\left[x^{(1)}(2) + x^{(1)}(3)\right] & 1 \\ \vdots & \vdots \\ -\frac{1}{2}\left[x^{(1)}(n-1) + x^{(1)}(n)\right] & 1 \end{bmatrix} \tag{5.31}$$

数据矩阵 $\boldsymbol{Y}_n$ 为

$$\boldsymbol{Y}_n = [x^{(0)}(2) \quad x^{(0)}(3) \quad \cdots \quad x^{(0)}(n)]^{\mathrm{T}} \tag{5.32}$$

3. 建立累加序列预测模型

将参数值代入微分方程,解得累加序列预测模型,即

$$x^{(1)}(t+1) = \left(x^{(0)}(1) - \frac{u}{a}\right)\mathrm{e}^{-at} + \frac{u}{a} \tag{5.33}$$

4. 将累加序列预测值还原为原始序列预测值

对预测模型进行累减还原,得到原始序列预测模型为

$$x^{(0)}(t+1) = x^{(1)}(t+1) - x^{(1)}(t) \tag{5.34}$$

式中，$t=1,2,\cdots,n$；$x^{(0)}(1)=x^{(1)}(1)$。

#### 5.3.1.4 差分自回归移动平均模型

差分自回归移动平均模型(ARIMA)最早由 Box 和 Jenkins 提出，是将预测对象随时间推移而形成的数据序列看作一个随机序列，用一定的数学模型来近似描述这个序列，并利用时间序列的历史值来预测未来值的模型，基本模型结构为 ARIMA$(p,d,q)$。其中，$p$ 为自回归模型阶数，$d$ 为差分阶数，$q$ 为移动平均模型阶数。具体的模型形式见式(5.3)。

### 5.3.2 周期项位移预测

随着人们对滑坡复杂性认识的不断深入，各种非确定性模型开始应用于滑坡位移预测中。此类模型通常没有确定的数学表达式，理论上具有较高精度，如神经网络模型、支持向量机模型等。同时，为了提高非确定性模型的预测精度，选择更合适的参数组合，如粒子群优化算法、蚁群算法、遗传算法等优化算法也开始被引入其中参与模型构建。

#### 5.3.2.1 粒子群优化反向传播神经网络模型

粒子群优化算法有极强的全局搜索能力，但当寻优过程进入后期时，粒子群已经非常接近全局最优位置，但由于此时粒子的飞行速度缓慢，使寻优结果无法得到改进，此时如果将具有较强局部搜索能力的误差逆传播算法引入，在粒子群搜索结果的附近区域进行搜索，就能找到全局最优解。所以，可以尝试将粒子群优化算法和误差逆传播算法进行融合，充分利用粒子群优化算法的全局搜索能力和误差逆传播算法的局部搜索能力，发挥两个算法的优势，便能形成一种新的混合算法(杨伟 等，2002)。

粒子群优化算法和误差逆传播神经网络模型融合方式是先用粒子群优化算法对神经网络进行训练，达到规定的迭代次数后，改用误差逆传播算法对神经网络继续训练，直至达到规定的迭代次数，如图5.2所示。具体步骤如下。

(1)初始化粒子群的规模、随机位置和速度，并设置学习因子和惯性权重等权值，同时规定粒子群优化算法的最大迭代次数和误差逆传播算法的最大迭代次数。

(2)根据适应函数确定初始粒子的适应度，将自身最优位置设置为当前粒子的位置，而全局最优位置设置为初始化粒子中最好粒子的位置。

(3)重新计算所有粒子的位置和速度，产生一组新的粒子。

(4)计算新粒子的适应度，如果某个粒子的适应度低于更新前的适应度，则更新自身最优位置；如果所有新粒子中最好的适应度值低于全局最优位置适应度，则更新全局最优位置，直至达到最大迭代次数。

(5)使用误差逆传播算法在粒子群优化算法得到的全局最优位置附近进行局部细致搜索，达到最大迭代次数为止。如果误差逆传播算法搜索的结果优于粒子群优化算法寻优结果,则用此搜索结果代替全局最优位置,否则返回粒子群优化算法重新进行寻优结果。

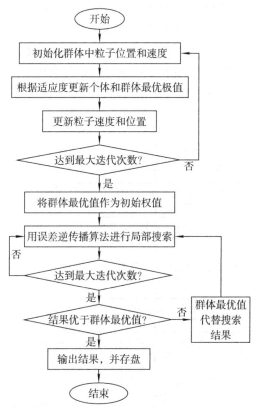

图 5.2 粒子群优化反向传播神经网络混合算法流程

### 5.3.2.2 粒子群优化支持向量机回归模型

将粒子群优化算法和支持向量机回归模型进行结合,能充分利用粒子群优化算法的参数全局搜索能力和支持向量机回归模型在解决线性约束的凸二次规划优化问题上的优势。采用的结合方式是先用粒子群优化算法对支持向量机回归模型进行训练,达到规定的迭代次数后,求得最优支持向量机回归模型参数,然后采用引入优化参数的支持向量机回归模型对滑坡变形位移进行预测,实现过程如图 5.3 所示。具体步骤如下。

(1)初始化粒子群的规模、随机位置和速度,并设置学习因子和惯性权重等权值,同时规定粒子群法的最大迭代次数和支持向量机回归模型的最大迭代次数。

(2)根据适应函数确定初始粒子的适应度,将自身最优位置设置为当前粒子的位置,而全局最优位置设置为初始化粒子中最好粒子的位置。

(3)重新计算所有粒子的位置和速度,产生一组新的粒子。

(4)计算新粒子的适应度,如果某个粒子的适应度低于更新前的适应度,则更新自身最优位置,如果所有新粒子中最好的适应度低于全局最优位置适应度,则更新全局最优位置,直至达到最大迭代次数,否则回到步骤(1)重新开始。

(5)使用支持向量机回归模型在粒子群优化算法得到的全局最优位置附近进行局部细致搜索,达到最大迭代次数为止。如果支持向量机回归模型搜索的结果优于粒子群优化算法寻优结果,则用此搜索结果代替全局最优位置,否则返回粒子群优化算法中重新进行寻优过程。

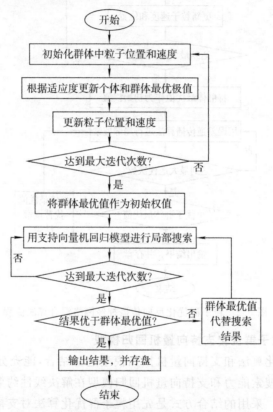

图 5.3　粒子群优化支持向量机回归模型实现过程

### 5.3.2.3　分类回归树模型

分类回归树(classification and regression tree,CART)模型是由 Breiman 等于 1984 年提出的。CART 树包括分类树和回归树。其中,输出变量为二分或多分类型变量所建立的决策树称为分类树,用于分类的预测;输出变量为数值型所建立的决策树称为回归树,用于数值的预测。

对于分类树(以数值型变量为例),首先将数据按升序排序,然后从小到大依次以相邻数值的中间值作为组限,将样本分成两组,并计算所得组中样本输出变量取值的异质性(差异性)。

理想的分组应使得两组中样本输出变量取值的异质性总和达到最小,也就是使两组输出变量取值的异质性下降最快。CART 模型采用基尼系数来测度异质性,基尼系数的数学定义为

$$G(t) = 1 - \sum_{j=1}^{k} p^2(j \mid t) \tag{5.35}$$

式中,$t$ 为节点;$k$ 为输出变量的类别数;$p$ 为节点 $t$ 中样本输出变量取 $j$ 的概率。可见,当节点样本的输出变量均取同一类别值时,输出变量取值的差异性最小,基尼系数为 0,而当各类取概率值相等时,输出变量取值的差异性最大,基尼系数也最大,为 $1 - 1/k$。

CART 模型采用基尼系数的减少量来测度异质性的下降,其数学定义为

$$\Delta G(t) = G(t) - \frac{N_r}{N} G(t_r) - \frac{N_1}{N} G(t_1) \tag{5.36}$$

式中,$G(t)$ 和 $N$ 分别为分组前输出变量的基尼系数和样本量;$G(t_r)$、$N_r$ 以及 $G(t_1)$、$N_1$ 分别为分组后右子树的基尼系数和样本量以及左子树的基尼系数和样本量。按照这种计算方法反复计算便可以得到异质性下降最大的分割点。

对于回归树而言,确定最佳分组变量策略与分类树相同,主要不同之处为测度输出变量异质性的指标。由于回归树的输出变量为数值型,因此方差是最理想的指标,其数学定义为

$$R(t) = \frac{1}{N-1} \sum_{i=1}^{N} (y_i(t) - \bar{y}(t))^2 \tag{5.37}$$

式中,$t$ 为节点;$N$ 为节点 $t$ 所含的样本量;$y_i(t)$ 为节点 $t$ 中输出变量值;$\bar{y}(t)$ 为节点 $t$ 中输出变量的平均值。于是,异质性下降的测度指标为方差的减少量,其数学定义为

$$\Delta R(t) = R(t) - \frac{N_r}{N} R(t_r) - \frac{N_1}{N} R(t_1) \tag{5.38}$$

式中,$R(t)$ 和 $N$ 分别为分组前输出变量的方差和样本量,$R(t_r)$、$N_r$ 以及 $R(t_1)$、$N_1$ 分别为分组后右子树的方差和样本量以及左子树的方差和样本量。使 $\Delta R(t)$ 达到最大的变量即为当前最佳分组变量。

#### 5.3.2.4　反馈网络

反馈网络又译为递归神经网络(recurrent neural network,RNN),是一种反馈式结构的神经网络。与传统神经网络的不同之处在于,该网络隐含层状态不仅包含当前输入,也包括含延迟时间后隐含层输出状态的反馈或者输出数据的反馈。由于是有反馈的输入,因此它是一种反馈动力学习系统,该系统的学习过程就是它的神经元状态的变化过程,神经元状态达到一个不变的稳定状态即为最终过程。

常见的反馈网络结构及展开如图 5.4 所示：输入数据 $X=\{x_1,x_2,x_3,\cdots,x_t\}$，输出数据 $Y=\{y_1,y_2,y_3,\cdots,y_t\}$，隐含层状态 $H=\{h_1,h_2,h_3,\cdots,h_t\}$，输入层与隐含层间权值为 $w_{ih}$，隐含层自循环权值为 $w_{h'h}$，输出层权值为 $w_{ho}$，激活函数为 $\phi$，则 $t$ 时刻隐含层状态为

$$h_t=\phi(w_{h'h}h_{t-1}+w_{ih}h_t) \tag{5.39}$$

反馈网络展开后可以看作是共享权值的多层前馈神经网络，网络在某时刻的输出状态不仅与当前时刻的输入状态有关，还与该时刻以前的递归信息有关，从而表现出动态的"记忆性"。Elman 神经网络算法即为常见的典型动态反馈网络。

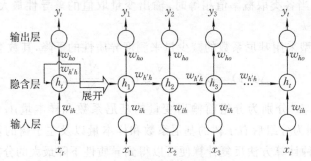

图 5.4　反馈网络结构及展开示意

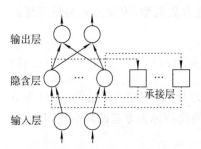

图 5.5　Elman 神经网络结构

不同于误差逆传播神经网络，Elman 神经网络算法除输入层、隐含层和输出层外，还包含一个用来记忆隐含层单元上一时刻输出值的承接层，并将其反馈给隐含层，从而使该系统具有适应时变特征的能力（图 5.5）。Elman 神经网络算法最大的特点是通过构建具有延迟、存储特征的承接层，实现隐含层输出到隐含层输入的自联。正是这种特性，使得 Elman 网络可有效存储未来时刻使用的信息，使得它不仅可以研究时域模式，也可以研究空域模式；它既可以训练后实现对模式的空间分类结果，也可以表达模式的时域变化关系。然而，反馈网络的"记忆性"被证明并不能保存足够长的时间。随着时间序列的迁移，历史信息会逐渐损失，加之层数过多时参数训练会带来的梯度消失问题，传统反馈网络在实际利用"记忆性"历史信息时能力变得有限。由此，Hochreiter 等（1997）提出长短记忆反馈网络，用于解决传统反馈网络无法保留长记忆信息的梯度消失问题。

#### 5.3.2.5　长短记忆反馈网络

长短记忆（long short term memory，LSTM）反馈网络实质是一种特殊结构的深度机器学习神经网络（图 5.6），相比反馈网络，长短记忆反馈网络模型引入了

门控单元,使得信息可以存储在单元格中、写入单元格或从单元格中读取,就像计算机内存中的数据一样。单元格通过打开和关闭的门来决定存储什么,以及何时允许读取、写入和擦除。这些门控单元包括输入门(input gate)、遗忘门(forget gate)、输出门(output gate),通过门控单元,可避免反馈网络算法中梯度消失的问题,同时可以学习具有长期记忆的信息。

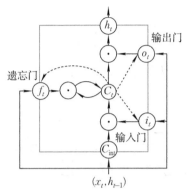

图 5.6　长短记忆反馈网络神经元内部结构

如图 5.6 所示,输入序列为 $X=(x_1,x_2,\cdots,x_t)$;单元输出为 $H=(h_1,h_2,\cdots,h_t)$;$C_t$ 为记忆单元,用于存储记忆信息;$i_t$ 为输入门,用来控制当前输入数据对记忆单元状态值的影响,该计算不仅受当前输入数据影响,也和上一时刻单元输出有关;$f_t$ 为遗忘门,用于控制历史信息对当前记忆状态值的影响;$o_t$ 为输出门,用于控制记忆单元状态值的输出。在 $t$ 时刻神经单元可以描述为

$$i_t = \mathrm{sigmoid}(W_i h_{t-1} + W_i x_t + b_i) \tag{5.40}$$

$$f_t = \mathrm{sigmoid}(W_f h_{t-1} + W_f x_t + b_f) \tag{5.41}$$

$$C_t = f_t C_{t-1} + i_t \tanh(W_C h_{t-1} + W_C x_t + b_C) \tag{5.42}$$

$$o_t = \mathrm{sigmoid}(W_o h_{t-1} + W_o x_t + b_o) \tag{5.43}$$

$$h_t = o_t \tanh(C_t) \tag{5.44}$$

式中,$W_*$ 和 $b_*$ 分别为连接权重和偏置量;sigmoid 和 tanh 为激活函数,取值范围分别为 $[0,1]$ 和 $[-1,1]$,分别用于筛选或记忆信息以及生成输出结果。由于神经网络多采用非线性激活函数和反向传播算法,因此在数据传播过程中,随着层数的增加,传播中遇到的激活函数越多,梯度消失问题越严重。而长短记忆反馈网络通过构建记忆块,利用"门"结构以及数据传播中的数乘和相加的线性运算,实现对信息的筛选和存储,使得梯度在反向传播的过程中得以有效保存下来,从而让网络具有"记忆"特性,可以避免梯度消失的问题,同时达到保留长记忆信息的效果。

## 5.3.3　分析与误差评价

将趋势项位移与周期项位移叠加得到总的位移预测结果,即

$$S_t^{pre} = \sum_{i=1}^{n} \omega_t^i + \sum_{j=1}^{n} y_t^j \tag{5.45}$$

式中，$S_t^{pre}$ 为总的位移预测结果；$\omega_t^i$ 为第 $i$ 项趋势项位移分解值预测结果；$y_t^j$ 为第 $j$ 项周期项位移分解值预测结果。为了评价模型的预测效果，通常会采用如下统计量对模型的预测效果进行评估。

1. 均方误差

$$MSE = \sqrt{\frac{1}{n} \sum_{t=1}^{n} (S_t^{pre} - S_t^{obs})^2} \tag{5.46}$$

式中，$S_t^{pre}$ 为预测结果；$S_t^{obs}$ 为原始数据；$n$ 为观测次数。

2. 相关系数的平方

$$r^2 = \left( \frac{\sum_{t=1}^{n} (S_t^{obs} - \bar{S}_t^{obs})(S_t^{pre} - \bar{S}_t^{pre})}{\sqrt{\sum_{t=1}^{n} (S_t^{obs} - \bar{S}_t^{obs})^2 \sum_{t=1}^{n} (S_t^{pre} - \bar{S}_t^{pre})^2}} \right)^2 \tag{5.47}$$

式中，$S_t^{obs}$ 为原始数据，$\bar{S}_t^{obs}$ 为其均值；$S_t^{pre}$ 为预测结果，$\bar{S}_t^{pre}$ 为其均值；$n$ 为观测次数。

3. 赤池信息量准则

$$AIC = 2K + n\ln\left(\frac{RSS}{n}\right) \tag{5.48}$$

式中，$RSS$ 为残差平方和；$n$ 为观测次数；$K$ 为因子参数的数量。

## 5.4　典型滑坡位移预测实例

### 5.4.1　基于小波变换及外因响应的白家包滑坡位移预测

基于小波变换及外因响应的白家包滑坡位移预测方法结合了小波变换、粗糙集算法和支持向量机回归模型，其基本思想是：首先以实测滑坡位移监测数据为基础，利用小波变换将典型监测点的累积位移曲线分解为若干趋势项及周期项，使用曲线拟合的方法拟合出趋势项预测曲线；然后使用粗糙集挑选出合适的因子集，通过支持向量机回归模型对周期项位移分量进行预测；最后通过位移叠加得到整体位移预测值。

#### 5.4.1.1　滑坡变形特征分析

在滑坡体上布设四个监测点（编号为 ZG323—ZG326），用于监控整个滑坡体变形。监测线 1 与滑坡主滑方向一致，布置于滑坡体中轴线位置，监测线 2 与横穿该滑坡的秭兴公路大致平行。白家包滑坡变形具有牵引式特点，而监测点 ZG324 位于滑坡主滑方向前缘，故选择 ZG324 点作为滑坡位移特征点，研究建立其位移预测模型。2006 年 11 月至 2012 年 12 月,监测点 ZG324 的相对位移量与同期降水量、库水位之间的对应关系如图 5.7 所示。分析可得白家包滑坡位移特征如下。

(1)该区降雨及库水位的季节性变化基本与各监测点的位移变化相互对应。汛期时白家包滑坡处于显著变形阶段,非雨季时处于缓慢变形阶段,而当库水位下降或者强降雨时,滑坡变形显著(王力 等,2014)。

(2)每年随着降水量的周期性变化,滑坡位移速率也会随着降水量的增大而增大。但是在库水位波动等其他外界因素影响下,局部位移速率曲线与降水量之间的响应关系不符合上述规律,如 2008 年 8 月与 2009 年 8 月相比,2009 年滑坡位移变形比 2008 年明显,而与此同时,2008 年的降水量却大于 2009 年。

(3)在库区枯水期蓄水阶段(通常为当年 11 月至次年 4 月),滑坡累积位移曲线相对平稳,不同年份之间的大小变化不大,而到了洪峰期泄洪阶段(通常为 5 月至 9 月),累积位移变化曲线随着水位下降而上升至峰值,说明库水位变化对于滑坡累积位移变化的影响有一定的滞后性。不同的阶段库水位的上升或者下降对滑坡位移变化影响不同。这是因为白家包滑坡体组成成分中有大量粉质黏土,不易于地表水入渗,在水库蓄水时,库水位和地下水形成负落差,反压坡体,使坡体相对稳定;而当水库退水时,地下水排出缓慢而与库水位形成正落差,动水压力指向坡体外侧,造成滑坡的不稳定。

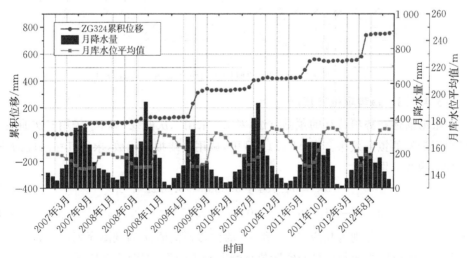

图 5.7　监测点 ZG324 累积位移量与同期降水量、库水位相关性

### 5.4.1.2　滑坡位移分解

由前所述,利用白家包滑坡典型位移监测点 ZG324 的累积位移数据建立滑坡预测模型。将该监测点 2006 年 11 月至 2011 年 12 月的 62 期数据作为训练样本

建立模型,2012 年 1 月至 2012 年 12 月的 12 期数据作为测试样本来测试模型的精度。经试验,在 MATLAB 中调用小波变换函数,采用多贝西小波,选择 db5 小波进行变换,可获得较好的分解结果。对于小波变换的级数,经过比较分析,选择分解级数为 6。监测点 ZG324 的位移时间序列及其分解后的各个分量如图 5.8 所示,$w_t^1$ 和 $w_t^2$ 为滑坡累积位移趋势项部分,$y_t^1 \sim y_t^5$ 为滑坡累积位移周期项部分。

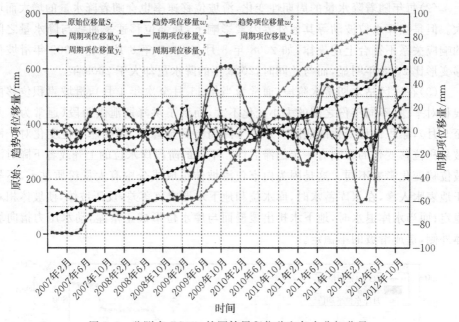

图 5.8　监测点 ZG324 的原始累积位移和各个分解分量

### 5.4.1.3　趋势项位移预测

根据前述趋势项位移的预测方法,对 $w_t^1$ 采用二次曲线,对 $w_t^2$ 采用三次曲线,可得到最好的拟合效果。在 MATLAB 中,调用曲线拟合函数,求得其相对应的位移预测函数分别为

$$\overline{w}_t^1 = 64.664 + 5.683t + 0.022t^2 \tag{5.49}$$

$$\overline{w}_t^2 = -26.946 - 7.250\,9t + 0.275\,5t^2 - 0.002\,1t^3 \tag{5.50}$$

式中,$\overline{w}_t^1$ 和 $\overline{w}_t^2$ 分别为相应于 $w_t^1$ 和 $w_t^2$ 的位移预测值;$t$ 为观测序列,$t=1,2,\cdots,n$。趋势项位移的预测结果与实际位移情况基本一致,如图 5.9 所示。

### 5.4.1.4　周期项位移预测

为利用支持向量机回归模型进行周期项位移预测,首先要选取初始影响因子并进行属性约简,得到与每一个滑坡位移周期项分解值对应的一个因子集。

1. 选取初始影响因子

初始影响因子包括降雨因子和库水因子两类,其中降雨因子包括月降水量(R)、两月降水量(2R)、月平均降水量(AR)、最大月降水量(MR)、最大连续降水量(CR)等 5 个因子,库水因子包括库水位月平均值(AW)、单月最高库水位(MaW)、单月最低库水位(MiW)、单月水位波动速率(WD)、单月库水位日最大上升值(WDR)、单月库水位日最大下降值(WDF)、单月库水位累积下降值(WF)、单月库水位日平均下降率(WFD)、两月库水位平均下降率(2WFD)、单月库水位累积上升值(WR)、单月库水位日平均上升率(WRD)、两月库水位日平均上升率(2WRD)等 12 个因子。

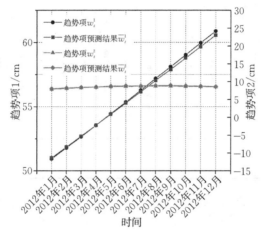

图 5.9　监测点 ZG324 的趋势项位移预测结果

2. 属性约简

利用 RSES2 软件系统进行相关处理,采用穷举算法进行属性约简之后,最终得到与每一个滑坡位移周期项分解值对应的一个因子集,其结果如表 5.3 所示。

表 5.3　白家包滑坡位移周期项分解值对应因子集

| 周期项分解值 | 因子集 |
|---|---|
| $y_t^1$ | {R, 2R, AR, CR, MaW, WD, WDF, 2WFD, WR} |
| $y_t^2$ | {R, AR, MR, AW, MaW, WD, WDR, 2WFD, 2WRD} |
| $y_t^3$ | {R, 2R, AR, MR, AW, MaW, WD, WDR, 2WFD, 2WRD} |
| $y_t^4$ | {R, 2R, AR, MR, CR, MaW, WD, WDR, 2WFD} |
| $y_t^5$ | {R, 2R, AR, CR, MaW, WD, WDF, 2WFD, WR} |

3. 周期项位移预测

在 MATLAB 中,调用 libsvm 支持向量机函数库,利用支持向量机回归模型进行周期项位移预测(图 5.10),预测结果总体上能够较好地反映周期项位移的变化趋势。具体包括以下四个步骤:①首先对约简后的因子集和对应的滑坡累积位移周期项分解值进行异常点剔除等预处理,然后将其归一化到[−1,1],消除不同量纲对预测结果的影响;②将每一部分的滑坡累积位移周期项分解数据再进一步分成两部分,即将 2006 年 11 月至 2011 年 12 月的数据作为模型训练样本,2012 年 1 月至 2012 年 12 月的数据作为模型测试样本;③使用训练样本和由粗糙集提取出的因子集建立滑坡累积位移周期项分解值与影响因子之间的支持向量机回归模型;④利用所建立的模型对测试样本进行预测。

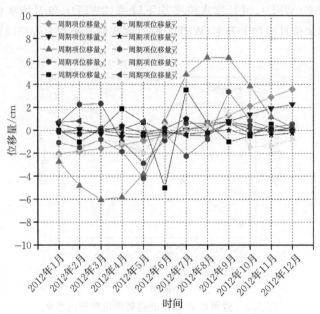

图 5.10　监测点 ZG324 周期项位移预测结果

### 5.4.1.5　预测结果分析与评价

将前面基于小波变换(WT)、粗糙集(RS)和支持向量机回归模型(SVR)相结合的滑坡位移预测方法所预测的白家包滑坡的趋势项位移值和周期项位移值叠加,得到其总的位移预测结果。同时,为了将本实验中提出的滑坡位移预测方法与已有的基于小波变换-支持向量机回归模型相结合和基于粗糙集-支持向量机回归模型相结合的两种预测方法的预测效果进行比较,用已有的两种方法对白家包滑坡位移也进行了预测(图 5.11),根据上述三种方法的位移预测结果与实测值的差值求得各自的预测误差,如表 5.4 所示。分析可知,小波变换-粗糙集-支持向量机回归模型的预测误差最小,预测结果与实际位移情况符合最好;其次是小波变换-支持向量机回归模型;粗糙集-支持向量机回归模型的预测精度最低。通过对三种不同模型预测结果的比较可得出结论:本实验提出的小波变换-粗糙集-支持向量机回归模型的预测结果最优。

对比三种模型预测结果的误差可知,与粗糙集算法相比较,小波变换对提高滑坡位移预测精度的作用较为显著。究其原因,主要是由于小波变换能够显著放大信号的细节,通过采用合适的预测方法对趋势项和周期项位移进行预测后,去除了数据间的相关性,减少了冗余信息及数据噪音,降低了数据复杂度,因而所建立的预测模型更为优化和有效。

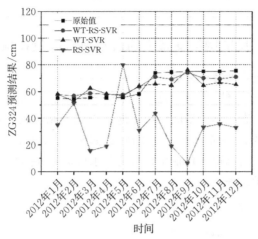

图 5.11 GPS 监测点 ZG324 总位移预测结果

表 5.4 三种滑坡位移预测方法的预测误差比较

| 时间 | WT-RS-SVR | | WT-SVR | | RS-SVR | |
|---|---|---|---|---|---|---|
| | 绝对误差 /cm | 相对误差 /% | 绝对误差 /cm | 相对误差 /% | 绝对误差 /cm | 相对误差 /% |
| 2012 年 1 月 | 2.7 | 4.9 | 2.9 | 5.3 | 38.1 | 17.0 |
| 2012 年 2 月 | 2.4 | 4.3 | 1.8 | 3.3 | 54.5 | 0 |
| 2012 年 3 月 | 3.3 | 6.0 | 7.2 | 13.0 | 19.1 | 36.3 |
| 2012 年 4 月 | 2.7 | 4.9 | 3.1 | 5.6 | 22.6 | 32.7 |
| 2012 年 5 月 | 2.0 | 3.7 | 1.1 | 2.0 | 83.8 | 28.3 |
| 2012 年 6 月 | 5.7 | 9.8 | 6.1 | 10.5 | 34.6 | 23.4 |
| 2012 年 7 月 | 2.9 | 4.0 | 8.4 | 11.4 | 47.8 | 26.2 |
| 2012 年 8 月 | 5.3 | 7.1 | 9.8 | 13.2 | 23.4 | 51.1 |
| 2012 年 9 月 | 0.9 | 1.1 | 1.2 | 1.6 | 10.8 | 64.2 |
| 2012 年 10 月 | 4.4 | 6.5 | 10.3 | 13.7 | 37.8 | 37.1 |
| 2012 年 11 月 | 5.6 | 7.5 | 8.2 | 13.6 | 40.5 | 34.5 |
| 2012 年 12 月 | 4.5 | 6.0 | 10.3 | 2.3 | 38.0 | 37.5 |

另外,计算上述三种模型的均方根误差(RMSE)和相关系数($r$)(表 5.5)可得,WT-RS-SVR 模型的均方根误差值最小,而相关系数值最大,这综合说明了经过小波变换处理后,利用粗糙集算法进行因子筛选而建立的支持向量机回归模型为最优稳健模型,对滑坡变形位移量与影响因素之间的复杂响应关系有最佳的预

测能力。

表 5.5　不同模型评价指标值

| 指标 | WT-RS-SVR | WT-SVR | RS-SVR |
|---|---|---|---|
| RMSE/cm | 1.58 | 3.6 | 16.8 |
| $r$ | 0.97 | 0.76 | 0.10 |

## 5.4.2　长短记忆反馈网络支持下的白水河滑坡位移预测

### 5.4.2.1　滑坡变形特征分析

白水河滑坡位于三峡库区秭归县,距三峡大坝坝址 56 km,地处长江南岸。滑坡地形南高北低,形态呈不规则圈椅状。地层以侏罗系下统香溪组与第四系地层为主,岩性多碎屑岩类,为单斜顺层土质滑坡,如图 5.12 所示。该滑坡历史上曾因强烈变形多次预警,监测形式包括位移与地下水位监测、降雨与深部位移钻孔测斜监测,以及宏观地质巡查。

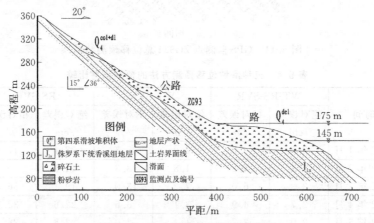

图 5.12　白水河滑坡工程地质剖面

滑坡各监测点累积位移与时间变化关系如图 5.13 所示。预警区内 ZG93、ZG118,以及 XD-01、XD-02、XD-03、XD-04 监测点位移整体保持上升趋势,变化幅度有所差异。滑体东部及其前缘 XD-01、XD-03 监测点累积位移变化幅度明显高于中部及其西部 ZG93 和 ZG118 监测点,说明预警区内滑坡体北东部变形程度比中部、西部强烈。从整体上看,滑坡监测点位移均表现为阶跃型特征,且均以每年5月至9月突变增加的上升趋势保持增长。相比之下,非预警区内 ZG91、ZG92、ZG94、ZG119 和 ZG120 监测点多年观测值很小,变形不明显。

2006 年至 2012 年,滑坡位移变化与库水位变化、降水量呈明显相关性。预警区内各累积位移曲线在库水位下调期间呈阶跃式增长。受库水位波动影响,滑坡前缘与东部突变最为明显。滑坡所在区域雨季为每年的5月至9月,同时期滑坡地表受库水位和连续强降雨综合作用,位移变形显著。因此,库水位下降与连续强降雨为诱发滑坡变形的共同外界因素,库水位下调诱发滑坡变形,强降雨加速滑坡变形。

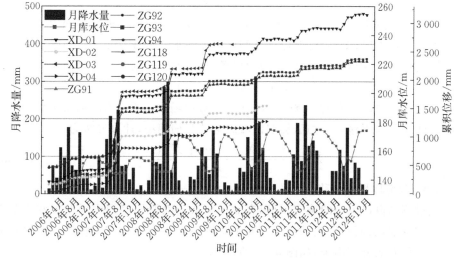

图 5.13　滑坡累积位移曲线

白水河滑坡部分监测点累积位移存在明显的分形特征,累积位移时间序列具有长记忆特性,即现有的数据信息长期依赖于历史数据中的信息,而长短记忆反馈网络模型完善了神经网络中随时间增长信息丧失的问题,可有效学习长期依赖信息。故将长短记忆反馈网络模型引入白水河滑坡的位移预测研究中,开展滑坡位移变形的定量预测(图 5.14)。考虑滑坡位移受降雨、库水位、地下水和人类工程活动等多种因素影响,采用时间序列加法模型划分滑坡位移为趋势项位移和周期项位移。结合库水位、降水量与滑坡变形趋势间响应关系,筛选合适因子作为影响变量加入预测模型。选取白水河滑坡中部监测点 ZG93 为研究对象,以样本数据中 2006 年 1 月至 2012 年 4 月共 76 期作为训练样本,2012 年 5 月至 2012 年 12 月共 8 期数据作为预测验证样本。

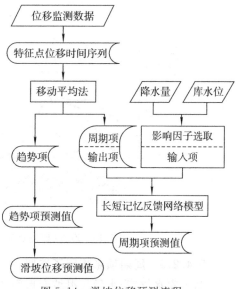

图 5.14　滑坡位移预测流程

#### 5.4.2.2　滑坡位移分解

滑坡变形的累积位移受滑坡体内在结构特征和外界影响因素的共同作用,变化曲线呈非线性特征,其时间序列可用加法模型表示为

$$Y_t = T_t + S_t + C_t + I_t \tag{5.51}$$

式中,$t$ 为观测时间;$T_t$、$S_t$、$C_t$ 和 $I_t$ 分别为滑坡位移时间序列的周期项、趋势项、季节项以及随机项;$Y_t$ 为滑坡位移时间序列。白水河滑坡受库水位和降水量联合作用影响,将随机项和季节项归为周期项考虑,故时间序列加法模型简化为

$$Y(t) = \alpha(t) + \beta(t) \tag{5.52}$$

式中,$Y(t)$ 为滑坡位移时间序列,$\alpha(t)$ 为趋势项函数,$\beta(t)$ 为周期项函数。滑坡位移时间序列采用移动平均法提取滑坡趋势项与周期项,计算方法为

$$\overline{X}_t = \frac{X_t + X_{t-1} + \cdots + X_{t-M-1}}{A} \tag{5.53}$$

式中,$X_t$ 为滑坡累积位移;$A$ 平均窗口大小;$t = M, M+1, \cdots, T$。

通过移动窗口大小的确定,可以有效削弱或消除原始序列中周期性和季节性的不规则变动,从而平滑波动趋势。取平均窗口大小为 $A = 12$,将滑坡位移趋势项与周期项有效分离出来,如图 5.15 所示。

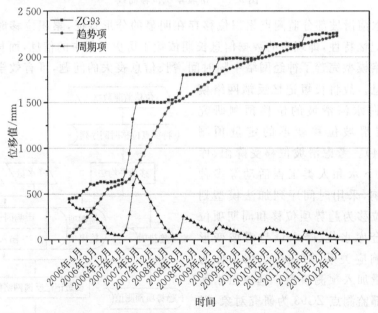

图 5.15　ZG93 监测点累积位移趋势项与周期项分解

#### 5.4.2.3　周期项影响因子选取

基于库水位、降水量与滑坡变形间的相关性,除已有累积位移数据($v_6$),另选取两类外界因素为滑坡周期项位移($y$)的影响因子,具体如下:

(1)库水位。库水位升降对滑坡体地下水渗流场与应力场作用明显,使得滑坡体的稳定状态发生改变,引发滑坡体变形与破坏。故选取月平均库水位($v_1$)、累积库水位波动率($v_2$)和月库水位累积降率($v_3$)作为库水位对滑坡周期项的影响因子。

(2)降水量。雨水渗入不仅引起滑坡体抗剪强度下降、下滑力增大的水-土力学反应,也会造成滑坡岩土体内摩擦角及黏聚力的减小。由于降雨入渗具有"滞后性",故选取两月降水量($v_4$)和观测前一天降水量($v_5$)为降雨对滑坡周期项的影响因子。

为保证各影响因子间的相对独立性,对因子间相关程度做皮尔逊相关系数定量统计分析(表 5.6),其绝对值最大为 0.652,评价因子选取相对合理。

表 5.6  影响因子及滑坡周期项位移相关系数

| 影响因子 | $v_1$ | $v_2$ | $v_3$ | $v_4$ | $v_5$ | $v_6$ | $y$ |
|---|---|---|---|---|---|---|---|
| $v_2$ | $-0.027$ | 1 | | | | | |
| $v_3$ | 0.070 | 0.381 | 1 | | | | |
| $v_4$ | $-0.427$ | 0.338 | $-0.264$ | 1 | | | |
| $v_5$ | $-0.124$ | $-0.156$ | $-0.221$ | 0.226 | 1 | | |
| $v_6$ | 0.652 | 0.014 | $-0.357$ | 0.063 | 0.061 | 1 | |
| $y$ | $-0.489$ | 0.168 | 0.316 | 0.170 | $-0.223$ | $-0.425$ | 1 |

#### 5.4.2.4  滑坡位移预测

采用差分自回归移动平均(ARIMA)模型实现趋势项位移预测。利用 R 语言选择最优模型结构为 ARIMA(0,2,1),通过白噪声检验 $P = 0.996 > 0.05$,故该模型结构有效。依据确定的 ARIMA(0,2,1)模型对滑坡趋势项进行预测,预测结果如表 5.7 所示。

表 5.7  ARIMA(0,2,1)模型支持下的滑坡趋势项位移预测结果

| 时间 | 趋势项位移 | | |
|---|---|---|---|
| | 实际值/mm | 预测值/mm | 绝对误差/mm |
| 2012 年 5 月 11 日 | 2 239.89 | 2 240.94 | 1.05 |
| 2012 年 6 月 11 日 | 2 251.14 | 2 251.83 | 0.69 |
| 2012 年 7 月 14 日 | 2 259.89 | 2 262.72 | 2.83 |
| 2012 年 8 月 11 日 | 2 270.36 | 2 273.60 | 3.24 |
| 2012 年 9 月 11 日 | 2 280.78 | 2 284.49 | 3.71 |
| 2012 年 10 月 16 日 | 2 291.19 | 2 295.38 | 4.19 |
| 2012 年 11 月 13 日 | 2 300.92 | 2 306.26 | 5.34 |
| 2012 年 12 月 22 日 | 2 310.32 | 2 317.15 | 6.83 |

基于开源机器学习库 Tensor-Flow 和 Keras,采用长短记忆反馈网络实现滑坡周期项位移预测。选取滑坡中部监测点 ZG93 周期项及其影响因子为实验数

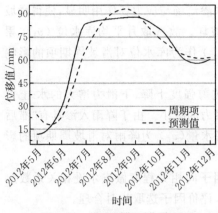

图 5.16　滑坡周期项位移预测

据。长短记忆反馈网络的输入输出维度由数据决定，滑坡周期项 6 个影响因子为输入变量，周期项位移为输出变量，因此长短记忆反馈网络输入维度为 6，输出维度为 1。为防止影响因子数据类型、取值范围和量纲的不一致对网络训练速度的影响，采用极差标准化对原始序列归一化处理为 [0,1]。由于当前关于最优网络结构并没有确定性原则，通过多次实验最终确定网络的隐含层节点数为 45，包括 3 个层。采用构建的长短记忆反馈网络模型实现滑坡周期项位移预测（图 5.16），均方根误差为 8.36 mm。

将滑坡趋势项与周期项两项预测位移值相加即为累积位移预测值。为验证长短记忆反馈网络的适用性，分别利用经典误差逆传播神经网络、Elman 递归神经网络开展滑坡位移周期项预测，实现滑坡累积位移总预测，并和利用差分自回归移动平均（ARIMA）模型实现单一时间序列预测作比较分析。神经网络模型的输入维度均为 6，输出维度均为 1，训练函数均为 trainlm；误差逆传播神经网络隐含层节点为 12；Elman 递归神经网络隐含层节点数为 3；ARIMA 预测模型结构为 ARIMA(0,2,1)。本实验采用模型的预测结果相对误差均小于 0.7%，均方根误差为 8.95 mm，均优于误差逆传播神经网络（39.43 mm）、Elman 递归神经网络（23.87 mm）及 ARIMA 模型（34.32 mm）（表 5.8）。

表 5.8　不同模型支持下的白水河滑坡位移预测结果

| 时间 | 实际值 /mm | 本实验模型 | | 误差逆传播模型 | | Elman 模型 | | ARIMA 模型 | |
|---|---|---|---|---|---|---|---|---|---|
| | | 预测值 /mm | 相对误差 /% | 预测值 /mm | 相对误差 /% | 预测值 /mm | 相对误差 /% | 预测值 /mm | 相对误差 /% |
| 2012 年 5 月 | 2 251.70 | 2 265.53 | 0.61 | 2 265.43 | 0.61 | 2 256.32 | 0.21 | 2 272.64 | 0.93 |
| 2012 年 6 月 | 2 280.00 | 2 274.59 | −0.24 | 2 285.39 | 0.24 | 2 278.64 | −0.06 | 2 293.96 | 0.61 |
| 2012 年 7 月 | 2 343.60 | 2 329.31 | −0.61 | 2 444.13 | 4.29 | 2 395.60 | 2.22 | 2 318.18 | −1.08 |
| 2012 年 8 月 | 2 357.10 | 2 363.12 | 0.26 | 2 388.18 | 1.32 | 2 326.73 | −1.29 | 2 342.80 | −0.61 |
| 2012 年 9 月 | 2 368.80 | 2 375.42 | 0.28 | 2 391.80 | 0.97 | 2 346.58 | −0.94 | 2 367.14 | −0.07 |
| 2012 年 10 月 | 2 371.50 | 2 369.36 | −0.09 | 2 389.45 | 0.76 | 2 372.96 | 0.06 | 2 391.19 | 0.83 |
| 2012 年 11 月 | 2 361.10 | 2 369.38 | 0.35 | 2 374.40 | 0.56 | 2 359.52 | −0.07 | 2 415.13 | 2.29 |
| 2012 年 12 月 | 2 371.00 | 2 378.94 | 0.33 | 2 381.82 | 0.46 | 2 350.76 | −0.85 | 2 439.04 | 2.87 |
| 均方根误差/mm | | 8.95 | | 39.43 | | 23.87 | | 34.32 | |

当位移数据发生明显波动，误差逆传播神经网络与 Elman 递归神经网络模型预测效果差，随机性较强；长短记忆反馈（LSTM）网络模型预测结果相对稳定，与实际累积位移变化趋势仍能保持一致，预测能力和预测效果明显优于其他

模型。滑坡变形规律受多种外界因素的影响,差分自回归移动平均(ARIMA)模型预测结果呈单一的线性上升趋势,并未体现滑坡在受外界影响因素下的波动变化情况,对具有周期性和随机性的非线性滑坡的位移预测不具有适用性。因此,引入外界影响因子的长短记忆反馈网络模型较其他预测模型,预测结果最优良,且在描述滑坡变形趋势与规律上更加稳定,更适用于滑坡位移预测研究(冯非凡 等,2019),如图 5.17 所示。

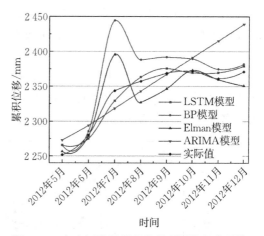

图 5.17　白水河滑坡累积位移预测值与实测值

### 5.4.3　基于经验模态分解-支持向量机的木鱼包滑坡位移预测

#### 5.4.3.1　滑坡变形特征分析

木鱼包滑坡位于长江南岸,距三峡大坝坝址 56 km,地属湖北省秭归县沙镇溪镇范家坪村二组。滑坡前缘面向长江,滑坡高程 135 m,滑坡宽 1 450 m;东侧大乐沟近南北向延伸,长约 620 m;西侧边界基本沿鹅卵石沟延伸,约 1 200 m;后缘滑壁平直光滑,长数百米。滑坡体均宽 1 200 m,纵长 1 500 m,面积 $180×10^4$ m²,平均厚度 50 m,体积约 $9 000×10^4$ m³,主滑方向 20°。木鱼包滑坡滑体主要由两部分组成,表层为松散堆积层,下层为层状长石砂岩岩体。滑坡的中后部为顺层滑动,滑带主要由软弱的煤系地层组成,滑体滑带前部为黑色轻粉质壤土夹少量块石。滑床主要为香溪组的中下层地层,主要是炭质粉砂岩,切层部分由层状长石砂岩、含砾组成。

本实验采用监测线上滑坡变形量较大的 ZG291 点进行位移预测研究,监测时期为 2007 年 1 月至 2012 年 12 月,ZG291 累积位移、月降水量、月库水位的监测曲线如图 5.18 所示。2007 年 7 月至 9 月,库水位处于 145 m 左右,月降水量在汛期(2007 年 6 月中旬至 8 月下旬)达到最大值 229 mm,高强度的降雨造成了较大的滑坡变形。2009 年 1 月至 5 月,库水位由 169 m 下降到 145 m,水位下降 24 m,滑坡位移增长达 128 mm,库水位的下降也使滑坡发生了较大变形。降水量的增加和库水位下降会影响滑坡稳定性,降雨和库水是导致木鱼包滑坡变形的主要因素,因此,选取以下的相关因子作为滑坡位移变化的主要影响因子。

(1)降雨因子。降雨会饱和斜坡岩体,增大容重,增加滑体的负重,雨水渗入岩土体,泥化及软化滑带,并引起黏土矿物的水化作用导致黏着力降低,甚至消失,从而改变斜坡力学性能,且降雨对滑坡位移会有一定的滞后性。因此,选取月降水量、两月降水量、滞后一星期降水量、滞后两星期降水量四个因子作为降雨因子。

(2)库水因子。当库水位与地下水形成动水压力效应,即在水库退水时,滑坡体排水不畅,地下水与库水位存在正落差。因此,选取月库水位、月库水位变化速率两个因子作为库水因子。

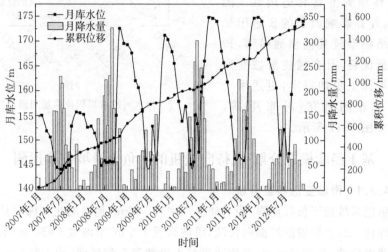

图 5.18　库水位、降水量及滑坡累积位移

### 5.4.3.2　滑坡位移分解

木鱼包滑坡位移监测数据共 72 期数据,选取 2007 年 1 月至 2012 年 5 月的 65 期数据作为训练样本,2012 年 6 月至 12 月的 7 期数据作为测试样本。首先将训练样本的 74 期数据进行经验模态分解,得到固有模态函数分量(图 5.19)和残余函数分量(图 5.20),分别代表滑坡周期性的波动情况和滑坡变形的趋势。

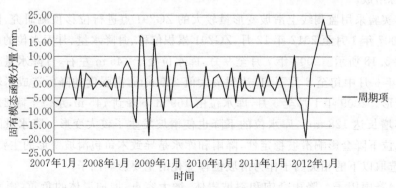

图 5.19　固有模态函数分量

图 5.20　残余函数分量

### 5.4.3.3　趋势项位移预测

指数平滑法是一种适用于中短期趋势预测的方法,其预测值是以前观察值的加权和,给新数据以较大的权重,旧数据以较小的权重。利用平滑值对时间序列的线性趋势进行修正,更能消除原序列的不规则变动和周期性变动,使序列的长期趋势更加明显。计算公式为

$$S_t^n = \alpha S_t^{n-1} + (1-\alpha) S_{t-1}^n \tag{5.54}$$

式中, $\alpha$ 为平滑系数,且 $\alpha \in [0,1]$ ; $n$ 为指数平滑法的级数; $t$ 为第 $n$ 级指数平滑法的期数。本实验预测趋势项采用二次指数平滑法,首先利用分解得到的 65 期随机森林数据建立模型,然后依据模型进行预测,最终得到趋势项的位移预测值,如图 5.21 所示。

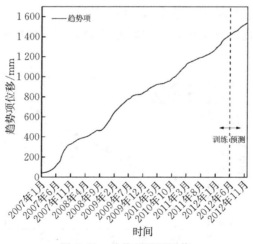

图 5.21　趋势项及预测值

### 5.4.3.4　周期项位移预测

为了降低建模误差,首先将 65 期固有模态函数数据和 6 个影响因子的数据归

一化至[-1,1],然后利用支持向量机回归模型建立周期项位移与影响因子间的非线性模型,对 2012 年 6 月至 12 月的 7 期数据进行预测,最终得到周期项的位移预测值(图 5.22)。本实验采用高斯径向基函数,选取格网 4 重交叉验证法,$c$ 和 $g$ 的搜索范围为 $2^{-10} \sim 2^{10}$,获得最优 $c$ 为 0.5,$g$ 为 0.35。

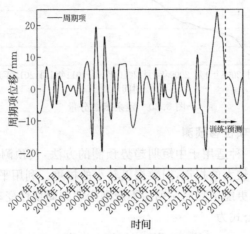

图 5.22　周期项及预测值

### 5.4.3.5　预测结果分析

将趋势项和周期项的预测值叠加,得到木鱼包滑坡总体位移预测值,将累积位移预测值与实际值相比较,可得预测值变化趋势与实际值基本一致,测试样本的均方根误差和判定系数分别为 16.6 和 0.83。为了更好地验证该方法的适用性,将该结果与未引入外界因子的支持向量机回归模型预测结果进行对比分析(图 5.23,表 5.9)(姚琦 等,2017)。结果表明,该模型预测精度比支持向量机回归模型精度高。

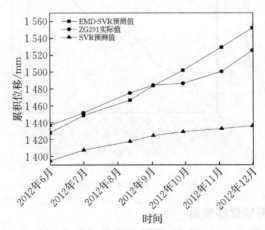

图 5.23　木鱼包滑坡累积位移实测值与模型预测值

表 5.9　测试样本模型预测值及误差

| 时间 | 实际值 /mm | EMD-SVR | | SVR | |
|---|---|---|---|---|---|
| | | 预测值 /mm | 绝对误差 /mm | 预测值 /mm | 绝对误差 /mm |
| 2012 年 6 月 9 日 | 1 436.8 | 1 427.73 | −9.11 | 1 394.7 | 42.1 |
| 2012 年 7 月 9 日 | 1 451.8 | 1 448.68 | −3.10 | 1 407.4 | 44.3 |
| 2012 年 8 月 20 日 | 1 475.1 | 1 466.62 | −8.48 | 1 417.7 | 57.4 |
| 2012 年 9 月 10 日 | 1 484.4 | 1 483.71 | −0.66 | 1 424.7 | 59.7 |
| 2012 年 10 月 7 日 | 1 486.4 | 1 501.94 | 15.49 | 1 429.1 | 57.4 |
| 2012 年 11 月 11 日 | 1 500.5 | 1 529.32 | 28.80 | 1 432.8 | 67.8 |
| 2012 年 12 月 15 日 | 1 525.6 | 1 552.10 | 26.49 | 1 436.1 | 89.5 |
| 平均误差 | | | 13.16 | | 59.74 |

进一步分析 EMD-SVR 模型的预测曲线与实测曲线,发现二者变化趋势基本一致,2012 年 6 月至 2012 年 9 月预测精度较高;2012 年 10 月至 2012 年 12 月预测精度有所下降,但预测趋势保证了与实测值的一致性,其主要原因为滑坡本身是一个非常复杂的系统,滑坡体各部分组成物质差异大,且各模型的不确定性均带入了累积位移的预测。

## 5.4.4　基于重标方差分析法的白水河滑坡变形趋势研究

### 5.4.4.1　滑坡位移时间序列趋势分析

分形理论是美籍法国数学家曼德尔布罗(Mandelbrot)于 1975 年创立的数学结构分析方法,该理论最早应用于研究海岸线的长度问题(Mandelbrot,1967)。分形理论的基本内容大致为:自然界是具有自相似特征的无序不规则系统,其维数的变化呈现出连续性。分形集合体的内部任意相对独立的部分,在某种情况下均可视为是整体的重现和它的相对缩影,所以,可通过局部认知最终认识整体。分形理论的主要研究对象是不规则的几何形态,如自然界中的山川、河流、闪电和海岸线等。从远处研究时,这些图形的形状呈不规则状态;当观测距离不断调整,其表现的形状与整体形态具有相似性。因此,将其看作从整体到局部都具有自相似性。所谓自相似性是指局部与整体在形态、功能和信息等方面具有统计意义上的相似性。

分形的实质是其组成部分以某种方式与整体相似的形。将表面极不规则、无标度特征但具有自相似性的复杂现象作为研究对象,凭借自相似性、统计自相似性、分形维数和幂函数等理论工具,将分形定量化描述的参数称为"分形维数"或"分维",记为 $D$,它可以是分数。

分形维数是对分形理论中破碎的、非光滑的、不规则的、极其复杂的分形对象进行定量描述的重要参数。在分形研究中,已提出许多不同的分形维数测定方法,如码尺法、圆覆盖法、网络覆盖法、康托尘集法等。在分形研究中,不同的测定方法应根据不同的研究对象和研究目的来选择。

　　重标极差(rescaled range, R/S)分析法最早是由水文学家赫斯特(Hurst)于1951年提出的时间序列分形统计方法,起初应用于尼罗河水文问题研究,后经曼德尔布罗和瓦利斯(Wallis)进一步补充和完善该方法,发展成为目前研究时间序列的分形理论方法。R/S分析法通过改变时间尺度来研究时间序列统计规律中的变化情况,以非线性时间序列计算出的赫斯特指数作为判据,判断时间序列的分形特性及长期记忆过程,以此对趋势性的持续和强度做出推断,对随机与非随机系统进行划分。当前已有不少人将其用于滑坡变形趋势的研究,其基本原理如下(孙霞 等,2003)。

　　设已有时间序列 $\{\xi(t)\}$ $(t=1,2,\cdots,\tau)$,在 $\tau$ 时刻的时间序列的均值为

$$(\xi)_{\tau} = \frac{1}{\tau} \sum_{t=1}^{\tau} \xi(t) \tag{5.55}$$

其中 $\tau$ 时刻的累积离差为

$$x(t,\tau) = \sum_{\mu=1}^{t} (\xi(\mu) - (\xi)_{\tau}) \quad (t \in [1,\tau]) \tag{5.56}$$

$\tau$ 时刻的累积极差为

$$R(\tau) = \max_{1 \leqslant t \leqslant \tau}(x(t,\tau)) - \min_{1 \leqslant t \leqslant \tau}(x(t,\tau)) \tag{5.57}$$

$\tau$ 时刻的累积标准差为

$$S(\tau) = \sqrt{\frac{1}{\tau} \sum_{t=1}^{\tau} (\xi(t) - (\xi)_{\tau})^2} \tag{5.58}$$

则 R/S 分析法的重标极差值与赫斯特指数关系为

$$(R/S)_{\tau} \propto K\tau^H \tag{5.59}$$

式中, $K$ 为比例参数; $H$ 为赫斯特指数。因此,赫斯特指数为 $\lg(R/S) - \lg(\tau)$ 双对数坐标中最小二乘法估计拟合趋势线的斜率。

　　Mandelbrot 等(1979)和 Peters(1994)认为,经典 R/S 分析法在实际应用中存在易受短期记忆性影响、过高估计赫斯特指数值、稳定性较差等局限性,导致结果出现偏差。Giraitis 等(2003)在 R/S 分析法的基础上,提出了采用序列方差代替序列累积离差的极差的 V/S(rescaled variance statistic)分析法,即重标方差法。该方法在分析与检验结果上,更具有稳健性和有效性。定义 V/S 分析统计量为

$$(V/S)_{\tau} = \frac{1}{\tau S(\tau)^2} \left[ \sum_{k=1}^{\tau} \left( \sum_{t=1}^{k} (\xi(t) - (\xi)_{\tau}) \right)^2 - \frac{1}{\tau} \left( \sum_{k=1}^{\tau} \sum_{t=1}^{k} (\xi(t) - (\xi)_{\tau}) \right)^2 \right] \tag{5.60}$$

　　V/S 分析统计量与赫斯特指数之间的关系为

$$(V/S)_{\tau} \propto K\tau^{2H} \tag{5.61}$$

式中，$K$ 为比例参数；$H$ 为赫斯特指数。赫斯特指数为 $\lg(V/S)-\lg(\tau)$ 双对数坐标中最小二乘法估计拟合趋势线斜率的一半。

时间序列的赫斯特指数与分形维数有着密不可分的联系（李业学 等，2010）。分形维数 $D$ 是衡量时间序列运动变化程度与轨迹平滑程度的指标。二者关系表现为

$$D = 2 - H \tag{5.62}$$

当 $H=0.5$ 时，$D=1.5$，时间序列为随机性和独立性序列；当 $0.5<H\leqslant1$ 时，$1\leqslant D<1.5$，时间序列运动轨迹光滑，变化程度小，时间序列趋势性确定性强；当 $0<H<0.5$ 时，$1.5<D<2$，时间序列运动变化程度强烈，运动轨迹变化参差不齐。

重标方差分析法引进赫斯特指数构建经典 R/S 分析的 $V$ 统计量检验序列的稳定性。构造 $V/S$ 分析的 $V_\tau$ 统计量为

$$V_\tau = \frac{(V/S)_\tau}{\sqrt{\tau}} \tag{5.63}$$

计算 $V_\tau$ 统计量，并绘制 $V_\tau$—$\lg(\tau)$ 坐标图。若 $H>0.5$，且 $V_\tau$ 统计量表现为持续性上升，或 $H<0.5$，且 $V_\tau$ 表现为持续性下降，表明时间序列具有长期稳定性；若 $H=0.5$，且 $V_\tau$ 统计量表现为水平状态，则时间序列为随机独立序列。

滑坡监测位移是滑坡变形演化的直观记录，在统计意义上存在自相似性，具有分形结构特征。由 V/S 分析法的基本理论可知，滑坡位移的赫斯特指数及其相关统计量与滑坡变形趋势存在一定的关系。当滑坡位移赫斯特指数大于 0.5 时，表明事物所处的状态不发生变化并具有持久性，即滑坡位移变形状态具有持久性，其变形趋势保持原有状态，越接近于 1，表明滑坡变形趋势越具有持久性，过去滑坡变形越大，未持续保持变形状态，稳定性状态保持不变。当滑坡位移的赫斯特指数小于 0.5 时，表明事物的状态将向相反的方向发展，即滑坡位移所处状态具有反持久性，其变形趋势将与原有状态相反，越接近于 0，滑坡变形的反持久性越高，过去滑坡变形越大，未来滑坡变形趋势越小，稳定性状态将发生变化。因此，依据滑坡位移的赫斯特指数和滑坡变形趋势的关系可知，当滑坡向失稳方向发展时，将会出现滑坡位移的赫斯特指数向 0.5 值明显靠近波动的现象，可以根据赫斯特指数的变化及大小对滑坡的稳定性和变形趋势进行判定。

根据分形维数 $D$ 的物理意义，当 $0.5<H\leqslant1$，$1\leqslant D<1.5$ 时，滑坡变形趋势轨迹平稳光滑，趋势性强；当 $0<H<0.5$，$1.5<D<2$ 时，滑坡运动变化程度强烈，受随机因素影响大，运动轨迹浮动程度高。当 $H>0.5$ 时，滑坡位移的 $V_\tau$ 统计量随着 $\tau$ 值的增大逐渐增大；或者当 $H<0.5$ 时，滑坡位移的 $V_\tau$ 统计量随着 $\tau$ 值增大逐渐下降，则滑坡位移时间序列状态具有长期的稳定性。反之，则不具有稳定性。因而可以 $V_\tau$ 统计量检验滑坡位移时间序列是否具有长记忆性和赫斯特指数的稳定性。

### 5.4.4.2　滑坡监测概况

滑坡体所处地区地形地貌复杂,为单斜顺层斜坡。从纵向上看,地面形态呈折线状,滑坡体中部较平缓,前缘和后缘坡度较陡。横向角度看,滑坡体为中间较低的平缓凹状地形,东西两侧较高。宏观上看,滑坡地形呈不规则圈椅状。滑坡体前缘为长江河谷,中前部为平缓的滑坡平台,东西两侧为近南北向的褶皱山地,北侧为白水河单面山体,总体地势南高北低,由南向北逐渐展布。滑坡体发育于两条近南北向的冲沟间,地形相对高差大,且滑坡体内有多条无水干沟发育。

滑坡体主要由岩土体分层性差的崩、坡积物及滑坡堆积物组成。滑坡体整体基本由粉质黏土和碎石、角砾覆盖。滑坡体岩土体土石比相差很大,块、碎石成分多以粉砂岩、泥岩和石英砂岩等为主,块径变化较大,地表可见块石的块径多为0.5~1 m,最大可达 6 m。局部偶有黏土,碎石、角砾含量极少。

滑带多含碎石或含角砾、粉质黏土,部分滑带分布有角砾土和黏土,滑带厚度大小不等。

滑床为单斜构造,岩层倾向 15°~20°,倾角 32°~36°。地层以粉砂岩夹薄层状泥岩、煤层为主,偶有岩屑长石石英细砂岩。滑床岩层一般呈中风化状,表层局部有强风化带,裂隙发育强烈。

滑坡区域地层以侏罗系香溪组及第四系地层为主,岩性多碎屑岩类。其中,侏罗系香溪组多粉砂岩、砂质页岩、石英砂岩,为滑床的主要构成岩体,滑坡体东、西两侧山脊及滑坡体上局部地带多有出露。第四系地层按分布区域主要分为三类:以粉质黏土夹泥岩、粉砂岩碎块石为主的残坡积层,碎石块径相对较小,多分布于滑坡后缘平台;以碎石土为主的崩、坡积物,主要分布于滑坡体范围外周边;多由粉质黏土、碎石土和滑带角砾土组成的滑坡堆积层,该层结构和特征因组成成分差异,且厚度变化大,一般为 29.9~35.6 m。

地质构造上滑坡体处于秭归向斜西翼,轴向近南北向。所处区域内分布有仙女山断裂和九畹溪断裂、周家山—牛口断裂为主的近南北向构造平行展布的断裂带,以及香龙山背斜核部西段的破碎断裂带。区内节理裂隙发育,发育走向以近东西向和近南北向为主。

白水河滑坡为三峡库区专业监测滑坡,监测形式包括卫星定位位移监测、地下水位监测、降水监测、深部位移钻孔测斜监测、地表位移监测和宏观地质巡查。白水河滑坡在监测初期共布设 7 个变形监测点,并呈三条纵向监测剖面分布。2004 年 5 月和 2005 年 10 月,分别在预警区中下部新增变形监测点各 2 个,进一步完善了监测网。

### 5.4.4.3　累积位移趋势分析

为便于对同时间段滑坡各监测点稳定性及整体变形趋势分析,考虑已有数据情况,分别选取白水河滑坡 2006 年 1 月至 2012 年 4 月共 76 期预警区内监测点

ZG93、ZG118、XD-01,以及非预警区内监测点 ZG91、ZG92、ZG94、ZG119、ZG120
累积位移数据进行 V/S 分析,从而基于滑坡已有的变形情况,分析未来滑坡变形
趋势。根据 V/S 分析统计量与赫斯特指数之间的关系 $(V/S)_{\tau} \propto K\tau^{2H}$,求
$\lg(V/S) - \lg(\tau)$ 双对数坐标图,并利用最小二乘法估计拟合趋势线斜率,斜率值
的 1/2 即为所求赫斯特值。各监测点 2006 年 1 月至 2012 年 4 月累积位移的赫斯
特指数值及分形维数 D 如表 5.10 所示:除 ZG94 监测点外,其余 7 个监测点的累
积位移时序赫斯特指数值均为 0.5~1,表明该监测点累积位移时序具有随机性和
趋势性双重特征,累积位移不仅是具有长记忆性的,而且是趋势增强的。依据赫斯
特指数偏离 0.5 的程度和分形维数的大小可判断累积位移时序的趋势强度和变化
轨迹状态。监测点中,ZG93、ZG118 和 XD-01 监测点累积位移的趋势性最强,且
分形维数接近于 1,表明时间序列未来将呈现平稳的上升趋势;监测点 ZG91 和
ZG92 次之;ZG119 和 ZG120 相比之下趋势强度不高,随机性较大;而监测点 ZG94
的累积位移时序赫斯特指数值小于 0.5,表明该监测点的累积位移呈负趋势性,即
累积位移趋势性减弱,且分形维数接近于 1.5,表明时间序列随机性和独立性较
强,未来累积位移变化趋势将以上下浮动的运动轨迹逐渐减弱。

表 5.10　白水河滑坡各监测点赫斯特指数计算结果

| 累积位移-时间序列 | ZG91 | ZG92 | ZG93 | ZG94 | ZG118 | ZG119 | ZG120 | XD-01 |
|---|---|---|---|---|---|---|---|---|
| 赫斯特指数 | 0.853 | 0.761 | 0.937 | 0.446 | 0.934 | 0.697 | 0.642 | 0.950 |
| 截距 | −1.632 | −1.487 | −1.602 | −0.821 | −1.594 | −1.289 | −1.284 | −1.636 |
| 拟合度 R | 0.952 | 0.971 | 0.988 | 0.908 | 0.990 | 0.906 | 0.974 | 0.987 |
| 分形维数 D | 1.147 | 1.239 | 1.063 | 1.554 | 1.066 | 1.303 | 1.358 | 1.050 |

由 2006 年 1 月至 2012 年 4 月滑坡各位移点赫斯特指数计算结果可以看
出,ZG93、ZG118 和 XD-01 监测点累积位移的分形特征最明显,且该监测点均位
于滑坡体预警区内,分布于滑坡体的中部、西部和北东部,能较好地代表整个滑
坡体的稳定性及变形趋势,故下面以这几个监测点为代表,对其累积位移的等时
间段和递增时间段内的赫斯特指数与滑坡稳定性间关系进行研究(冯非凡 等,
2019)。

### 5.4.4.4　分时间段内稳定性评价

依据白水河滑坡监测点 ZG93、ZG118 和 XD-01 的累积位移数据,采用分段处
理的方法,计算 2006 年 1 月至 2012 年 4 月期间的赫斯特指数,为减少数据量太小
对赫斯特指数计算稳定性的影响,除 2011 年 1 月至 2012 年 4 月数据为一时间段
外,其余数据取每 12 个月为一时间段,各时间段赫斯特指数计算结果见表 5.11,
对应时间变化关系如图 5.24 所示。

表 5.11　分时间段内滑坡位移赫斯特指数计算

| 时间 | 赫斯特指数 | | | 分形维数 | | |
|---|---|---|---|---|---|---|
| | ZG93 | ZG118 | XD-01 | ZG93 | ZG118 | XD-01 |
| 2006 年 1 月—2006 年 12 月 | 0.841 | 0.841 | 0.854 | 1.084 | 1.159 | 1.146 |
| 2007 年 1 月—2007 年 12 月 | 0.860 | 0.880 | 0.866 | 1.044 | 1.120 | 1.134 |
| 2008 年 1 月—2008 年 12 月 | 0.745 | 0.786 | 0.772 | 1.213 | 1.214 | 1.228 |
| 2009 年 1 月—2009 年 12 月 | 0.866 | 0.876 | 0.930 | 1.036 | 1.124 | 1.070 |
| 2010 年 1 月—2010 年 12 月 | 0.863 | 0.866 | 0.801 | 1.012 | 1.134 | 1.199 |
| 2011 年 1 月—2012 年 4 月 | 0.908 | 0.921 | 0.926 | 1.039 | 1.079 | 1.074 |

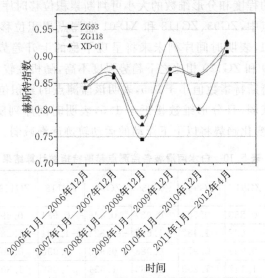

图 5.24　分时间段内滑坡位移赫斯特指数对应
时间变化关系

由表 5.11 和图 5.24 可知,滑坡累积位移各时间段内的赫斯特指数值均大于 0.5,表明滑坡不会改变历史形态,将持续处于相对稳定状态。各监测点赫斯特指数曲线呈波动性变化,且三个监测点的位移的赫斯特指数均在 2008 年取得最小值,并且变化幅度最大,说明在 2008 年滑坡的变形趋势和稳定性相比往年情况有所变化,有向滑坡稳定相反方向发展的趋势。分形维数均在该时间段取得最大值,表示该时间段内滑坡累积位移运动变化幅度程度增加,运动轨迹相比往年更具有复杂性和不规则性,受随机因素影响,趋势性有所减弱。观察三个监测点的赫斯特指数变化情况,监测点 XD-01 的赫斯特指数波动变化最大,考虑监测点在滑坡体上的地理位置,其原因是与 ZG93、ZG118 两个监测点相比较,XD-01 监测点更靠近滑坡体前缘,受库水和降雨综合作用更加明显。

#### 5.4.4.5　递增时间段内稳定性评价

递增时间段内的稳定性计算即从某一时刻开始,按照某一时间间隔以递增的顺序依次计算各时间段的赫斯特指数,从而得到赫斯特指数在整个时间上的累积位移变化情况(表 5.12)和对应时间变化关系(图 5.25)。递增时间段内滑坡位移赫斯特指数均大于 0.5,表明滑坡变形在时间上持续保持着原有状态,与分时间段内赫斯特指数计算结果基本一致,滑坡保持相对稳定状态。结合图 5.25 可以看出,除 2006 年至 2008 年时间段外,其余时间段滑坡累积位移赫斯特指数随着时间的增加,整体上呈上升趋势,说明滑坡变形趋势相对稳定,将保持现有的稳定状态并具有持久性。而 2006 年至 2008 年时间段的滑坡累积位移存在较大赫斯特指数降低和分形维数增大的现象,表明滑坡在该时间段内滑坡变形趋势有所减弱,受外界因素影响变形波动大,滑坡稳定性降低。2008 年之后,滑坡位移的赫斯特指数逐步恢复上升趋势,滑坡变形趋势上升,稳定性有所好转。究其原因,应是 2007 年三峡库区库水位的首次下调以及 2007 年和 2008 年的两次连续强降雨综合作用的结果。滑坡受其外界因素的联合作用,随机因素影响加大,滑坡运动变化趋向复杂,滑坡稳定性趋势减弱,故出现滑坡位移赫斯特指数突变的现象。后随着外界因素的减弱,降雨经由地下水从滑坡体排出,以及库水位上涨对滑坡体的负向托举的调节作用,滑坡稳定性逐渐上升。

表 5.12　递增时间段内滑坡位移赫斯特指数计算

| 时间 | 赫斯特指数 | | | 分形维数 | | |
|---|---|---|---|---|---|---|
| | ZG93 | ZG118 | XD-01 | ZG93 | ZG118 | XD-01 |
| 2006 年 1 月—2006 年 12 月 | 0.841 | 0.841 | 0.854 | 1.084 | 1.159 | 1.146 |
| 2006 年 1 月—2007 年 12 月 | 0.886 | 0.898 | 0.900 | 1.114 | 1.102 | 1.100 |
| 2006 年 1 月—2008 年 12 月 | 0.755 | 0.797 | 0.760 | 1.245 | 1.203 | 1.240 |
| 2006 年 1 月—2009 年 12 月 | 0.827 | 0.846 | 0.842 | 1.173 | 1.154 | 1.158 |
| 2006 年 1 月—2010 年 12 月 | 0.888 | 0.893 | 0.911 | 1.112 | 1.107 | 1.089 |
| 2006 年 1 月—2012 年 4 月 | 0.937 | 0.934 | 0.950 | 1.063 | 1.066 | 1.050 |

#### 5.4.4.6　$V_\tau$ 统计量检验

根据 $V_\tau$ 统计量计算公式,计算 $V_\tau$ 值并绘制 $V_\tau$-$\lg(\tau)$ 坐标图(图 5.26)。除监测点 ZG94 外,其余监测点的 $V_\tau$ 统计量曲线总体呈上升趋势。表明该监测点时间序列具有明显的长记忆性特征,时间序列未来变化趋势具有良好的稳定性,这与 V/S 分析的赫斯特指数为 0.5~1 的物理意义判断保持一致。其中,监测点 ZG119 和 ZG120 的 $V_\tau$ 统计量曲线上升趋势较弱,表明该监测点较其他监测点长记忆特征较弱,但在变化趋势上仍具有一定的稳定性。而监测点 ZG94 的 $V_\tau$ 统计量曲线基本接近于水平状态,表明该时间序列变化接近于随机独立序列,这与赫斯特指数计算结果基本吻合。

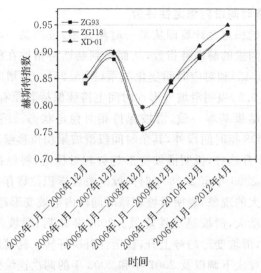

图 5.25　递增时间段内滑坡位移赫斯特指数对应时间变化关系

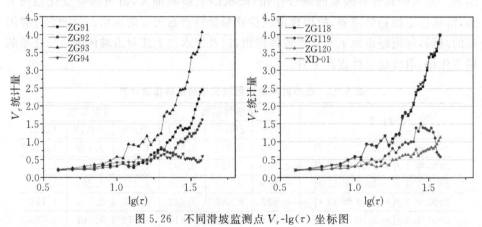

图 5.26　不同滑坡监测点 $V_\tau$-lg$(\tau)$ 坐标图

### 5.4.4.7　滑坡稳定性与变形趋势分析

　　结合各监测点分布情况、赫斯特指数计算结果和已知滑坡变形情况来看，位于滑坡体西部的 ZG94 监测点累积位移趋势性减弱，未来变形趋势减小，西部滑坡体相对稳定。纵看滑坡体中西部 ZG118、ZG119、ZG120 监测点赫斯特指数、累积位移赫斯特指数由前缘到后缘逐渐下降，表明越靠近滑坡体前缘，滑坡累积位移变形趋势越大；越靠近后缘，累积位移变形趋势越小。由此看来，中西部滑坡体前缘仍存在较大变形趋势，中西部滑坡体后缘相对前缘变形较小。纵看滑坡体中部 ZG92、ZG93 监测点赫斯特指数，滑坡体中部累积位移趋势由前缘到后缘逐渐减小，表明中部滑坡体后缘相对前缘稳定，前缘累积位移变形趋势大。位于滑坡体东部的 XD-01 监测点累积位移赫斯特指数相比相近高程的东部监测点 ZG94、中部监测点 ZG118 和 ZG93 的赫斯特指数高,累积位移变形趋势明显。综合表明滑坡体稳定性与变形趋势在空间上存在不一致性,滑坡体整体变形趋势由西部向东部逐渐变大,前缘到后缘变形趋势逐渐减小,西部和后缘相对稳定,北东部稳定性较差。因此在空间上,白水河滑坡属于牵引式滑坡。

结合整体时间和分段时间计算结果来看,在时间变化上,白水河滑坡稳定性受库水和降雨的联合作用影响明显,且前缘相比后缘受其综合作用影响更大。库水位下调和连续强降雨会导致白水河滑坡有向失稳状态发展趋势,但整体上白水河滑坡将继续保持现有的变形趋势,且该状态具有持久性,短期内不会出现大范围的滑动,滑坡现在处于缓慢蠕动变形阶段。这与定性分析滑坡体稳定性与变形情况基本一致,表明 V/S 分析法在滑坡稳定性与变形趋势研究中具有良好的适用性,为定性与定量相结合分析滑坡稳定性提供了新的思路。

# 参考文献

薄树奎,荆永菊,2014. 面向对象遥感影像信息提取[M]. 郑州:郑州大学出版社.

曹正凤,2014. 随机森林算法优化研究[D]. 北京:首都经济贸易大学.

陈德基,满作武,2011. 三峡工程几个重大地质问题的研究与论证[J]. 中国工程科学,13(7):
43-50.

陈国庆,黄润秋,石豫川,等,2014. 基于动态和整体强度折减法的边坡稳定性分析[J]. 岩石力
学与工程学报,33(2):243-256.

陈隽,李杰,2005. 振动信号趋势项提取的几种方法及其比较[J]. 福州大学学报(自然科学版),
33(z1):42-45.

陈明东,王兰生,1988. 新滩滑坡的灰色预报分析[C]//中国地质学会工程地质专业委员会. 全
国第三次工程地质大会论文选集(下卷). 北京:科学出版社:1226-1233.

陈志坚,张雄文,李筱艳,等,2003. 江阴大桥南岸边坡安全性综合评判模型的建立[J]. 岩石力
学与工程学报,22(12):1971-1975.

邓冬梅,梁烨,王亮清,等,2017. 基于时间序列 EEMD 重构的滑坡位移 PSO-SVR 预测方
法——以三峡库区滑坡为例[J]. 岩土力学,38(12):1001-1009.

邓清禄,2000. 斜坡变形构造:巴东新县城斜坡剖析[M]. 武汉:中国地质大学出版社.

地质矿产部编写组,1988. 长江三峡工程库岸稳定性研究[M]. 北京:地质出版社.

董春曦,饶鲜,杨绍全,等,2004. 径向基支持向量机推广能力快速估计算法[J]. 西安电子科技
大学学报,31(4):557-561.

杜国梁,张永双,吕文明,等,2016. 基于加权信息量模型的藏东南地区滑坡易发性评价[J]. 灾
害学,31(2):226-234.

冯非凡,武雪玲,牛瑞卿,等,2019. 一种 V/S 和 LSTM 结合的滑坡变形分析方法[J]. 武汉大学
学报(信息科学版),44(5):784-790.

付秀丽,黎玲萍,毛克彪,等,2017. 基于卷积神经网络模型的遥感图像分类[J]. 高技术通讯,27
(3):203-212.

高山,2016. 遥感技术在铁路勘察体系中的功能定位研究[J]. 铁道工程学报,33(12):14-18.

高伟,2010. 基于特征知识库的遥感信息提取技术研究[D]. 武汉:中国地质大学.

高玉峰,谢康和,曾国熙,2000. 中强地震区地震烈度和峰值加速度的衰减规律[J]. 浙江大学学
报(工学版),34(4):404-408.

《工程地质手册》编委会,2018. 工程地质手册[M]. 5 版. 北京:中国建筑工业出版社.

郭子正,殷坤龙,黄发明,等,2019. 基于滑坡分类和加权频率比模型的滑坡易发性评价[J]. 岩
石力学与工程学报,38(2):287-300.

韩贵金,2018. 基于改进 CNN 和加权 SVDD 算法的人体姿态估计[J]. 计算机工程与应用,54
(24):198-203.

郝小员,郝小红,熊红梅,等,1999. 滑坡时间预报的非平稳时间序列方法研究[J]. 工程地质学
报,7(3):279-283.

贺可强,白建业,王思敬,2005. 降雨诱发型堆积层滑坡的位移动力学特征分析[J]. 岩土力学,

26(5):705-709.

黄润秋,2007. 20 世纪以来中国的大型滑坡及其发生机制[J]. 岩石力学与工程学报,26(3): 433-454.

黄润秋,2009. 汶川 8.0 级地震触发崩滑灾害机制及其地质力学模式[J]. 岩石力学与工程学报,28(6):1239-1249.

黄润秋,裴向军,崔圣华,2016. 大光包滑坡滑带岩体碎裂特征及其形成机制研究[J]. 岩石力学与工程学报,35(1):1-15.

黄润秋,许强,1997. 斜坡失稳时间的协同预测模型[J]. 山地研究,15(1):7-12.

贾俊平,何晓群,金勇进,2015. 统计学[M]. 6 版. 北京:中国人民大学出版社.

兰恒星,王苓涓,周成虎,2002. 地理信息系统支持下的滑坡灾害分析模型研究[J]. 工程地质学报,10(4):421-427.

李东山,黄润秋,许强,等,2003. 三峡库区滑坡综合预报系统的设计与实现[J]. 中国地质灾害与防治学报,14(2):24-27.

李辉,石波,2017. 基于卷积神经网络的人脸识别算法[J]. 软件导刊,16(3):26-29.

李慧浩,许宝杰,左云波,等,2013. 基于小波变换和 EMD 方法提取趋势项对比研究[J]. 仪器仪表与分析监测(3):28-30.

李为乐,伍霁,吕宝雄,2011. 地震滑坡研究回顾与展望[J]. 灾害学,26(3):103-108.

李贤彬,丁晶,李后强,1999. 水文时间序列的子波分析法[J]. 水科学进展,10(2):45-50.

李彦冬,郝宗波,雷航,2016. 卷积神经网络研究综述[J]. 计算机应用,36(9):2508-2515,2565.

李业学,刘建锋,2010. 基于 R/S 分析法与分形理论的围岩变形特征研究[J]. 四川大学学报(工程科学版),42(3):43-48.

李勇,刘战东,张海军,2014. 不平衡数据的集成分类算法综述[J]. 计算机应用研究,31(5): 1287-1291.

李媛,孟晖,董颖,等,2004. 中国地质灾害类型及其特征——基于全国县市地质灾害调查成果分析[J]. 中国地质灾害与防治学报,15(2):29-34.

李芝峰,张妍,2019. 聚类分析算法的分析与评价[J]. 电子技术与软件工程,153(7):157.

梁循,2006. 数据挖掘算法与应用[M]. 北京:北京大学出版社.

刘传正,2003. 三峡库区的地质灾害[J]. 岩土工程界,6(6):23-24,35.

刘广宁,齐信,黄波林,等,2017. 西陵峡水田坝区域地质灾害发育特征及成因机制[J]. 水土保持通报,37(1):319-324.

刘圣伟,郭大海,陈伟涛,等,2012. 机载激光雷达技术在长江三峡工程库区滑坡灾害调查和监测中的应用研究[J]. 中国地质,39(2):507-517.

刘卫明,高晓东,毛伊敏,等,2017. 不确定遗传神经网络在滑坡危险性预测中的研究与应用[J]. 计算机工程,43(2):308-316.

刘新喜,夏元友,张显书,等,2005. 库水位下降对滑坡稳定性的影响[J]. 岩石力学与工程学报,24(8):1439-1444.

刘渊博,2017. 旋转森林模型在滑坡易发性评价中的应用研究[D]. 武汉:中国地质大学.

龙辉,秦四清,朱世平,等,2001. 滑坡演化的非线性动力学与突变分析[J]. 工程地质学报,9

(3):331-335.

卢应发,黄学斌,刘德富,2016. 推移式滑坡渐进破坏机制及稳定性分析[J]. 岩石力学与工程学
　　报,35(2):333-345.

罗渝,何思明,何尽川,2014. 降雨类型对浅层滑坡稳定性的影响[J]. 地球科学:中国地质大学
　　学报,39(9):1357-1363.

吕心静,武雪玲,牛瑞卿,等,2017. ODM 技术支持下的滑坡位移预测研究[J]. 安全与环境工
　　程,24(2):26-32.

孟庆生,1986. 信息论[M]. 西安:西安交通大学出版社.

牛全福,冯尊斌,张映雪,等,2017. 基于 GIS 的兰州地区滑坡灾害孕灾环境敏感性评价[J]. 灾
　　害学,32(3):29-35.

庞景安,2002. 科学计量研究方法论[M]. 2 版.北京:科学技术文献出版社.

彭令,牛瑞卿,2011. 三峡库区白家包滑坡变形特征与影响因素分析[J]. 中国地质灾害与防治
　　学报,22(4):1-7.

秦丰,刘东霞,孙炳达,等,2017. 基于深度学习和支持向量机的 4 种苜蓿叶部病害图像识别[J].
　　中国农业大学学报,22(7):123-133.

秦四清,2000. 斜坡失稳的突变模型与混沌机制[J]. 岩石力学与工程学报,19(4):486-492.

秦四清,张倬元,黄润秋,1993. 滑坡灾害预报的非线性动力学方法[J]. 水文地质工程地质(5):
　　1-4.

邵崇建,李芮宇,李勇,等,2017. 茂县滑坡的滑动机制与震后滑坡形成的地质条件[J]. 成都理
　　工大学学报(自然科学版),44(4):385-402.

石爱红,2013. 降雨及库水作用下树坪滑坡变形规律研究[D].武汉:中国地质大学.

石爱红,牛瑞卿,2013. 库水位响应滞后影响下的滑坡位移预测模型研究[J]. 安全与环境工程,
　　20(1):26-29.

孙景恒,李振明,苏万益,1993. Pearl 模型在边坡失稳时间预报中的应用[J]. 中国地质灾害与
　　防治学报(2):38-43.

孙霞,吴自勤,黄畇,2003. 分形原理及其应用[M]. 合肥:中国科学技术大学出版社.

唐璐,齐欢,2003. 混沌和神经网络结合的滑坡预测方法[J]. 岩石力学与工程学报,22(12):
　　1984-1987.

陶景良,1994.《长江三峡水利枢纽初步设计报告(枢纽工程)》内容简介[J]. 水力发电(4):5.

万全,范书龙,林炎,2005. 滑坡的多模型综合预测预报研究[J]. 水土保持研究,12(5):
　　181-185.

王力,王世梅,向玲,2014. 库水下降联合降雨作用下树坪滑坡流固耦合分析[J]. 长江科学院院
　　报,31(6):25-31.

王鲁男,晏鄂川,陆文博,等,2016. 库水变动下堆积层滑坡加卸载响应规律与稳定性预测[J].
　　工程地质学报,24(6):1048-1055.

王朋伟,2012. 库水作用下滑坡变形演化规律研究[D]. 武汉:中国地质大学.

王新洲,范千,许承权,等,2008.基于小波变换和支持向量机的大坝变形预测[J]. 武汉大学学报
　　(信息科学版),33(5):469-471,507.

王秀英,聂高众,王登伟,2010. 汶川地震诱发滑坡与地震动峰值加速度对应关系研究[J]. 岩石力学与工程学报,29(1):82-89.

王智磊,孙红月,尚岳全,2011. 基于地下水位变化的滑坡预测时序分析[J].岩石力学与工程学报,30(11):2276-2284.

王忠桃,2008. 灰色预测模型相关技术研究[D].成都:西南交通大学.

吴李泉,张锋,凌贤长,等,2009.强降雨条件下浙江武义平头村山体高边坡稳定性分析[J]. 岩石力学与工程学报,28(6):1193-1199.

吴婷,2011. 基于关联规则的滑坡预防判据数据挖掘研究[D].武汉:中国地质大学.

吴益平,唐辉明,2010. 滑坡灾害空间预测研究[J]. 地质科技情报,20(2):87-90.

武雪玲,任福,牛瑞卿,2013a. 多源数据支持下的三峡库区滑坡灾害空间智能预测[J]. 武汉大学学报(信息科学版),38(8):963-968.

武雪玲,任福,牛瑞卿,等,2013b. 斜坡单元支持下的滑坡易发性评价支持向量机模型[J]. 武汉大学学报(信息科学版),38(12):1499-1503.

武雪玲,沈少青,牛瑞卿,2016. GIS支持下应用PSO-SVM模型预测滑坡易发性[J]. 武汉大学学报(信息科学版),41(5):665-671.

徐峰,汪洋,杜娟,等,2011. 基于时间序列分析的滑坡位移预测模型研究[J]. 岩石力学与工程学报,30(4):746-751.

许冲,戴福初,徐锡伟,2010. 汶川地震滑坡灾害研究综述[J]. 地质论评,56(6):860-874.

许冲,徐锡伟,2012a. 基于GIS与ANN模型的地震滑坡易发性区划[J]. 地质科技情报,31(3):116-121.

许冲,徐锡伟. 2012b. 基于不同核函数的2010年玉树地震滑坡空间预测模型研究[J]. 地球物理学报,55(9):2994-3005.

许建聪,尚岳全,陈侃福,等,2005.强降雨作用下的浅层滑坡稳定性分析[J]. 岩石力学与工程学报,24(18):3246-3251.

许强,汤明高,徐开祥,等,2008. 滑坡时空演化规律及预警预报研究[J]. 岩石力学与工程学报,27(6):1104-1112.

许强,曾裕平,2009. 具有蠕变特点滑坡的加速度变化特征及临滑预警指标研究[J]. 岩石力学与工程学报,28(6):1099-1106.

薛薇,陈欢歌,2012. 基于Clementine的数据挖掘[M]. 北京:中国人民大学出版社.

晏同珍,杨顺安,方云,2000. 滑坡学[M]. 武汉:中国地质大学出版社.

晏同珍,殷坤龙,伍法权,等,1988. 滑坡定量预测研究的进展[J]. 水文地质工程地质(6):8-14.

阳吉宝,钟正雄,1995. 位移矢量角在堆积层滑坡时间预报中的应用[J]. 山地研究,13(1):49-54.

杨城,林广发,张明锋,等,2016. 基于DEM的福建省土质滑坡敏感性评价[J]. 地球信息科学学报,18(12):1624-1633.

杨伟,倪黔东,吴军基,2002. BP神经网络权值初始值与收敛性问题研究[J].电力系统及其自动化学报,14(1):20-22.

姚林林,殷坤龙,陈丽霞,等,2006.基于影响因子分析的滑坡位移预测模型研究[J]. 安全与环境工程,13(1):19-22.

姚琦,牛瑞卿,赵金童,等,2017. 基于经验模态分解-支持向量机的滑坡位移预测方法研究[J].
　　安全与环境工程,24(1):26-32.

易顺民,晏同珍,1996. 滑坡定量预测的非线性理论方法[J]. 地学前缘,3(1):77-85.

易武,孟召平,易庆林,2011. 三峡库区滑坡预测理论与方法(科学版)[J]. 岩土力学,32
　　(7):2145.

殷坤龙,2004. 滑坡灾害预测预报[M]. 武汉:中国地质大学出版社.

殷跃平,2009. 汶川八级地震滑坡特征分析[J]. 工程地质学报,17(1):29-38.

尹光志,张卫中,张东明,等,2007. 基于指数平滑法与回归分析相结合的滑坡预测[J]. 岩土力
　　学,28(8):1725-1728.

曾忠平,付小林,刘雪梅,等,2006. GIS支持下滑坡斜坡类型定量化及制图研究[J]. 地理与地
　　理信息科学,22(1):22-25.

张江伟,李小军,迟明杰,等,2015. 滑坡灾害的成因机制及其特征分析[J]. 自然灾害学报,24
　　(6):42-49.

张先进,易顺华,2003. 秭归地质实习指导书[M]. 武汉:中国地质大学出版社.

张潇月,李波,2014. 基于数据挖掘技术的大学生选课系统应用研究[J]. 中国传媒大学学报(自
　　然科学版)(6):30-35.

张玉成,杨光华,张玉兴,2007. 滑坡的发生与降雨关系的研究[J]. 灾害学,22(1):82-85.

张倬元,王士天,王兰生,1994. 工程地质分析原理[M]. 北京:地质出版社.

张作辰,1996. 滑坡地下水作用研究与防治工程实践[J]. 工程地质学报,4(4):80-85.

赵志峰,2009. 基于位移监测数据的岩土体变形阶段判别[J]. 武汉理工大学学报,31(23):81-
　　84,88.

钟荫乾,1995. 黄腊石滑坡综合信息预报方法研究[J]. 中国地质灾害与防治学报,6(4):68-74.

周宏伟,2010. 汉初武都大地震与汉水上游的水系变迁[J]. 历史研究(4):49-69.

周平根,2004. 滑坡监测的指标体系与技术方法[J]. 地质力学学报,10(1):19-26.

朱爱玺,2012. 地下工程变形监测数据趋势分析的处理方法及软件实现[J]. 中国新通信,14
　　(23):26-28.

朱惠群,陈洪凯,2013. 基于灰色-模糊马尔可夫链模型的滑坡变形预测[J]. 三峡大学学报(自
　　然科学版),35(2):53-55,60.

朱良峰,殷坤龙,张梁,等,2002. 基于GIS技术的地质灾害风险分析系统研究[J]. 工程地质学
　　报,10(4):428-433.

朱学锋,韩宁,2012. 基于经验模态分解的非平稳信号趋势项消除[J].飞行器测控学报,31(1):
　　65-70.

AGRAWAL R, IMIELIŃSKI T, SWAMI A, 1993. Mining association rules between sets of
　　items in large databases[J]. ACM Sigmod Record,22(2):207-216.

ALCÁNTARA-AYALA I,2002. Geomorphology,natural hazards,vulnerability and prevention
　　of natural disasters in developing countries[J]. Geomorphology,47(2):107-124.

APIP,TAKARA K,YAMASHIKI Y,et al.,2010. A distributed hydrological-geotechnical model using satellite-derived rainfall estimates for shallow landslide prediction system at a catchment scale[J]. Landslides,7(3):237-258.

BREIMAN L,2001. Random forests[J]. Machine Learning,45(1):5-32.

BREIMAN L,FRIEDMAN J H,OLSHEN R A,et al.,1984. Classification and regression trees (cart) [J]. Encyclopedia of Ecology,40(3):582-588.

CALVELLO M,CASCINI L,SORBINO G,2008. A numerical procedure for predicting rainfall-induced movements of active landslides along pre-existing slip surfaces[J]. International Journal for Numerical and Analytical Methods in Geomechanics,32(4):327-351.

CASCINI L,CALVELLO M,GRIMALDI G M,2010. Groundwater modeling for the analysis of active slow-moving landslides[J]. Journal of Geotechnical and Geoenvironmental Engineering, 136(9):1220-1230.

CHAE B G,PARK H J,CATANI F,et al.,2017. Landslide prediction,monitoring and early warning:a concise review of state-of-the-art[J]. Geosciences Journal,21(6):1033-1070.

CHANG K T,CHIANG S H,2009. An integrated model for predicting rainfall-induced landslides[J]. Geomorphology,105(3):366-373.

CHEN W,PANAHI M,POURGHASEMI H R,2017a. Performance evaluation of GIS-based new ensemble data mining techniques of adaptive neuro-fuzzy inference system (ANFIS) with genetic algorithm (GA),differential evolution (DE),and particle swarm optimization (PSO) for landslide spatial modelling[J]. Catena,157:310-324.

CHEN W,XIE X S,WANG J L,et al.,2017b. A comparative study of logistic model tree, random forest,and classification and regression tree models for spatial prediction of landslide susceptibility[J]. Catena,151:147-160.

CHUNG C F,FABBRI A G,2003. Validation of spatial prediction models for landslide hazard mapping[J]. Natural Hazards,30(3):451-472.

DIKAU R, 1988. Entwurf einer geomorphographisch-analytischen Systematik von Reliefeinheiten[M]. Heidelberger:Geographische Bausteine.

DRĂGUŢ L, TIEDE D, LEVICK S R, 2010. ESP: a tool to estimate scale parameter for multiresolution image segmentation of remotely sensed data[J]. International Journal of Geographical Information Science,24(6):859-871.

FEDERICO A,POPESCU M,FIDELIBUS C,et al.,2004. On the prediction of the time of occurrence of a slope failure:a review[M]//Landslides:Evaluation and Stabilization. Britain: Taylor & Francis Group:979-983.

FIORUCCI F,GIORDAN D,SANTANGELO M,et al.,2018. Criteria for the optimal selection of remote sensing optical images to map event landslides[J]. Natural Hazards & Earth System Sciences,18(1):405-417.

FORMETTA G,CAPPARELLI G,VERSACE P,2016. Evaluating performance of simplified physically based models for shallow landslide susceptibility[J]. Hydrology & Earth System Sciences,20(11):4585-4603.

FUKUZONO T,1990. Recent studies on time prediction of slope failure[J]. Landslide News,4
　　(9):9-12.

GIRAITIS L,KOKOSZKA P,LEIPUS R,et al.,2003. Rescaled variance and related tests for
　　long memory in volatility and levels[J]. Journal of Econometrics,112(2):265-294.

GLADE T,CROZIER M J,2005. The nature of landslide hazard impact[M] // GLADE T,
　　ANDERSON M,CROZIER M J. Landslide hazard and risk. New York:John Wiley and Sons:
　　43-74.

GUO Z,CHI D,WU J,et al.,2014. A new wind speed forecasting strategy based on the chaotic
　　time series modelling technique and the Apriori algorithm[J]. Energy Conversion and
　　Management,84:140-151.

GUZZETTI F, CARRARA A, CARDINALI M, et al., 1999. Landslide hazard evaluation: a
　　review of current techniques and their application in a multi-scale study,Central Italy[J].
　　Geomorphology,31(1):181-216.

GUZZETTI F,PERUCCACCI S,ROSSI M,et al.,2007. Rainfall thresholds for the initiation of
　　landslides in Central and Southern Europe[J]. Meteorology & Atmospheric Physics,98(3-4):
　　239-267.

HAFEZ A G,GHAMRY E,YAYAMA H,et al.,2012. A wavelet spectral analysis technique for
　　automatic detection of geomagnetic sudden commencements [J]. IEEE Transactions on
　　Geoscience and Remote Sensing,50(11):4503-4512.

HANLEY J A,MCNEIL B J,1982. The meaning and use of the area under a receiver operating
　　characteristic (ROC) curve[J]. Radiology,143(1):29-36.

HARALICK R M, SHANMUGAM K, DINSTEIN I, 1973. Textural features for image
　　classification[J]. IEEE Transactions on Systems,Man,and Cybernetics,SMC-3(6):610-621.

HAYASHI S, KOMAMURA F, BO-WON P, 1988. On the forecast of time to failure of
　　slope[J]. Landslides,24(4):11-18.

HOCHREITER S, SCHMIDHUBER J, 1997. Long short-term memory [J]. Neural
　　Computation,9(8):1735-1780.

HOLLAND J H,1975. Adaptation in natural and artificial system[M]. Ann Arbor:University
　　of Michigan Press.

HUANG B L,YIN Y P,WANG S C,et al.,2014. A physical similarity model of an impulsive
　　wave generated by Gongjiafang landslide in Three Gorges Reservoir,China[J]. Landslides,11
　　(3):513-525.

HUANG B,ZHANG L,WU B,2009. Spatiotemporal analysis of rural-urban land conversion[J].
　　International Journal of Geographical Information Science,23(3):379-398.

HUANG N E,WU M L,QU W D,et al.,2003. Applications of Hilbert-Huang transform to non-
　　stationary financial time series analysis [J]. Applied Stochastic Models in Business and
　　Industry,19(3):245-248.

HURST H E, 1951. Long term storage capacities of reservoirs [J]. Transactions of the

American Society of Civil Engineers,116(12):776-808.

İLHANA İ, TEZELB G, 2013. A genetic algorithm-support vector machine method with parameter optimization for selecting the tag SNPs[J]. Journal of Biomedical Informatics,46 (2):328-340.

KEEFER D K, 1984. Landslides caused by earthquakes[J]. Geological Society of America Bulletin,95(4):406-421.

KEEFER D K,2000. Statistical analysis of an earthquake-induced landslide distribution-the 1989 Loma Prieta,California event[J]. Engineering Geology,58(3):231-249.

KEEFER D K, LARSEN M C, 2007. Assessing landslide hazards[J]. Science, 316 (5828): 1136-1138.

KENNEDY J, EBERHART R C, 1995. Particle swarm optimization [C]//Proceedings of ICNN'95-International Conference on Neural Networks. Perth:[s. n.]:1942-1948.

KRKAČ M, ŠPOLJARIĆ D, BERNAT S, et al., 2017. Method for prediction of landslide movements based on random forests[J]. Landslides,14(3):947-960.

KUNCHEVA L I,RODRÍGUEZ J J,2007. An experimental study on rotation forest ensembles [J]. LECT NOTE COMPUT SCI,4472:459-468.

LECUN Y,BENGIO Y,HINTON G,2015. Deep learning[J]. Nature,521(7553):436-444.

LEE C F,HUANG W K,CHANG Y L,et al.,2018. Regional landslide susceptibility assessment using multi-stage remote sensing data along the coastal range highway in northeastern Taiwan [J]. Geomorphology,300:113-127.

LEE S,PRADHAN B,2007. Landslide hazard mapping at Selangor,Malaysia using frequency ratio and logistic regression models[J]. Landslides,4(1):33-41.

LI X Z,KONG J M,2014. Application of GA-SVM method with parameter optimization for landslide development prediction[J]. Natural Hazards & Earth System Sciences, 14 (3): 525-533.

LING H I,WU M H,LESHCHINSKY D,et al.,2009. Centrifuge modeling of slope instability [J]. Journal of Geotechnical and Geoenvironmental Engineering,135(6):758-767.

LIU H F,REN C,ZHENG Z T,et al.,2017. Study of a gray genetic BP neural network model in fault monitoring and a diagnosis system for dam safety[J]. International Journal of Geo-Information,7(1):4.

MANDELBROT B B,1967. How long is the coast of Britain[J]. Science,156(3775):636-638.

MANDELBROT B B,TAQQU M S,1979. Robust R/S analysis of long run serial correlation [C]//Proceedings of the 42nd Session of the International Statistical Institute, Manila, Philippines,December 4-14,International Statistical Institute(ISI). Hague:[s. n.]:69-105.

MCQUEEN J B,1967. Some methods for classification and analysis of multivariate observations [C]//Proceedings of the Fifth Berkeley Symposium on Mathematical Statistics and Probability. Berkeley:University of California Press:281-297.

MIAO H B,WANG G H, YIN K L,et al.,2014. Mechanism of the slow-moving landslides in

Jurassic red-strata in the Three Gorges Reservoir,China[J]. Engineering Geology,171:59-69.

NEMČOK A,PAŠEK J,RYBÁŘ J. 1972. Classification of landslides and other mass movements [J]. Rock Mechanics,4(2):71-78.

NIU R Q,WU X L,YAO D K,et al.,2014. Susceptibility assessment of landslides triggered by the Lushan earthquake,April 20,2013,China[J]. IEEE Journal of Selected Topics in Applied Earth Observations and Remote Sensing,7(9):3979-3992.

NORDHAUSEN K,2009. The elements of statistical learning: data mining, inference, and prediction, second edition by Trevor Hastie, Robert Tibshirani, Jerome Friedman [J]. International Statistical Review,77(3):482-482.

OPISO E M,PUNO G R,ALBURO J L P,et al.,2016. Landslide susceptibility mapping using GIS and FR method along the Cagayan de Oro-Bukidnon-Davao City route corridor,Philippines [J]. KSCE Journal of Civil Engineering,20(6):2506-2512.

PAWLAK Z,1982. Rough sets[J]. International Journal of Computer & Information Sciences, 11(5):341-356.

PAWLAK Z,1991. Rough sets: theoretical aspects of reasoning about data[M]. Dordrecht: Kluwer Academic Publishers.

PAWLAK Z,1997. Rough set approach to knowledge-based decision support[J]. European Journal of Operational Research,99(1):48-57.

PAWLAK Z,Slowinski R,1994. Rough set approach to multi-attribute decision analysis[J]. European Journal of Operational Research,72(3):443-459.

PETERS E E,1994. Fractal market analysis:applying chaos theory to investment and economics [J]. Chaos Theory,34(2):343-345.

POUDYAL C P,CHANG C,OH H J,et al.,2010. Landslide susceptibility maps comparing frequency ratio and artificial neural networks: a case study from the Nepal Himalaya[J]. Environmental Earth Sciences,61(5):1049-1064.

QUINLAN J R,1993. C4.5:programs for machine learning[M]. California:Morgan Kaufmann Publishers.

REN F,WU X L,ZHANG K X, et al.,2015. Application of wavelet analysis and a particle swarm-optimized support vector machine to predict the displacement of the Shuping landslide in the Three Gorges,China[J]. Environmental Earth Sciences,73(8):4791-4804

RODRIGUEZ J J,KUNCHEVA L I,ALONSO C J,2006. Rotation forest: a new classifier ensemble method[J]. IEEE Transactions on Pattern Analysis & Machine Intelligence, 28 (10):1619-1630.

SAATY T L,1980. The analytic hierarchy process[M]. New York:McGraw-Hill.

SAITO M,1965. Forecasting the time of occurrence of a slope failure[C]//Proceedings of the 6th International Conference on Soil Mechanics and Foundation Engineering. Toronto: University of Toronto Press:537-541.

SASSA K,TSUCHIYA S,FUKUOKA H,et al.,2015. Landslides:review of achievements in the second 5-year period (2009—2013)[J]. Landslides,12(2):213-223.

SCHLÖGEL R,MARCHESINI I,ALVIOLI M,et al.,2018. Optimizing landslide susceptibility zonation:effects of DEM spatial resolution and slope unit delineation on logistic regression models[J]. Geomorphology,301:10-20

SCHOLKOPF B,SMOLA A J,WILLIAMSON R C,et al.,2000. New support vector algorithms [J]. Neural Computation,12(5):1207-1245.

SEZER E A,NEFESLIOGLU H A,OSNA T,2016. An expert-based landslide susceptibility mapping (LSM) module developed for Netcad Architect Software [J]. Computers &. Geosciences,98:26-37.

SHANNON C E,1948. A mathematical theory of communication[J]. Bell Systems Technical Journal,27(4):623-656.

UCHIDA T, 2004. Clarifying the role of pipe flow on shallow landslide initiation [J]. Hydrological Processes,18(2):375-378.

VAPNIK V,1995. Nature of statistical learning theory[M]. New York:Springer-Verlag.

VOIGHT B, 1988. A method for prediction of volcanic eruptions[J]. Nature, 332 (6160): 125-130.

VOIGHT B, 1989. A relation to describe rate-dependent material failure[J]. Science, 243 (4888):200-203.

WANG J G,XIANG W,LU N, 2014. Landsliding triggered by reservoir operation: a general conceptual model with a case study at Three Gorges Reservoir[J]. Acta Geotechnica, 9: 771-788.

WEN T,TANG H M,WANG Y K,et al.,2017. Landslide displacement prediction using the GA-LSSVM model and time series analysis:a case study of Three Gorges Reservoir,China[J] . Natural Hazards &. Earth System Sciences,17(12):1-20.

WIEGAND C,RUTZINGER M,HEINRICH K,et al.,2013. Automated extraction of shallow erosion areas based on multi-temporal ortho-imagery[J]. Remote Sensing,5:2292-2307.

WITHARANA C,CIVCO D L, 2014. Optimizing multi-resolution segmentation scale using empirical methods:exploring the sensitivity of the supervised discrepancy measure Euclidean distance 2 (ED2) [J]. ISPRS Journal of Photogrammetry &. Remote Sensing,87(1):108-121.

WON Y,GADER P D,COFFIELD P C. 1997. Morphological shared-weight networks with applications to automatic target recognition[J]. IEEE Transactions on Neural Networks, 8 (5):1195-1203.

WU C H,TZENG G H,GOO Y J,et al.,2007. A real-valued genetic algorithm to optimize the parameters of support vector machine for predicting bankruptcy[J]. Expert Systems with Applications,32(2):397-408.

WU X L,CHEN X Y,ZHAN F B,et al.,2015. Global research trends in landslides during 1991—2014:a bibliometric analysis[J]. Landslides,12(6):1215-1226.

WU X L,NIU R Q,REN F,2013. Landslide susceptibility mapping using rough sets and backpropagation neural networks in the Three Gorges, China[J]. Environmental Earth Sciences, 70 (3): 1307-1318.

WU X L, REN F, NIU R Q, 2014a. Landslide susceptibility assessment using object mapping units, decision tree, and support vector machine models in the Three Gorges of China[J]. Environmental Earth Sciences, 71(11): 4725-4738.

WU X L, ZHAN F B, ZHANG K X, et al., 2016. Application of a two-step cluster analysis and the Apriori algorithm to classify the deformation states of two typical colluvial landslides in the Three Gorges, China[J]. Environmental Earth Sciences, 75(2): 1-16.

WU Y P, CHENG C, HE G F, et al., 2014b. Landslide stability analysis based on random-fuzzy reliability: taking Liangshuijing landslide as a case[J]. Stochastic Environmental Research and Risk Assessment, 28(7): 1723-1732.

XIA M, REN G M, MA X L, 2013. Deformation and mechanism of landslide influenced by the effects of reservoir water and rainfall, Three Gorges, China[J]. Natural Hazards, 68(2): 467-482.

YAO X, THAM L G, DAI F C, 2008. Landslide susceptibility mapping based on support vector machine: a case study on natural slopes of Hong Kong, China[J]. Geomorphology, 101(4): 572-582.

ZHANG K X, WU X L, NIU R Q, et al., 2017. The assessment of landslide susceptibility mapping using random forest and decision tree methods in the Three Gorges Reservoir area, China[J]. Environmental Earth Sciences, 76(11): 405.

ZHENG S R, 2016. Reflections on the three gorges project since its operation[J]. Engineering, 2 (4): 389-397.

ZHOU C, YIN K L, CAO Y, et al., 2017. Landslide susceptibility modeling applying machine learning methods: a case study from longju in the Three Gorges Reservoir area, China[J]. Computers & Geosciences, 112: 23-37.

ZHU X, MA S Q, XU Q, et al., 2018. A WD-GA-LSSVM model for rainfall-triggered landslide displacement prediction[J]. Journal of Mountain Science, 15(1): 156-166.